普通高等教育农业部"十二五"规划教材
全国高等农林院校"十二五"规划教材

分析化学实验

王芬 白玲 主编

中国农业出版社

图书在版编目（CIP）数据

分析化学实验/王芬，白玲主编．—北京：中国农业出版社，2013.12（2024.1重印）
普通高等教育农业部"十二五"规划教材　全国高等农林院校"十二五"规划教材
ISBN 978-7-109-18493-0

Ⅰ.①分… Ⅱ.①王…②白… Ⅲ.①分析化学-化学实验-高等学校-教材 Ⅳ.①O652.1

中国版本图书馆CIP数据核字（2013）第251211号

中国农业出版社出版
（北京市朝阳区农展馆北路2号）
（邮政编码 100125）
责任编辑　曾丹霞
文字编辑　曾丹霞

北京中兴印刷有限公司印刷　新华书店北京发行所发行
2014年1月第1版　2024年1月北京第6次印刷

开本：787mm×1092mm　1/16　印张：12.5
字数：295千字
定价：29.50元
（凡本版图书出现印刷、装订错误，请向出版社发行部调换）

主　编　王　芬(沈阳农业大学)
　　　　白　玲(江西农业大学)
副主编　高　爽(东北农业大学)
　　　　刘衣南(沈阳农业大学)
　　　　王晓玲(海城市农业技术推广中心)
　　　　李铭芳(江西农业大学)
　　　　李永库(沈阳农业大学)
　　　　刘毓琪(东北林业大学)
　　　　王艳芳(沈阳农业大学)
参　编　王　旭(沈阳农业大学)
　　　　卢丽敏(江西农业大学)
　　　　王新一(沈阳农业大学)
　　　　汪小强(江西农业大学)
　　　　廖晓宁(江西农业大学)
主　审　梁　英(黑龙江八一农垦大学)

前言

本书为普通高等教育农业部"十二五"规划教材、全国高等农林院校"十二五"规划教材。本教材可作为高等农林院校本科生的教材，也可作为与分析化学相关的专业人员的参考书。本书注意突出基础性、实用性与先进性，在内容的选择及编排上力求体现以下特点：

1. 适用性强、范围广。既有反映分析化学基础知识和基本操作的实验，又有分析方法在土壤、农学、食品、环境、农药、畜牧等领域的应用性实验，也有反映现代分析化学新进展、新技术的实验，使教材的适用性更强，应用范围更广。

2. 在实验设置上，以基本操作和技能训练为主线，充分体现对学生准确记录实验数据，正确处理实验结果，独立分析问题、解决问题和创新能力的培养。

3. 以提高学生综合素质为核心，细化了实验目的要求，增加了实验注意事项，按内容层次编写了难易不同的问题与思考，以拓宽学生的智力空间和思维广度。

4. 为适应高等农林院校教学改革的需要，在化学实验部分，编排了一些半微量分析化学实验。这不仅是分析化学实验发展的一个趋势，也符合绿色化学"减少使用有毒有害物质，减少排放废物"的理念，有利于提高学生的环境保护意识，也可以节省实验经费。

参加本书编写的有沈阳农业大学王芬（前言、第3章部分内容）、王旭（第2章）、李永库（第3章部分内容）、刘衣南（第4章）、王新一（第5章）、王艳芳（第11章）；江西农业大学白玲（第6章）、汪小强（第7章）、李铭芳（第8章）、卢丽敏（第9章）、廖晓宁（第10章）；东北农业大学高爽（第1章）；海城市农业技术推广中心王晓玲（第3章部分内容）；东北林业大学刘毓琪（附录）。黑龙江八一农垦大学梁英教授任主审。全书由主编补充、修改和定稿。

本书旨在为高等农林院校提供一本内容丰富、便于教学的实验教材。由于编者学识水平有限，难免有疏漏欠妥之处，恳请同行专家和读者批评指正。

编 者

2013年8月

目录

前言

第1章 分析化学实验基础知识 ... 1
1.1 分析化学实验的目的和要求 ... 1
1.2 有效数字及其运算规则 ... 2
1.3 实验记录、实验数据的表达和实验报告 ... 4
1.4 化学试剂和实验室废液处理 ... 6
1.5 溶液的配制和计算公式 ... 10
1.6 分析化学实验室安全知识 ... 11

第2章 分析化学实验基本仪器 ... 13
2.1 分析化学实验一般仪器和设备 ... 13
2.2 分析天平 ... 18
2.3 紫外和可见分光光度计 ... 28
2.4 电势分析仪 ... 29

第3章 分析化学实验基本操作技术 ... 33
3.1 滴定分析基本操作技术 ... 33
3.2 重量分析基本操作技术 ... 43
3.3 几种分光光度计的使用 ... 50
3.4 几种电势分析仪器的使用 ... 54
3.5 定量分析中的分离操作技术 ... 64
3.6 纯水的制备和检查 ... 71

第4章 酸碱滴定实验 ... 76
4.1 酸碱标准溶液的比较滴定 ... 76
4.2 HCl标准溶液的标定 ... 78
4.3 NaOH标准溶液的标定 ... 80
4.4 铵盐中氮含量的测定(甲醛法) ... 82
4.5 食醋中总酸度的测定 ... 84

4.6　果蔬中总酸度的测定 …………………………………………………… 86
4.7　蛋壳中碳酸钙含量的测定 ………………………………………………… 87
4.8　工业纯碱总碱度的测定 …………………………………………………… 88

第5章　配位滴定实验

5.1　EDTA标准溶液的标定（半微量分析法） ……………………………… 91
5.2　水的总硬度及钙镁含量的测定 …………………………………………… 93
5.3　铝合金中铝含量的测定 …………………………………………………… 95

第6章　氧化还原滴定实验

6.1　高锰酸钾标准溶液的标定 ………………………………………………… 97
6.2　过氧化氢含量的测定 ……………………………………………………… 99
6.3　水样中化学耗氧量的测定 ………………………………………………… 101
6.4　饲料中钙含量的测定 ……………………………………………………… 102
6.5　亚铁盐中铁含量的测定 …………………………………………………… 105
6.6　土壤有机质含量的测定（重铬酸钾法） ………………………………… 107
6.7　硫代硫酸钠标准溶液的配制与标定 ……………………………………… 109
6.8　胆矾中铜含量的测定（间接碘量法） …………………………………… 111
6.9　维生素C含量的测定（直接碘量法）（半微量分析法） ……………… 113

第7章　沉淀滴定和重量分析实验

7.1　分析天平的称量练习（差减法） ………………………………………… 116
7.2　氯化钡中结晶水含量的测定 ……………………………………………… 116
7.3　二水合氯化钡含量的测定（硫酸钡晶形沉淀重量分析法） …………… 118
7.4　钢铁中镍含量的测定（丁二酮肟有机试剂沉淀重量分析法） ………… 120
7.5　味精中氯化钠含量的测定（莫尔法） …………………………………… 122
7.6　氯化物中氯含量的测定（佛尔哈德法） ………………………………… 123

第8章　仪器分析实验

8.1　分光光度法的基本条件试验 ……………………………………………… 126
8.2　分光光度法测定铁 ………………………………………………………… 129
8.3　分光光度法测定磷 ………………………………………………………… 131
8.4　植物组织中氮的微量测定 ………………………………………………… 134
8.5　直接电势法测定土壤酸度 ………………………………………………… 135
8.6　离子选择性电极法测定水中氟含量 ……………………………………… 137
8.7　HCl和HAc混合液的电势滴定 …………………………………………… 139
8.8　电势滴定法测定铜（Ⅱ）-磺基水杨酸配合物的稳定常数 …………… 141

目　录

第9章　分离分析实验 ... 144
- 9.1　微量锑的共沉淀分离和萃取光度测定 ... 144
- 9.2　合金钢中微量铜的萃取光度测定 ... 146
- 9.3　铜、铁、钴、镍的纸色谱分离 ... 147
- 9.4　偶氮苯和对硝基苯胺的薄层分离 ... 149
- 9.5　植物鲜叶中 β-胡萝卜素的柱层析分离和检测 ... 150
- 9.6　钴、镍的离子交换分离和配位测定 ... 152
- 9.7　海水中微量维生素 B_{12} 的固相萃取与测定 ... 154

第10章　设计实验与技能考核 ... 156
- 10.1　设计实验的目的和要求 ... 156
- 10.2　设计实验选题参考 ... 157
- 10.3　滴定分析技能考核 ... 160

第11章　计算机在分析化学实验中的应用 ... 162
- 11.1　酸碱滴定模拟实验 ... 162
- 11.2　沉淀滴定模拟实验 ... 164
- 11.3　重量分析模拟实验 ... 167
- 11.4　实验数据的计算机处理 ... 168

附录 ... 174
- 附录1　弱酸在水中的离解常数(25 ℃) ... 174
- 附录2　弱碱在水中的离解常数(25 ℃) ... 175
- 附录3　难溶化合物的溶度积(25 ℃) ... 176
- 附录4　酸性溶液中的标准电极电势(18～25 ℃) ... 178
- 附录5　碱性溶液中的标准电极电势(18～25 ℃) ... 179
- 附录6　条件电极电势 ... 180
- 附录7　常用参比电极在水溶液中的电极电势 $\varphi(V)$ ... 181
- 附录8　6种 pH 标准溶液在 0～90 ℃下的 pH ... 181
- 附录9　常用酸碱的密度和浓度 ... 182
- 附录10　常用缓冲溶液的配制 ... 182
- 附录11　常用基准物质的干燥条件和应用 ... 183
- 附录12　常用酸碱指示剂 ... 183
- 附录13　常用氧化还原指示剂 ... 184
- 附录14　常用沉淀及金属指示剂 ... 184
- 附录15　常用洗涤剂 ... 185

附录 16　推荐的一些离子强度调节剂 ………………………………………… 185
附录 17　化合物的摩尔质量 …………………………………………………… 186
附录 18　相对原子质量 ………………………………………………………… 188

主要参考文献 ……………………………………………………………………… 189

第1章 分析化学实验基础知识

1.1 分析化学实验的目的和要求

1.1.1 实验目的

分析化学实验课是高等农林院校有关专业必修的，以介绍分析化学实验原理、实验方法、实验手段为主要内容，以实验技术训练和实验技能培养为目标的独立课程。它是大学化学教学中极其重要的组成部分，也是培养学生创新意识、创新能力的重要途径。

学生通过具体的实验，应达到以下目的：

(1) 巩固、扩大和加深对分析化学基本理论的理解，熟练掌握分析化学的基本操作技术，充实实验基础知识，学习并掌握重要的分析方法，具有初步进行科学实验的能力，为学习后续课程和将来从事与化学有关的科学研究工作打下良好的基础。

(2) 了解并掌握实验条件、试剂用量等对分析结果准确度的影响，树立正确的"量"的概念。学会正确、合理地选择分析方法、实验仪器、所用试剂和实验条件进行实验，确保分析结果的准确度。

(3) 掌握实验数据的处理方法，正确记录、计算和表示分析结果，写出完整的实验报告。

(4) 根据所学的分析化学基本理论和所掌握的实验基础知识，设计实验方案，并通过实际操作验证其可行性。

(5) 培养严谨细致的工作作风和实事求是的科学态度，培养学生提出问题、分析问题、解决问题的能力和创新能力。

1.1.2 实验基本要求

(1) 实验课开始时应认真阅读"实验室规则"和"天平使用规则"，要遵守实验室的各项制度。了解实验室安全常识、化学药品的保管和使用方法及注意事项，了解实验室一般事故的处理方法，按操作规程和教师的指导认真进行操作。

(2) 课前必须进行预习，明确实验目的，理解实验原理，熟悉实验步骤，做好必要的预习记录。未预习者不得进行实验。

(3) 洗涤仪器用水要遵循"少量多次"的原则。要注意节约试剂、滤纸、纯水及自来水等。取用试剂时要看清标签，以免因误取而造成浪费和实验失败。

(4) 保持室内安静，以利于集中精力做好实验。保持实验台面清洁，仪器摆放整齐、有序。

(5)所有实验数据，尤其是各种测量的原始数据必须随时记录在专用的、预先编好页码的实验记录本上，不得记在其他任何地方，不得涂改原始实验数据。

(6)树立环境保护意识，在能保证实验准确度要求的情况下，尽量降低化学物质(特别是有毒有害试剂及洗液、洗衣粉等)的消耗。实验产生的废液、废物要进行无害化处理后方可排放，或放在指定的废物收集器中，统一处理。

(7)实验课开始和结束时都要按照仪器清单认真清点自己使用的一套仪器。实验中损坏和丢失的仪器要及时向实验教师报告，登记领取，并按有关规定进行赔偿。

1.2 有效数字及其运算规则

1.2.1 有效数字

有效数字是指实际工作中所能测量到的有实际意义的数字。它包括从仪器上准确读出的数字和最后一位估计数字。有效数字不仅表示测量数量的大小，也反映了所用仪器测量的准确度。例如，由分析天平称得试样质量为 0.467 2 g，这里 0.467 是准确数字，2 是估计数字，有 ±0.000 1 g 的误差。又如，溶液在滴定管中的液面位置(即滴定管读数)是 23.00 mL，这里面前三位数字在滴定管上有刻度标出，是准确的，第四位数字因为没有刻度，是估计出来的，是不确定数字。如果记为 23 mL，则这一数字没有反映出滴定管的准确程度，会使别人误以为是用量筒量取的。因此，有效数字保留的位数是与所用仪器的精度有关的，因此在分析过程中要注意正确地记录、计算和表示分析结果，也就是要按有效数字记录、计算和表示分析结果。

确定有效数字位数时应注意：

(1)数字"0"有两种意义。它作为普通数字用，就是有效数字；作为定位用则不是有效数字。例如，10.10 mg，两个"0"都是测量所得数字，都是有效数字，这个有效数字有四位。若以"g"为单位，则写成 0.010 10 g，此时，前面的两个"0"只起定位作用，不是有效数字，后面的两个"0"是有效数字，此数仍为四位有效数字。

(2)常数如 $\sqrt{2}$、ln 5、π 等，以及分数、倍数等非测量数字为无误差数字，计算时可不予考虑。

(3)pH、pK_a、pK_b、lg K、pM 等对数值，其小数部分为有效数字。整数部分只表示真数的方次，不是有效数字。例如 HAc 的 pK_a=4.74 为两位有效数字，化为 K_a=1.8×10^{-5} 也是两位有效数字。

(4)单位变换时，有效数字位数不能变。例如，质量为 25.0 g，为三位有效数字，若以"mg"为单位，则应表示为 2.50×10^4 mg，若表示为 25 000 mg，就会被认为是五位有效数字。

1.2.2 有效数字的修约规则

对分析数据进行处理时，必须合理地保留有效数字，并弃去多余的尾数，这个过程叫有效数字的修约。其修约规则是"四舍六入，过五进位，恰五留双"。具体做法是：拟保留 n 位有效数字，当第 $n+1$ 位的数字≤4 时则舍弃；当第 $n+1$ 位的数字≥6 时则进位；当第 $n+1$ 位的数字为 5 而后面还有不为零的任何数即超过 5 时，则进位；当第 $n+1$ 位的数字等于 5 而后面为零(即恰好为5)时,若5前面为偶数(包括零)则舍,为奇数则入,总之是奇入偶舍。例如,将下列数据修约为四位有效数字。

$$0.526\ 64 \rightarrow 0.526\ 6$$
$$0.526\ 66 \rightarrow 0.526\ 7$$
$$10.245\ 2 \rightarrow 10.25$$
$$10.235\ 0 \rightarrow 10.24$$
$$10.245\ 0 \rightarrow 10.24$$

对有效数字进行修约时,只能对原测量数据一次修约到所需要的位数,不能连续多次地修约。例如将 2.345 7 修约到两位,应为 2.3。如连续修约则为 2.345 7→2.346→2.35→2.4,这种做法是不对的。

1.2.3 有效数字的运算规则

(1)根据有效数字的定义,参加运算的每一数字和运算结果只能保留一位估计数字。

(2)非有效数字的舍弃应按照"四舍六入,过五进位,恰五留双"的修约规则进行修约。

(3)加减运算。和或差的有效数字位数的保留应与运算数据中小数点后位数最少的数据(绝对误差最大)相同。例如:

$$0.123\ 5 + 15.34 + 2.455 + 11.375\ 89 = ?$$

四个数据分别有 ±0.000 1、±0.01、±0.001、±0.000 01 的绝对误差,其中 15.34 的绝对误差最大,它决定了和的绝对误差为 ±0.01,其他数据的绝对误差不起决定作用,因此和的有效位数应与小数点后位数最少的 15.34 相同,将其余三个数修约后再相加。即

$$0.123\ 5 + 15.34 + 2.455 + 11.375\ 89 = 0.12 + 15.34 + 2.46 + 11.38 = 29.30$$

(4)乘除运算。积或商的有效位数的保留,应与各数据中有效数字位数最少的数据(相对误差最大的)相同。例如:

$$\frac{0.032\ 5 \times 5.103 \times 60.06}{139.8}$$

各数的相对误差分别为

0.032 5 $\qquad \frac{\pm 0.000\ 1}{0.032\ 5} \times 100 = \pm 0.3$

5.103 $\qquad \frac{\pm 0.001}{5.103} \times 100 = \pm 0.02$

60.06 $\qquad \frac{\pm 0.01}{60.06} \times 100 = \pm 0.02$

139.8 $\qquad \frac{\pm 0.1}{139.8} \times 100 = \pm 0.07$

可见,四个数中相对误差最大即准确度最低的是 0.032 5,它是三位有效数字,因此运算结果也应取三位有效数字。即

$$\frac{0.032\ 5 \times 5.103 \times 60.06}{139.8} = 0.071\ 3$$

(5)进行数值的开方和乘方时,保留原来的有效数字的位数。

(6)误差或偏差的有效数字只有一到两位。故在计算误差或偏差时,只取一位,最多取

两位有效数字。

(7)有关化学平衡的计算结果(如求平衡状态下某离子的浓度)一般应保留两位或三位有效数字。

(8)填报分析结果时,对高含量组分[$w(x)>10\%$],要求分析结果保留四位有效数字;对于中等含量的组分[$w(x):1\%\sim10\%$],要求分析结果保留三位有效数字;对于微量的组分[$w(x)<1\%$],则只要求分析结果保留两位有效数字。

此外,借助计算器做连续运算时,不必对每一步的计算结果进行修约,但应根据对准确度的要求,正确表达最后结果的有效数字。

1.3 实验记录、实验数据的表达和实验报告

1.3.1 实验记录

要做好实验,除了安全、规范操作外,还要做好实验工作的原始记录。在实验过程中及时、全面、真实、准确地记录实验现象和实验数据,实验记录一般要求如下:

(1)应有专门的实验记录本,不得将实验数据随意记在单页纸上、小纸片上或其他任何地方。记录本应标明页数,不得随意撕去其中的任何一页。

(2)实验过程中的各种测量数据及有关现象的记录应及时、准确、清楚。不许事后凭记忆补写或以零星纸条暂记再转抄,那样容易错记或漏记。在记录实验数据时,一定要持严谨的科学态度,实事求是,切忌带有主观因素,更不能为了追求得到某个结果,擅自更改数据。

(3)实验记录上的每一个数据都是测量结果。重复测量时,即使数据完全相同,也应记录下来。

(4)实验记录切忌随意更改,如发现数据测错、读错等,确需改正时,应将错误记录用一斜线划去,再在其下方或右边写上修改后的内容。

(5)记录的数据应准确有效,体现出所用仪器和实验方法所能达到的准确度。记录测量值时,只保留最后一位估计数字。例如,用分析天平称量时,要求记录至 0.000 1 g,滴定管和移液管的读数应记录至 0.01 mL,用分光光度计测量溶液的吸光度时,应记录至 0.001。

(6)记录应简明扼要,字迹清楚。实验数据最好采用表格形式记录。

1.3.2 实验数据的表达

数据是表达实验结果的重要方式之一。除应正确地记录实验数据外,还应对原始的实验数据进行系统分析、归纳、整理和总结,并正确表达实验结果所获得的规律。实验数据的表达方法主要有列表法和作图法。

1. 列表法 列表法是表达实验数据最常用的方法之一。将各种实验数据列入一种设计合理、形式紧凑的表格内,可起到化繁为简的作用,有利于对获得的实验结果进行相互比较,有利于分析和阐明某些实验结果的规律性。

设计表格的原则是简单明了,列表时还应注意以下几点:

(1)每一个表的上方都应有表格序号及表格名称,表格名称应简明、完备、一目了然。

(2)表中每一行或每一列的第一栏应写出该行或该列数据的名称和单位。
(3)表中的数据应用最简单的形式表示,公共的乘方因子应在第一栏的名称下注明。
(4)每一行中的数字要排列整齐,小数点应对齐。
(5)原始数据可与处理结果并列在一张表上,处理方法和运算公式应在表下注明。

2. 作图法 用作图法表示实验数据,能直接显示出自变量和因变量间的变化关系。从图上易于找出所需数据,还可用来求实验内插值、外推值、曲线某点的切线斜率、极值点、拐点及直线的斜率、截距等。因此,利用实验数据正确地作出图形是十分重要的。作图法常与列表法并用,作图前,往往先将实验测得的原始数据与处理结果用列表法表示,然后再按要求作出有关图形。

作图法也存在作图误差,要获得好的图解效果,首先要获得高质量的图形。准确作图应注意以下几点:

(1)坐标纸及比例尺的选择。最常用的坐标纸为直角坐标纸、对数坐标纸,半对数坐标纸和三角坐标纸也常用到。作图时以横坐标表示自变量,纵坐标表示因变量。横、纵坐标不一定由"0"开始,应视实验具体数值范围而定,比例尺的选择非常重要,需遵循以下几点:

① 坐标纸刻度要能表示出全部有效数字,使从图中得到的精密度与测量的精密度相当。

② 所选定的坐标刻度应便于从图上读出任一点的坐标值,通常使用单位坐标格所代表的变量为1、2、5的倍数,不用3、7、9的倍数。

③ 充分利用坐标纸的全部面积,使全图分布均匀合理。

④ 若作直线求斜率,则比例尺的选择应使直线倾角接近45°,这样斜率测量误差最小。

⑤ 若作曲线求特殊点,则比例尺的选择应使特殊点表现明显。

(2)画坐标轴。选定比例尺后,画上坐标轴,在轴旁说明该轴所代表的变量名称及单位。在纵坐标轴左边及横坐标轴的下面,每隔一定距离写下该处变量应有的值,以便作图及读数,但不应将实验值写在坐标轴旁或代表点旁。读数时,横坐标自左向右,纵坐标自下而上。

(3)作代表点。将相当于测量数值的各点绘于图上。在点的周围以圆圈、方块、三角、十字等不同符号在图上标出。点要有足够的大小,它可以粗略地表明测量误差范围。在一张图上,如有几组不同的测量值时,各组测量值的代表点应用不同的符号表示,以便区别,并在图上说明。

(4)连曲线。作出各点后,用曲线尺作出尽可能接近于实验点的曲线,曲线应平滑均匀,细而清晰。曲线不必通过所有的点,但各点应在曲线两旁均匀分布。点和曲线间的距离表示测量误差。

(5)写图名。每个图应有简单的标题,横、纵坐标轴所代表的变量名称及单位,作图所依据的条件说明等。

1.3.3 实验报告

写好实验报告是科学训练的重要内容。对实验报告的要求是正确而又清晰,简明而又深入。写实验报告应注意以下几点:

(1)实验报告包括的内容:实验名称、实验日期、实验目的、实验原理、实验步骤、测定数据、计算结果、注意事项、问题与讨论等。实验报告的格式可以不拘一格,一般采用表格式为好。前五项内容应在实验预习时写好,并画好数据记录表格。

(2)记录和计算必须准确、简明、清楚。不允许随意涂改数据,更不能凑数据。

(3)每次实验结束时,应先将数据交教师审阅,然后进行计算,写出实验报告。

(4)实验测定结果的准确度视所选用测定方法、仪器和样品情况(如均匀性、含量等)而定。对重铬酸钾法测铁、碘量法测铜等实验,要求相对误差在 0.2%～0.3%;对混合碱、水的硬度、过氧化氢等的测定,可按工业分析要求确定测定结果的相对误差。以基准物质标定溶液浓度的测定结果的相对误差则应小于 0.1%。并要求能运用误差理论分析处理数据。

1.4 化学试剂和实验室废液处理

化学试剂的种类很多,世界各国对化学试剂的分类和分级的标准不尽一致,各国都有自己的国家标准及其他标准(行业标准、学会标准等)。我国的化学试剂产品有国家标准(GB)、化工行业标准(HG)及企业标准(QB)三级。

1.4.1 化学试剂的分类

化学试剂产品已有数千种,有分析试剂、仪器分析专用试剂、指示剂、有机合成试剂、生化试剂、电子工业或食品工业专用试剂、医用试剂等。随着科学技术和生产的发展,新的试剂种类还将不断产生,到目前为止,还没有统一的分类标准。通常将化学试剂分为标准试剂、一般试剂、高纯试剂、专用试剂四大类。

(1)标准试剂。标准试剂是用于衡量其他(待测)物质化学量的标准物质。标准试剂的特点是主体含量高而且准确可靠,其产品一般由大型试剂厂生产,并严格按国家标准检验。主要国产标准试剂的种类及用途列于表 1-1 中。

表 1-1 主要国产标准试剂的种类及用途

类　　别	主　要　用　途
滴定分析第一基准试剂	工作基准试剂的定值
滴定分析工作基准试剂	滴定分析标准溶液的定值
杂质分析标准溶液	仪器及化学分析中作为微量杂质分析的标准
滴定分析标准溶液	滴定分析法测定物质的含量
一级 pH 基准试剂	pH 基准试剂的定值和高精密度 pH 计的校准
pH 基准试剂	pH 计的校准(定位)
热值分析试剂	热值分析仪的标定
色谱分析标准溶液	气相色谱法进行定性和定量分析的标准
临床分析标准溶液	临床化验
农药分析标准溶液	农药分析
有机元素分析标准溶液	有机物元素分析

(2)一般试剂。一般试剂是实验室最普遍使用的试剂,根据国家标准(GB)及部颁标准,一般化学试剂分为四个等级及生化试剂,其规格及适用范围等见表 1-2。指示剂也属于一般试剂。

表 1-2 一般化学试剂的规格及适用范围

级别	中文名称	英文符号	标签颜色	适用范围
一级	优级纯（保证试剂）	G.R	绿色	精密的分析及科学研究工作
二级	分析纯（分析试剂）	A.R	红色	一般的科学研究及定量分析工作
三级	化学纯	C.R	蓝色	一般定性分析及无机分析、有机化学实验
四级	实验试剂	L.R	棕色或其他颜色	要求不高的普通实验
生化试剂	生化试剂 生物染色剂	B.R	咖啡色（染色剂：玫瑰色）	生物化学及医用化学实验

按规定，试剂瓶的标签上应标示试剂名称、化学式、摩尔质量、级别、技术规格、产品标准号、生产许可证号、生产批号、厂名等，危险品和有毒药品还应给出相应的标志。

(3) 高纯试剂。高纯试剂的特点是杂质含量低(比优级纯或基准试剂低)，主体含量一般与优级纯试剂相当，而且规定检测的杂质项目比同种优级纯或基准试剂多1~2倍，在标签上标有"特优"或"超优"字样。高纯试剂主要用于微量分析中试样的分解及试液的制备。

(4) 专用试剂。专用试剂是指有特殊用途的试剂。如仪器分析中色谱分析标准试剂、气相色谱担体及固定液、液相色谱填料、薄层色谱试剂、紫外及红外光谱纯试剂、核磁共振分析用试剂等。专用试剂与高纯试剂的相似之处是不仅主体含量较高，而且杂质含量很低。它与高纯试剂的区别是，在特定的用途中(如发射光谱分析)有干扰的杂质成分只需控制在不致产生明显干扰的限度以下。

1.4.2 化学试剂的贮存

在实验室中化学试剂的存放是一项十分重要的工作。一般化学试剂应贮存在通风良好、干净、干燥的库房内，要远离火源，并注意防止污染。实验室中盛放的原包装试剂或分装试剂都应贴有商标或标签，盛装试剂的试剂瓶也都必须贴上标签，并写明试剂的名称、纯度、浓度、配制日期等，标签外应涂蜡或用透明胶带等保护，以防标签受腐蚀而脱落或破坏。同时，还应根据试剂的性质采用不同的存放方法。

(1) 固体试剂一般应装在易于取用的广口瓶内；液体试剂或配制成的溶液则盛放在细口瓶中；一些用量小而使用频繁的试剂，如指示剂、定性分析试剂等可盛装在滴瓶中。

(2) 遇光、热、空气易分解或变质的药品或试剂，如硝酸、硝酸银、碘化钾、硫代硫酸钠、过氧化氢、高锰酸钾、亚铁盐和亚硝酸盐等，都应盛放在棕色瓶中，避光保存。

(3) 容易侵蚀玻璃而影响试剂纯度的，如氢氟酸、含氟盐、氢氧化钠等应保存在塑料瓶中。

(4) 碱性物质如氢氧化钾、氢氧化钠、碳酸钠、碳酸钾和氢氧化钡等溶液，盛放的瓶子要用橡皮塞，不能用玻璃磨口塞，以防瓶口被碱溶解。

(5) 吸水性强的试剂如无水硫酸钠、氢氧化钠等应严格用蜡密封。

(6) 易燃液体保存时应单独存放，注意阴凉避风，特别要注意远离火源。易燃液体主要是有机溶剂，实验室常见的一级易燃液体有：丙酮、乙醚、汽油、环氧丙烷、环氧乙烷；二级易燃液体有：甲醇、乙醇、吡啶、甲苯、二甲苯等；三级易燃液体有：柴油、煤油、松节油。

(7)易燃固体有机物如硝化纤维、樟脑等，无机物如硫黄、红磷、镁粉和铝粉等，着火点都很低，遇火后易燃烧，要单独贮藏在通风干燥处。

(8)白磷为自燃品，放置在空气中不经明火就能自行燃烧，应贮藏在水里，加盖存放于避光阴凉处。

(9)金属钾、钠、电石和锌粉等为遇水燃烧的物品，与水剧烈反应并放出可燃性气体，贮存时应与水隔离，如金属钾和钠应贮藏在煤油里。贮存这类易燃品(包括白磷)时，最好把带塞容器的2/3埋在盛有干沙的瓦罐中，瓦罐加盖贮于地窖中。要经常检查，随时添加贮存用的液体。

(10)具有强氧化能力的含氧酸盐或过氧化物，当受热、撞击或混入还原性物质时，就可能引起爆炸。贮存这类物质，绝不能与还原性物质或可燃物放在一起，贮藏处应阴凉通风。强氧化剂分为三个等级：一级强氧化剂与有机物或水作用易引起爆炸，如氯酸钾、过氧化钠、高氯酸；二级强氧化剂遇热或日晒后能产生氧气支持燃烧或引起爆炸，如高锰酸钾、双氧水；三级强氧化剂遇高温或与酸作用时能产生氧气支持燃烧或引起爆炸，如重铬酸钾、硝酸铅。

(11)强腐蚀性药品浓酸、浓碱、液溴、苯酚和甲酸等应盛放在带塞的玻璃瓶中，瓶塞密闭。浓酸与浓碱不要放在高位架上，防止碰翻造成灼伤。如量大时，一般应放在靠墙的地面上。

(12)剧毒试剂如氰化物、三氧化二砷或其他砷化物、升汞及其他汞盐等应由专人负责保管，取用时严格做好记录，每次使用以后要登记验收。钡盐、铅盐、锑盐也是毒品，要妥善贮藏。

1.4.3 化学试剂的选用

各种级别的试剂因纯度不同价格相差很大，不同级别的试剂有的价格可相差数十倍，因此在选用化学试剂时，应根据所做实验的具体要求，如分析方法的灵敏度和选择性、分析对象的含量及对分析结果准确度的要求，合理地选用适当级别的试剂。在满足实验要求的前提下，应本着节约的原则，尽量选用低价位试剂。

1.4.4 试剂的包装规格

包装单位的规格为每个包装容器内盛装化学试剂的净重或体积，这以试剂的性质、用途及价格而定。一般的固体试剂以500 g为一瓶，液体以500 mL为一瓶，作为基本包装单位。价格昂贵的试剂包装单位为零点几克或几克。用量很少(如指示剂、特种试剂)的包装单位为5、10或25 g。酸类试剂也有较大的量(如1、2.5、5 kg)的包装。

包装单位越小，制作越困难，单位价格也越高，使用时应注意节约。

1.4.5 试剂的精制与提纯

为了降低试剂杂质含量，满足特种分析的需要，有时需对其进行提纯与精制。

挥发性的液体试剂如盐酸、硝酸、氨水、有机溶剂可以用蒸馏法精制。蒸馏时有的要用硼硅玻璃或石英玻璃，有的要减压蒸馏。

在常温下易挥发的水溶液试剂如盐酸、硝酸、氨水等可用等温扩散法精制。这可在干燥器中(不放干燥剂)进行，即将分别盛有试剂和高纯水的容器置于干燥器内密闭放置1~2周，可得纯度较高的试剂。

能升华的试剂如碘可用升华法精制。温度系数较大(溶解度随温度升高)的无机盐如 $KMnO_4$、$H_2C_2O_4$、$HgCl_2$ 等可用重结晶法精制，将试剂加热溶解为近饱和的溶液，滤去杂质冷却，收集析出的结晶，洗涤，干燥。

其他尚有萃取法、醇析法、离子交换法、层析法等，可参考有关书籍。

1.4.6 实验室废液的处理方法

在分析化学实验中会产生各种废液，如果直接排放到下水道中，会对环境造成极大污染，严重威胁人类的生存环境，损害人们的健康。如 As、Pb 和 Hg 等化合物进入人体后，不易分解和排出，长期积累会引起胃痛、皮下出血、肾功能损伤等；氯仿、四氯化碳、多环芳烃等有致癌作用；CrO_3 接触皮肤破损处会引起溃烂不止等。因此，必须加大实验室的废液处理力度，对实验过程中产生的废液进行必要的处理。

(1)中和法。利用化学反应使酸性废水或碱性废水中和，达到中性的方法称为中和法。中和法应优先考虑"以废治废"的原则，尽量利用废酸和废碱进行中和，或者让酸性废水和碱性废水直接中和。对于酸含量小于3%~5%的酸性废水或碱含量小于1%~3%的碱性废水，常采用中和处理的方法。无硫化物的酸性废水可用浓度相当的碱性废水中和，含重金属离子较多的酸性废水可通过加入碱性试剂(如 NaOH、Na_2CO_3)进行中和。

(2)萃取法。采用与水不互溶但能良好溶解污染物的萃取剂，使其与废水充分混合，提取污染物，达到净化废水的目的。例如含酚废水就可采用二甲苯作萃取剂。

(3)化学沉淀法。于废水中加入某种化学试剂，使之与废水中某些溶解性污染物发生化学反应，生成难溶性物质沉淀下来，然后进行分离，以降低废水中溶解性污染物的浓度。此法适用于除去废水中的重金属离子(如汞、镉、铜、铅、锌、镍、铬等)、碱土金属离子(钙、镁)及某些非金属(砷、氟、硫、硼等)。如氢氧化物沉淀法可用 NaOH 作沉淀剂处理含重金属离子的废水；硫化物沉淀法是用 Na_2S、H_2S、CaS 或 $(NH_4)_2S$ 等作沉淀剂除汞、砷；铬酸盐法是用 $BaCO_3$ 或 $BaCl_2$ 作沉淀剂除去废水中的 CrO_3 等。

(4)氧化还原法。水中溶解的有害无机物或有机物可通过化学反应将其氧化或还原，转化成无害的新物质或易从水中分离除去的形态。常用的氧化剂主要是漂白粉，用于含氰废水、含硫废水、含酚废水及含铵态氮废水的处理。常用的还原剂有 $FeSO_4$ 或 Na_2SO_3，用于还原六价铬；还有活泼金属如铁屑、铜屑、锌粒等，用于除去废水中的汞。

(5)离子交换法。利用离子交换剂对物质选择性交换的能力，除去废水中的杂质和有害物质。

(6)吸附法。利用多孔固体吸附剂，使废水中的污染物通过固-液相界面上的物质传递，转移到固体吸附剂上，从废水中分离除去。废水处理常用的吸附剂有活性炭、磺化煤、沸石等。

此外，废水处理还有电化学净化法等。

1.5 溶液的配制和计算公式

1.5.1 溶液的配制方法

1. 一般溶液的配制方法 在台秤或分析天平上准确称取一定质量的固体试剂,放入烧杯中先用适量的蒸馏水溶解,再稀释至所需的体积,摇匀备用。若固体试剂溶解度较小,可加热促使溶解,待冷却后,再转入试剂瓶或容量瓶中。配制好的溶液应马上贴好标签,注明溶液的名称、浓度和配制日期。

有些易水解的盐配制溶液时,需加入适量的酸,再用水或稀酸稀释。有些易被氧化或还原的试剂,常在使用前临时配制,或采取措施,防止氧化还原。

易侵蚀或腐蚀玻璃的溶液不能盛放在玻璃瓶内,如氟化物应保存在聚乙烯瓶中,装氢氧化钠的瓶子应换成橡皮塞,最好也存放于聚乙烯瓶中。

配制指示剂溶液时,需称取指示剂的量往往很少,可用分析天平称量,但只读取两位有效数字即可;根据指示剂的性质,采用合适的溶剂,必要时还要加入适当的稳定剂,并注意其保存期。配制好的指示剂一般贮存于棕色瓶中。

配制溶液时,要合理选择试剂的级别,不要超规格使用试剂,以免造成浪费;也不要降低规格使用试剂,以免影响分析结果的准确度。

经常并大量使用的溶液,可先配制成 10 倍使用浓度的贮备液,需要时取贮备液稀释 10 倍即可。

2. 标准溶液的配制和标定 标准溶液的配制有直接法和间接法两种方法。

(1)直接法。准确称取一定质量的纯物质,用水溶解后,定量地转移到容量瓶中,加水稀释至刻度,摇匀。根据称取纯物质的质量和溶液的体积即可计算出该标准溶液的准确浓度。

用于直接配制标准溶液的纯物质称为基准物质(或称基准试剂),基准物质必须具备下列条件:

① 纯度高。一般要求其纯度在 99.9% 以上,即杂质的含量应少到不至于影响分析结果的准确度。

② 组成恒定。即组成与化学式完全符合(包括所含结晶水)。

③ 性质稳定。在配制和贮存时不会发生变化。例如,烘干时不易分解,称量时不吸湿,不吸收空气中的二氧化碳,也不易变质等。

④ 最好具有较大的摩尔质量。因为摩尔质量越大,称取的质量就越多,称量误差就相应地减少。

基准物质可以用直接法或标定间接法配制的标准溶液配制标准溶液。配制时,将所需基准物质按规定预先干燥,并选用符合实验要求的纯水配制。

(2)间接法(又称标定法)。实际上只有少数试剂符合基准试剂的要求,很多试剂不宜用直接法配制标准溶液,而要用间接法配制。即将试剂先配成近似所需浓度的溶液,再用基准物质或用另一种标准溶液来测定它的准确浓度。在分析化学中,把这种利用基准物质(或用已知准确浓度的溶液)来确定标准溶液浓度的操作过程,称为标定。标定方法有两种:

① 直接标定法。准确称取一定质量的基准物质,溶解后用待标定的标准溶液滴定,根

据基准物质的质量及待标定标准溶液所消耗的体积,即可算出标准溶液的准确浓度。大多数的标准溶液是通过此种标定方法测定其准确浓度的。

② 比较标定法。准确吸取一定体积的待标定的标准溶液,用已知准确浓度的标准溶液滴定;或者准确吸取一定体积已知准确浓度的标准溶液,用待标定的标准溶液滴定。根据两种溶液所消耗的体积及已知标准溶液的浓度,即可计算出待标定标准溶液的准确浓度。

标准溶液的标定方法除上述两种外,在实际工作中,特别在工厂的实验室,还常用"标准试样"来标定标准溶液。这样标定标准溶液浓度和测定被测物质的条件基本相同,分析过程中的系统误差可以抵消,测定结果的准确度较高。

1.5.2 计算公式

(1) 当把密度 $\rho_1(B)$、溶质质量分数 $w_1(B)$ 为已知的浓溶液稀释为稀溶液时,计算所需浓溶液的体积(mL)的计算公式:

$$V_1(B) = \frac{c_2(B)V_2(B)M(B) \times 10^{-3}}{\rho_1(B)w_1(B)} \tag{1-1}$$

(2) 在配制溶液的浓度和体积已知时,计算所需称取纯物质的质量:

$$m(B) = c(S)V(S)M(B) \times 10^{-3} \tag{1-2}$$

式中,$V(S)$ 的单位为 mL。

(3) 直接法配制标准溶液时,计算标准溶液的浓度:

$$c(B) = \frac{m(B) \times 10^3}{M(B)V(B)} \tag{1-3}$$

式中,$V(B)$ 的单位为 mL。

(4) 用基准物质直接标定或测定时,计算被标定溶液或未知浓度溶液的浓度的公式:

$$c(X) = \frac{m(S) \times 10^3}{M(S)V(X)} \tag{1-4}$$

式中,$V(X)$ 的单位为 mL。

(5) 比较标定或测定时,计算被标定溶液或未知溶液的浓度:

$$c(X)V(X) = c(S)V(S) \tag{1-5}$$

(6) 直接滴定法、置换滴定法、间接滴定法计算被测物质质量分数的计算公式:

$$w(X) = \frac{c(S)V(S)M(X) \times 10^{-3}}{m_{样}} \times 100\% \tag{1-6}$$

式中,$V(S)$ 的单位为 mL。

(7) 返滴定法计算被测物质质量分数的计算公式:

$$w(X) = \frac{[c_1(S)V_1(S) - c_2(S)V_2(S)]M(X) \times 10^{-3}}{m_{样}} \times 100\% \tag{1-7}$$

式中,$V(S)$ 的单位为 mL。

1.6 分析化学实验室安全知识

(1) 对剧毒药品必须制定保管使用制度,必须与一般药品分开,设专柜并加锁由专人负责保管。毒品散落时应立即收拾起来,把落过毒物的桌子或地板洗净。

(2)实验室内严禁饮食、吸烟,一切化学药品禁止入口。使用移液管时,应用洗耳球吸取试液,切勿用嘴吸。实验完毕应洗手。水、电使用完毕应立即关闭。离开实验室时,应仔细检查水、电、门窗是否均已关好。

(3)使用电器设备时要特别小心,不可用湿手去开启电闸和电器开关。凡是漏电的仪器不要使用,以免触电,并应及时请专人修理。

(4)浓酸、浓碱具有强烈的腐蚀性,切勿溅在皮肤和衣服上。使用浓 HNO_3、浓 HCl、浓 H_2SO_4、浓 $HClO_4$、浓氨水时,均应在通风橱中操作,绝不允许在实验室加热。如不小心溅到皮肤和眼内,应立即用水冲洗,然后用 5% 碳酸氢钠溶液(酸腐蚀时采用)或 5% 硼酸溶液(碱腐蚀时采用)冲洗,最后用水冲洗。

(5)使用乙醇、乙醚、苯、丙酮、三氯甲烷等有机溶剂时,一定要远离火焰和热源,使用后将试剂瓶盖严,置阴凉处保存。低沸点的有机溶剂不能直接在火焰上或其他热源上加热,而应在水浴上加热。

(6)汞盐、砷化物、氰化物等剧毒物品使用时应特别小心。氰化物不能接触酸,否则会产生 HCN,剧毒!氰化物废液用碱性亚铁盐处理(每 200 mL 废液中加入 25 mL 10% 碳酸钠及 25 mL 35% $FeSO_4·7H_2O$ 溶液搅匀),使其转化为亚铁氰化铁盐类。严禁直接倒入下水道或废液缸中。

(7)分析天平、分光光度计、酸度计等精密仪器使用时应登记,并严格按操作规程进行操作。仪器使用完毕后,拔下电源插头,将仪器各部分旋钮恢复到原来位置。

(8)如发生烫伤,可在烫伤处抹上黄色的苦味酸溶液或烫伤软膏。严重者应立即送医院治疗。实验室发生火灾时,应根据起火原因进行针对性的灭火:酒精及其他可溶于水的液体着火时,可用水灭火;汽油、乙醚等有机溶剂着火时,用沙土扑灭,此时绝不能用水,否则会扩大燃烧面;导线或电器着火时,不能用水和二氧化碳灭火器,而应首先切断电源,用 CCl_4 灭火器灭火;仪器着火时,应用 1211 灭火器灭火;衣服着火时,切忌奔跑,而应就地躺下滚动或用湿衣服在身上抽打灭火。

第2章

分析化学实验基本仪器

2.1 分析化学实验一般仪器和设备

2.1.1 分析化学实验常用的一般仪器

现将分析化学实验使用的一般仪器列于表 2-1。仪器的材料除注明者外均为玻璃，所列规格为常用仪器的规格。

表 2-1 一般仪器

名称	规格	一般用途	注意事项
离心管	分有刻度和无刻度两种，容积(V/mL)：5、10、15	定性分析检验离子和在离心机中借离心作用分离溶液和沉淀	只能水浴加热
滴瓶	有无色、棕色之分，容积(V/mL)：30、60、125 等	装滴加的试剂	① 见光易分解的试剂要盛放在棕色瓶中 ② 碱性试剂要盛放在橡皮塞的滴瓶中 ③ 酸或其他腐蚀胶帽的试剂不宜长期盛放
烧杯	容积(V/mL)：10、15、25、50、100、250、400、1 000、2 000 等	① 配制溶液、溶解样品、溶液加热或蒸发 ② 用于较大量试剂的反应	加热时放在石棉网上，一般不直接加热。直接加热时外部要擦干，不要有水珠，以防炸裂
三角烧瓶(锥形瓶)	容积(V/mL)：50、100、250、500 等	① 反应容器 ② 滴定分析时盛放被滴定溶液	加热时放在石棉网上，一般不直接加热。直接加热时外部要擦干，不要有水珠，以防炸裂

(续)

名　称	规　格	一般用途	注意事项
碘量瓶	容积(V/mL)：50、100、250、500等	碘量法或其他生成挥发性物质的定量分析	加热时放在石棉网上，一般不直接加热。直接加热时外部要擦干，不要有水珠，以防炸裂
烧瓶	有圆底、平底之分，容积(V/mL)：250、500、1 000	① 反应容器 ② 加热及蒸馏液体 ③ 平底的可自制洗瓶	加热时放在石棉网上，一般不直接加热。直接加热时外部要擦干，不要有水珠，以防炸裂
 凯氏烧瓶	容积(V/mL)：50、100、300、500等	消解有机物质	置石棉网上加热，瓶口一般放只小漏斗
洗　瓶	材料：(a)塑料，(b)玻璃。容积(V/mL)：250、500等	装纯水洗涤仪器或装洗涤液洗涤沉淀	玻璃的可置石棉网上加热
量筒和量杯	(a)量筒 容积(V/mL)：5、10、25、50、100、500等 (b)量杯 容积(V/mL)：10、20、50、100、500、1 000等	用于量取一定体积的液体	不能直接加热
 漏　斗	长颈漏斗。口径(d/cm)：4、5、9、12等	① 过滤用 ② 用于将溶液转移到口径较小的容器中	不能直接加热

(续)

名称	规格	一般用途	注意事项
分液漏斗	有球形、梨形等。容积（V/mL）：50、100、250、500等	分开两种互不相溶的液体，用于萃取和富集	磨口活塞必须原配，漏水的不能用，盖和活塞必须用橡皮圈套住，防止滑出打碎
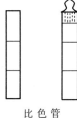 比色管	容积（V/mL）：10、25、50、100等，有带刻度、不带刻度、具塞、不具塞之分	比色分析	不可直接加热，管塞必须原配，管壁必须清洁透明
 干燥管		盛装干燥剂	干燥剂置球形部分，不宜过多，小管与球形交界处放棉花少许填充之
 吸收管	波氏，全长（L/mm）：173、233等	吸收气体样品中的被测物质	通过气体的流量要适当，两只串联使用，不可直接加热
移液管和吸量管	移液管容积（量出式）（V/mL）：1、2、5、10、15、20、25、50、100；一等、二等吸量管容积（量出式）（V/mL）：1、2、5、10，微量：0.1、0.2、0.5，有吹、不吹之分	准确量取一定体积的液体	保护好尖端不被磕破

(续)

名　称	规　格	一般用途	注意事项
 滴定管	容积(V/mL)(量出式)：25、50、100，一等、二等。(a)碱式管，(b)酸式管。微量(V/mL)：1、2、3、4、5、10	用于滴定操作	① 碱式盛碱性溶液，但不能长久存放 ② 酸式盛酸性溶液、氧化性溶液和与橡皮作用的溶液 ③ 活塞要原配，不可漏液
 自动滴定管	自动滴定管容积(V/mL)为25，贮液瓶容积(V/mL)为1 000	用于滴定剂需隔绝空气的滴定操作	① 碱式盛碱性溶液，但不能长久存放 ② 酸式盛酸性溶液、氧化性溶液和与橡皮作用的溶液 ③ 活塞要原配，不可漏液
 容量瓶	容积(量入式)(V/mL)：25、50、100、250、500、1 000，有无色、棕色之分	配制准确体积的标准溶液或被测溶液	① 不能受热 ② 不能在其中溶解固体 ③ 瓶塞必须原配，不能漏水 ④ 定容时溶液温度应与室温一致
 称量瓶	以外径(d/mm)×高(h/mm)表示： (a)低型 50×30 (b)高型 25×40	① 准确称取一定质量的固体药品时用(差减法) ② 低型的可测定样品中水分(挥发法)	不能直接加热
 布氏漏斗和吸滤瓶	(a)布氏漏斗，瓷质，以直径(d/cm)表示：6、8 (b)玻璃吸滤瓶，容积(V/mL)为250、500	利用吸气泵或真空泵降低抽滤瓶内压力以加速过滤速度，适用于大量固体过滤	不能直接加热
干燥器	以直径(d/cm)表示	① 定量分析时，将灼烧过的坩埚或烘干的称量瓶等置于其中冷却 ② 存放物品，以免吸收水分	① 灼烧过的物体放入干燥器时温度不能过高 ② 干燥器中干燥剂要定期更换 ③ 磨口处要涂凡士林

(续)

名 称	规 格	一般用途	注意事项
 坩 埚	有瓷、铁、银、镍、铂材质等，容积（V/mL）：25、30	① 熔融样品 ② 高温灼烧固体	① 不同性质的样品选用不同材料的坩埚 ② 放在泥三角上直接用火烧 ③ 取高温坩埚时，坩埚钳要预热，坩埚放在石棉网上，不可骤冷
 烧结玻璃坩埚	以坩埚的滤板孔径(d/μm)分为六种：20～30，10～15，4.9～9，3～4，1.5～2.5，1.5以下	用于过滤定量分析中只需低温干燥的沉淀	① 应选择合适孔度的坩埚 ② 不宜用于过滤胶状或碱性沉淀 ③ 干燥或烘烤沉淀时，只适用于150℃下烘干的沉淀
 研 钵	有瓷、铁、玻璃、玛瑙等，以钵口径(d/cm)表示	研磨固体物质使用，按固体的性质、硬度和测定的要求选用不同材料的研钵	① 只能研磨，不能敲击(铁研钵除外) ② 不能用火直接加热 ③ 不能作反应容器用

2.1.2 分析化学实验常用设备

分析化学实验常用设备见图 2-1、图 2-2、图 2-3、图 2-4、图 2-5、图 2-6。

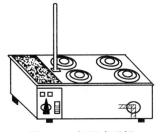

图 2-1 恒温水浴锅

图 2-2 电动离心机

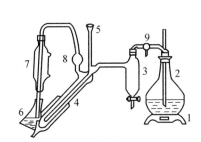

图 2-3 凯氏定氮带蒸馏装置
1. 电炉 2. 蒸汽发生器 3. 贮液管 4. 反应室 5. 小漏斗
6. 接受瓶 7. 冷凝管 8. 安全管 9. 三通活塞

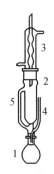

图 2-4 索氏萃取器
1. 烧瓶 2. 萃取室
3. 冷凝管 4. 虹吸管 5. 支管

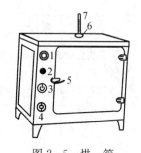
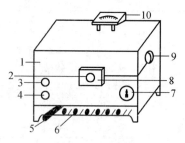

图 2-5 烘箱
1. 温度控制器旋钮 2. 指示灯
3. 开关 4. 鼓风旋钮
5. 拉手 6. 排气阀 7. 温度计

图 2-6 马弗炉
1 炉体 2. 炉门上的观察孔 3. 电源指示灯 4. 自控指示灯
5. 变阻器滑动把柄 6. 变阻器接触点 7. 自控调节钮
8. 绝热门 9. 门的开关把 10. 热电偶毫伏表(温度计)

2.2 分析天平

分析天平(analytical balance)是定量分析不可缺少的精密衡量仪器。分析结果的准确度与称量的准确度密切相关,因此,使用分析天平必须了解其性能、结构及称量原理,熟悉其称量方法,并能进行简单的保养与维修,方能发挥仪器效能,获得准确的称量结果。

2.2.1 分析天平的称量原理

目前国产的供教学、生产和科学研究工作需要的天平有很多种型号,其称量原理基本相同。本节主要介绍等臂天平、不等臂天平的称量原理。

(1)等臂天平的称量原理。等臂天平的称量原理是依据第一杠杆原理(即支点在力点之间)。如图 2-7 所示。若在天平左端放一质量为 m_Q 的物体,为使指针维持原来位置,必须在右端加一质量为 m_P 的砝码,设梁的左右两臂长 $L_1=L_2$,当达到平衡时,根据杠杆原理,支点两边的力矩相等,则 $Q \cdot L_1 = P \cdot L_2$($Q$ 和 P 分别为 m_Q 和 m_P 的重力)。因为 $Q=m_Q g$,$P=m_P g$(g 为重力加速度),所以 $m_Q g L_1 = m_P g L_2$,当 $L_1=L_2$ 时,$m_Q=m_P$。

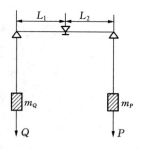

图 2-7 等臂天平原理

由上式可知,当等臂天平处于平衡状态时,被称物体的质量等于砝码的质量。

质量是不随地域而改变的,但重量则随地域的重力加速度(g)的不同而改变。在分析工作中,通常所说的称量某物体的"重量"实际是质量。

若 $L_1 \neq L_2$,则 $m_Q \neq m_P$,物体与砝码质量之间产生差值 Δm:

$$\Delta m = m_Q - m_P \qquad (2-1)$$

Δm 称为不等臂误差。

等臂天平是以两臂相等为前提的,但实际上,真正达到两臂完全相等是不可能的,所以等臂天平的不等臂误差是不可避免的。

(2)不等臂天平的称量原理。在精密称量中采用替代法称量,可以克服不等臂误差。替代法称量是在臂长为 L_1 及 L_2 的天平上,左盘加一质量为 Q 的任意重物,右盘加砝码 P 与 Q

平衡，则

$$QL_1 = PL_2 \tag{2-2}$$

称量时，在加砝码的一盘上，加上待称物体 m_Q，天平失去平衡，然后在砝码中取下 m_P，使天平重新达到平衡，则

$$QL_1 = (P + m_Q - m_P)L_2 \tag{2-3}$$

将式(2-3)代入式(2-2)得

$$(P + m_Q - m_P)L_2 = PL_2$$
$$PL_2 + m_Q L_2 - m_P L_2 = PL_2$$

则

$$m_Q = m_P$$

可见，平衡后减去砝码的质量 m_P，即为物体的质量 m_Q。这种方法的称量实际只在一臂上进行，另一臂只作平衡之用，因而消除了天平不等臂对称量的影响。

不等臂单盘天平就是依此原理，只设一只盘，盘上悬挂有天平最大载重的全部砝码，天平的另一臂由重锤和阻尼器与天平盘平衡。称量时，盘上加物体后，减去等质量的砝码，使天平平衡。平衡后减去砝码的质量即为物体的质量。此类天平称为减码式单盘天平。

2.2.2 分析天平的种类

分析天平的种类很多，通常有两种分类方法：

(1) 按分析天平的结构特点分类。

$$
\text{分析天平}
\begin{cases}
\text{等臂天平}
\begin{cases}
\text{摆动式分析天平} \\
\text{阻尼分析天平} \\
\text{半自动电光天平} \\
\text{全自动电光天平} \\
\text{微量天平}
\end{cases} \\
\text{不等臂天平——单盘减码式全自动电光天平} \\
\text{扭力天平——精密扭力天平} \\
\text{电子天平}
\begin{cases}
\text{直立式电子天平} \\
\text{顶载式电子天平} \\
\text{谐振式电子天平}
\end{cases}
\end{cases}
$$

(2) 按天平的精度分类。精度是指天平的感量(分度值)与最大载重之比。1972 年中国科学院按精度将天平分为 10 级。分级标准见表 2-2。

表 2-2 天平精度分级

级 别	1	2	3	4	5
感量/最大载重	1×10^{-7}	2×10^{-7}	5×10^{-7}	1×10^{-6}	2×10^{-6}
级 别	6	7	8	9	10
感量/最大载重	5×10^{-6}	1×10^{-5}	2×10^{-5}	5×10^{-5}	1×10^{-4}

1 级天平精度最好，10 级天平精度最差。常用的分析天平最大载重为 200 g，感量(或分度值)为 0.1 mg，其精度为

$$\frac{0.0001}{200}=5\times10^{-7}$$

即相当于 3 级天平。

在选用天平时，不仅要注意天平的精度级别，还必须注意天平的最大载重。

在常量分析中，使用最多的是最大载重为 100～200 g 的分析天平，属 3、4 级。在微量分析中，常用最大载重为 20～30 g 的 1～3 级天平。

目前常用的国产分析天平的型号、规格及级别见表 2-3。

表 2-3 国产分析天平的型号与规格

名 称	型 号	最大载重/g	感量/mg	级 别
分析天平(摆动式)	TG-528A	200	0.4	5
分析天平(摆动式)	TG-628A	200	1	6
阻尼分析天平	TG-528B	200	0.4	5
半自动电光天平	TG-328B	200	0.1	3
全自动电光天平	TG-328A	200	0.1	3
单盘减码式全自动电光天平	TG-729B	100	0.05	3
单盘电光天平	TG-429-1	100	0.1	4
单盘精密天平	DT-100	100	0.1	4
微量天平	TG-332A	20	0.01	3

2.2.3 分析天平的性能

天平的性能用灵敏性、正确性、稳定性和示值变动性来表述。

1. 灵敏性 灵敏性用灵敏度(sensitivity)表示，灵敏度是指天平处于平衡状态时，在天平的一个盘上增加一微小质量所引起指针偏移的程度，指针的偏移程度越大，表明天平越灵敏。指针的偏移程度可以用角度来表示。

$$\alpha=\frac{mL}{Wd}$$

此为表示天平灵敏度的简易公式，它未包括刀口质量和载重时梁的变形等因素的影响。上式说明，天平载重后，天平倾斜的角度 α 与天平载重 m，天平臂长 L 成正比，与天平横梁重心到支点的距离 d 成反比。当载重 m 一定时，天平的灵敏度与下列因素的关系如下：

(1)横梁质量 W 越大，天平的灵敏度越低。故一般采用坚硬、质轻的合金制成。

(2)天平的臂长 L 越长，灵敏度越高。但考虑臂太长会增加梁的质量且易变形，因此实际上天平臂并不长。

(3)支点与重心的距离 d 越短，灵敏度越高。由于同一台天平的臂长 L 和梁的质量 W 都是固定的，通常只能改变支点到重心的距离来调整天平的灵敏度。如果天平的灵敏度太低，可将重心螺丝与支点的距离缩短；如果天平的灵敏度太高，可将重心螺丝与支点距离增大。

应该指出，天平的臂在载重时微向下垂，以致臂的实际长度减小，同时，梁的重心也微向下移，故载重后其灵敏度会减小。

实际上，天平的灵敏度在很大程度上还取决于三个玛瑙刀口的接触点的质量。刀口越锋利，刀承表面越光洁，天平在摆动时的摩擦力越小，天平的灵敏度则越高。如果刀口受到损伤，则不论如何移动重心螺丝的位置，也不能显著提高其灵敏度。因此，在使用天平时应注意保护刀口，勿使其损伤。

天平的灵敏度一般规定为 1 mg 砝码引起指针在标尺上偏移的格数。

$$灵敏度 = \frac{指针偏移的格数}{m(\text{mg})}$$

因此，天平的灵敏度就是能够察觉到两盘质量差的能力，灵敏度高，表示感觉能力强，所以灵敏度也可以用感量(分度值)表示。

感量是指能够引起指针在刻度标尺上移动一格时所需的质量 $m(\text{mg})$。显然感量是灵敏度的倒数。

$$感量 = \frac{1}{灵敏度}$$

例如，TG-528B 型阻尼分析天平的灵敏度为 2.5 格·mg^{-1}，其感量为 1/2.5=0.4 mg·格$^{-1}$，故灵敏度的单位是格·mg^{-1}，感量的单位是 mg·格$^{-1}$。

一般阻尼分析天平的感量多为 0.4 mg·格$^{-1}$，也称此类天平为万分之四分析天平。又如 TG-328B 型半自动电光天平的感量为 0.1 mg·格$^{-1}$，其灵敏度为 1/0.1=10 格·mg^{-1}，表示 1 mg 砝码使投影屏上有 10 小格的偏移。但从天平的设计上看，这类天平的灵敏度只相当于普通阻尼天平标尺的 1 格·mg^{-1}。由于采用了光学放大读数装置，提高了读数的精确度，可以读至 0.1 mg，所以也称为万分之一天平。

2. 正确性 天平的正确性是指天平的等臂性。一台完好的天平虽不能要求其两臂长完全相等，但两臂长度之差应符合一定的要求(即长度差值不超过臂长的 1/40 000)。

在实际分析工作中，天平的不等臂性用交换两盘载重引起指针在刻度标尺上偏移的格数表示，称为偏差。一台完好的天平要求在最大载重下，不等臂引起的偏差不应超过标尺 3 个分度。但一般称量常小于最大载重很多，因此，这一误差会减小到忽略不计的程度。

等臂天平产生的不等臂误差属于系统误差，在分析工作中使用同一台天平进行重复测定时，误差可以相互抵消。在精密称量中，采用替代法称量也能克服天平不等臂的影响。

3. 稳定性 天平的稳定性是指天平梁在平衡状态受到扰动后能自动回到初始平衡位置的能力。它是天平计量的先决条件。保证天平梁及承重系统的稳定平衡状态的必要条件是该系统的重心必须处于中刀刀口(支点)的下方。重心与支点的距离越大，天平越稳定。若重心高于中刀刀口，则天平失去稳定的平衡状态而无法计量。天平的稳定性与灵敏性和示值变动性之间有密切关系，重心位置越高，天平越灵敏，但稳定性越差，示值变动性也就较大。因此，一台调整好的天平会使这些相互矛盾的因素在一定条件下达到相对统一的结果，对于稳定性，不规定具体的检定指标，实际上它包括在天平的灵敏性和示值变动性之中。

4. 示值变动性 天平的示值变动性是指天平在载重不变的情况下，多次开关天平，平衡点变化的情况。它表明天平称量结果的可靠程度。示值变动性是用多次开关天平时，天平指针平衡后在标尺上位置的最大值与最小值之差来表示的。两者之差越大，表示天平的不变性越差。天平鉴定规程规定，天平的示值变动性不得大于读数标尺的 1 个分度。天平的示值变动性和天平的灵敏性是对立的统一，两者的乘积为一个常数。在不能保证达到示值变动性的要求的情况下,单纯提高灵敏度是没有意义的,反之亦然。应该使天平具有尽可能高的灵敏度,同时变动性也不至于过大。

天平的示值变动性取决于天平装配质量以及刀口与刀承之间的摩擦力大小和刀口的锐钝程度,并与称量时的环境条件如温度、气流、震动等因素有关。

2.2.4 分析天平的称量方法

分析天平的称量方法有直接称量法、指定质量称量法和差减称量法。任何一种称量方法在称量前都应先调节天平零点,然后进行称量。

1. 直接称量法 先调节天平零点,关闭天平,将待测物放在左盘,砝码放在右盘(对双盘天平而言)。加砝码时,应依照砝码盒中的顺序依次添试。对于气阻天平,10 mg 以下砝码用游码操纵杆加在天平梁上的游码标尺右边的适当位置上,移动游码位置,使平衡点即休止点尽量与零点重合,然后按下式计算物体质量。

$$物体质量=砝码质量+(休止点-零点)\times 感量/1\ 000$$

对于电光天平和单盘天平,只需加砝码平衡。砝码总质量即为物体质量。

2. 指定质量称量法 在分析工作中为了便于计算,或在日常分析工作中常需直接配制指定浓度的标准溶液,往往要求称取指定质量的试样。此法要求试样的性质必须稳定。称量方法如下:先称取容器(如表面皿、玻璃纸或蜡光纸、铝铲等)的质量,然后在右盘上加上欲称取的试样质量的砝码(如 1.000 0 g),再以骨匙或塑料匙取出少许试样,逐渐向左盘已称量的容器中轻轻投放待称试样,直到两盘完全平衡为止,所称取的试样质量即为指定的质量(即 1.000 0 g)。

3. 差减称量法 又称为减量法。这种方法称出样品的质量不要求有固定的数值,只需在要求的范围内即可。适于连续称取多份易吸水、易氧化或易与二氧化碳反应的物质。将此类物质盛在带有盖的称量瓶中进行称量,既可防潮、防尘,又便于称量操作。称量步骤如下:

(1)在称量瓶中装适量试样(如试样曾经烘干,应放在干燥器中冷却至室温),左手用洁净的小纸条或塑料薄膜条套在称量瓶上(或带细纱手套)拿取,放在天平盘中央,如图 2-8 所示。用直接法准确称其质量。设其质量为 m_1。

图 2-8 用纸条套称量瓶

(2)若要求称取试样 0.3~0.4 g 于烧杯中,应先将右盘上的砝码减去 0.3 g,然后取出称量瓶,移到烧杯上方,使称量瓶口向下倾斜,右手借助小纸条将盖打开,用瓶盖轻轻敲击称量瓶口上缘,使试样徐徐落入烧杯内。如图 2-9 所示。估计倒出的试样质量已够 0.3 g 时,在一面轻轻敲击的情况下,慢慢竖起称量瓶,使瓶口不留一点试样,盖上盖子,再将称量瓶放回天平盘上,称其质量,打开升降钮,此时若指针迅速向右移动,说明倒出的试样少于 0.3 g,应再倒,若指针移向左,表示倒出的试样大于 0.3 g,再从天平右盘上取下 0.1 g 砝码,指针向右,表示倒出来的试样少于 0.4 g,符合 0.3~0.4 g 的要求,然后准确称量倒出试样后的称量瓶的质量 m_2。如果倒出试样的质量超过 0.4 g,不可借助牛角匙放回,只能弃去重称。

图 2-9 减量法称样

(3) 倒出试样的质量 $= m_1 - m_2$。

(4) 同上操作，逐次称量，即可称出多份试样。

2.2.5 单盘分析天平

定量分析实验课中使用 DT-100 型单盘分析天平，在此，简单介绍其构造原理、性能特点及使用方法。

1. 技术规格及构造原理 DT-100 型是不等臂横梁、全机械减码式电光分析天平。精度级别为 4 级，最小分度值为 0.1 mg，最大载重 100 g，机械减码范围 0.1~99 g，标尺显示范围是 -15~+110 mg，微读窗口显示 0.0~1.0 mg。毫克组砝码的组合误差不大于 0.2 mg，克组及全量砝码的组合误差不大于 0.5 mg。

图 2-10 是单盘天平主要部件的示意图，它可以表示不等臂天平的称量原理。横梁上只有一个支点刀，用来承载悬挂系统，内含砝码和称盘。横梁的另一端挂有配重砣和阻尼活塞，并安装了缩微标尺。

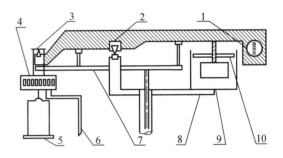

图 2-10 单盘天平横梁及悬挂系统示意图
1. 缩微标尺 2. 支点刀 3. 承重刀 4. 砝码架 5. 称盘
6. 减码托 7. 托梁架 8. 配重砣 9. 阻尼筒 10. 阻尼活塞

天平空载时，砝码都挂在悬挂系统中的砝码架上，开启天平后，合适的配重砣使天平横梁处于水平平衡状态，当被称物放在称盘上后，悬挂系统由于增加质量而下沉，横梁失去原有的平衡，为了使天平保持平衡，必须减去与被称物质量相当的砝码，即用被称物替代了悬挂系统中的内含砝码，这就是不等臂单盘天平（即双刀替代天平）的称量原理，这种天平的称量方法属于替代称量法。

2. 性能特点 单盘天平的性能优于双盘天平，主要有以下特点：

(1) 感量（或灵敏度）恒定。杠杆式等臂天平的感量，空载时和重载时往往不完全一样，即随着横梁负载的改变而略有变化。而单盘天平在使用过程中其横梁的负载是不变的，因此，感量也是不变的。

(2) 没有不等臂性误差。双盘天平的两臂长度不一定完全相等，因此，往往存在一定的不等臂性误差。而单盘天平的砝码和被称物同在一个悬挂系统中，承重刀与支点刀之间的距离是一定的，所以不存在不等臂性误差。

(3) 称量速度快。天平设有半开机构，可以在半开状态下调整砝码。横梁在半开时可轻微摆动，使光屏上的标尺投影能显示约 15 个分度，足以判断调整砝码的方向，明显地缩短了调整砝码的时间。又由于阻尼器（活塞式结构）效果好，使标尺平衡速度快（10~15 s），所以，称量速度明显快于双盘天平。

3. 使用方法 天平的外形及各操作机构见图 2-11 和图 2-12。

(1) 校正天平零点。停动手钮是天平的总开关，它控制托梁架和光源开关。该手钮位于垂直状态时，天平处于关闭状态。将停动手钮缓慢向前转动约 90°（使其尖端指向操作者），天平即呈开启状态，光屏上显现缓慢移动的标尺投影。待标尺平衡后，旋动天平右后方的调零手钮，使标尺上的"00"线位于光屏右边的夹线正中，即已调定零点，关闭天平。

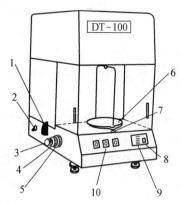 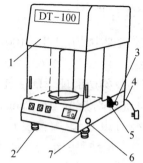

图 2-11 DT-100 型天平左侧外形
1. 停动手钮 2. 电源开关 3. 0.1～0.9 g 减码手轮
4. 1～9 g 减码手轮 5. 10～90 g 减码手轮
6. 称盘 7. 圆水准器 8. 微读数字窗口
9. 投影屏 10. 减码数字窗口

图 2-12 DT-100 型天平右侧外形
1. 顶罩 2. 减震脚垫
3. 调零手钮 4. 外接电源线
5. 停动手钮 6. 微读手钮
7. 调整脚螺丝

(2) 称量。推开天平侧门，放被称物于称盘中心，关上侧门；将停动手钮向后(即操作者的前方)扳约 30°，天平即呈半开状态，横梁稍倾斜，光屏上显示出 15 mg 左右。半开状态仅供调整砝码使用。先顺时针转动 10～90 g 的减码手轮，同时观察光屏，当转动手轮至标尺向上移动并显负值时，随即退回一个数(如最左边窗口的数字由 2 退为 1)，此时即调定 10 g 组的砝码；继续如此操作，依次转动 1～9 g 组的减码手轮和 0.1～0.9 g 组的减码手轮，直至调定所有砝码；全开天平(天平由半开经过关闭再至全开状态，动作一定要缓慢)，待标尺停稳后，再按顺时针方向转动微读手钮，使标尺中离夹线最近的一条分度线移至夹线中央。可重复一次关、开天平，若标尺的平衡位置没有改变(或变动不超过 0.1 mg)即可读数。标尺上每一分度为 1 mg，微读手钮转动 10 个分度，则标尺准确移动 1 个分度，微读数字窗口中只读取 1 位数。记录读数后，随即关闭天平。注意：不可将微读手钮向<0 或>10 的方向用力转动，否则，万一转动过度，只有拆开天平箱板才能复原。

(3) 复原。取出被称物，关闭侧门，将各显示窗口均恢复为零位。

2.2.6 电子天平

电子天平利用电子装置完成电磁力补偿的调节，使物体在重力场中实现力的平衡，或通过电磁力矩的调节，使物体在重力场中实现力矩的平衡。

自动调零、自动校准、自动扣皮和自动显示称量结果是电子天平最基本的功能。这里的"自动"，严格地说应该是"半自动"，因为需要经人工触动指令键后方可自动完成指定的动作。

1. 基本结构及称量原理 随着现代科学技术的不断发展，电子天平产品的结构设计一直在不断改进和提高，向着功能多、平衡快、体积小、重量轻和操作简便的趋势发展。但就其基本结构和称量原理而言，各种型号的电子天平都是大同小异的。

常见电子天平的结构是机电结合式的，核心部分是由载荷接受与传递装置、载荷测量及补偿控制装置两部分组成。常见电子天平的基本结构见图 2-13。

载荷接受与传递装置由称量盘、盘支承、平行导杆等部件组成，它是接受被称物和传递载荷的机械部件。平行导杆是由上下两个三角形导向杆形成一个空间的平行四边形(从侧面看)结构，以维持称量盘在载荷改变时进行垂直运动，并可避免称量盘倾倒。

载荷测量及补偿控制装置是对载荷进行测量，并通过传感器、转换器及相应的电路进行补偿和控制的部件单元。该装置是机电结合式的，既有机械部分，又有电子部分，包括示位器、补偿线圈、电力转换器的永久磁铁，以及控制电路等部分。

电子装置能记忆加载前示位器的平衡位置。所谓自动调零就是能记忆和识别预先调定的平衡位置，并能自动保持这一位置。称量盘上载荷的任何变化都会被示位器察觉并立即向控制单元发出信号。当称量盘上加载后，示位器发生位移并导致补偿线圈接通电流，线圈内就产生垂直的力，这种力是作用于称量盘上的外力，使

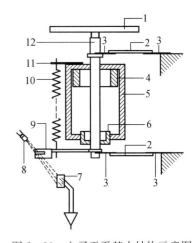

图 2-13　电子天平基本结构示意图
1. 称量盘　2. 平行导杆　3. 挠性支承簧片
4. 线性绕组　5. 永久磁铁　6. 载流线圈
7. 接受二极管　8. 发光二极管　9. 光栅
10. 预载弹簧　11. 双金属片　12. 盘支承

示位器准确地回到原来的平衡位置。载荷越大，线圈中通过电流的时间越长，通过电流的时间间隔是由通过平衡位置扫描的可变增益放大器来调节的，而且这种时间间隔直接与称量盘上所加载荷成正比。整个称量过程均由微处理器进行计算和调控。这样，当称量盘上加载后，即接通了补偿线圈的电流，计算器就开始计算冲击脉冲，达到平衡后，就自动显示出载荷的质量值。

目前的电子天平多数为上皿式(即顶部加载式)，悬盘式已很少见，内校式(标准砝码预装在天平内，触动校准键后由马达自动加码并进行校准)多于外校式(附带标准砝码，校准时夹到称盘上)，使用非常方便。

自动校准的基本原理是，当人工给出校准指令后，天平便自动对标准砝码进行测量，而后微处理器将标准砝码的测量值与存储的理论值(标准值)进行比较，并计算出相应的修正系数，存于计算器中，直至再次进行校准时方可改变。

2. FA1604型电子天平的使用方法　FA1604型电子天平(其外形如图 2-14 所示)是采用 MCS-51 系列单片微机的多功能分析天平，感量为 0.1 mg，最大载重为 110 g，其显示屏和控制面板如图 2-15 所示。

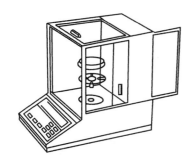

图 2-14　FA1604型电子天平外形

图 2-15　FA1604型电子天平显示屏及控制面板

使用时的操作步骤如下：

(1) 开机接通电源。

(2) 检查水平仪（水平调节支脚在天平左右后侧），如水平仪气泡偏移，应通过调节天平后边左、右两个水平支脚，使气泡位于水平仪的中心。

(3) 开启"ON"显示键。只需轻按"ON"键，显示屏全亮并显示"±8888888％g"，对显示器的功能进行检查，约2s后，显示天平的型号"—1604—"，然后是称量模式"0.0000 g"。

(4) 如果不正好显示"0.0000 g"，则轻按一下"TAR"键。

(5) 将被称物轻轻放在称盘上，随手关上拉门。此时可见显示器上的数字在不断变化，待数字稳定后，显示器左边"0"的标示灯熄灭后，即可读数（最好再等几秒钟），记录称量结果。

(6) 称量完毕，取下被称物，关好天平门。如果较长时间不用天平，应拔下电源插头，盖上防尘罩。如每天连续使用，不用关断电源，关闭显示器即可。天平若经常使用可不预热（长期不用指5天以上）。

(7) 如果天平长时间没有用过、移动位置、环境变化或为获得精确测量，天平使用前应进行校准。操作步骤：取下称盘上所有待称物，轻按"TAR"键，当显示器显示"CAL—"时，即松手，显示器就出现"CAL—100"，其中"100"为闪烁码，表示校准砝码时需用100 g的标准砝码，此时把准备好的"100 g"校准砝码放在称盘上，显示器出现"……"等待状态，经较长时间后显示"100.000 g"，拿出校准砝码，显示器应显示"0.000 g"，若不显示"0.000 g"，则再清零，再重复以上操作（注意：为了得到准确的校准结果，最好反复以上操作2次）。

3. 称量方法　用电子天平进行称量，快捷是其主要特点。下面介绍几种最常用的称量方法：

(1) 差减法。这种方法与在机械天平上使用称量瓶称取试样相同，这里不再赘述。

(2) 增量法。将干燥的小容器（如小烧杯）轻轻放在天平称盘上，待显示平衡后按"TAR"键扣除皮重并显示零点，然后打开天平门往容器中缓缓加入试样并观察屏幕，当达到所需质量时停止加样，关上天平门，显示平衡后即可记录所称取试样的净重。采用此法进行称量最能体现电子天平称量快捷的优越性。

(3) 减量法。相对于上述增量法而言，减量法是以天平上的容器内试样量的减少值为称量结果。当用不干燥的容器（如烧杯、锥形瓶）称取样品时，不能用上述增量法。为了节省时间，可采用此法：用称量瓶粗称试样后放在电子天平的称盘上，显示稳定后，按一下"TAR"键使显示为零，然后取出称量瓶向容器中敲出一定量样品，再将称量瓶放在天平上称量，如果所示质量（不管"—"号）达到要求范围，即可记录称量结果。若需连续称取第二份试样，则再按一下"TAR"键，示零后向第二个容器中转移试样……

此种电子天平的功能较多，除上述在分析化学实验中常用的几种称量方法外，还有几种特殊的称量方法及数据处理显示方式，这里不予介绍，使用时可参阅天平说明书。

4. 使用注意事项

(1) 电子天平的开机、通电预热、校准均由实验室工作人员负责完成，学生只按"TAR"键，不要触动其他控制键。

(2)此天平的自重较小,容易被碰移位,从而可能造成水平改变,影响称量结果的准确性。所以应特别注意,使用时动作要轻缓,并经常检查水平是否改变。

(3)要注意克服可能影响天平示值变动性的各种因素,例如:空气对流、温度波动、容器不够干燥、开门及放置被称物时动作过重等。

(4)其他有关的注意事项与机械天平大致相同。

2.2.7 天平室规则及分析天平使用规则

1. 天平室规则 天平是精密仪器,要有一套科学的管理办法和相应的设施及条件。天平室所应具备的基本条件是防湿、防震、防尘、防腐、避光、清洁、安静。

(1)分析天平应安放在专用的天平室。天平室要远离震源、热源,并与产生腐蚀气体的环境隔离。室内应洁净无尘。室温一般在 16~26 ℃,温差不能超过 1 ℃,温度波动每小时不要大于 0.5 ℃。室内保持干燥,相对湿度应在 50%~60%。低于 50%太干燥,高于 60%会生锈。

(2)分析天平必须安放在牢固的水泥台上,有条件时可铺垫橡皮板。天平安放位置应避免阳光直射,室内可悬挂挡光窗帘,以免天平两侧受热不均匀,使横梁发生变形及天平箱内产生温差形成气流而影响称量。

(3)不得在天平室内存放或转移易挥发的腐蚀性试剂,如挥发性酸、碱、碘、苯酚及其他有机试剂。如欲称量这类物质要用玻璃管熔封后进行称量。天平室内不允许吸烟。

(4)操作分析天平是一项非常精细的工作,应保持安静,不得高声喧哗。

(5)天平室内不得装置排风设备,不能有水源,也不能将盛有水的容器带入天平室。雨天工作人员的雨衣、雨伞、水鞋不要带入室内。

(6)每台天平应配有一本《天平使用记录簿》,使用者每次要填写记录,加强管理。记载内容有使用日期、称何物品、故障记录、修复情况、使用者签名,教师检查后签字。

(7)室内地面最好用吸尘器吸尘,而不许用笤帚扫,以免灰尘飞扬。

2. 分析天平的使用规则

(1)做同一分析工作,应使用同一台天平和相配套的砝码。注意面值相同的两个砝码的区别,确定一个为优先使用的。

(2)天平载重不应超过最大载重。物体要放在盘的中央。开关天平门要轻。加取物体和砝码时,应先关闭天平使天平处于休止状态。不得在升降钮开启的情况下加取砝码,以免震动和损坏天平刀口。

(3)加减砝码时,必须用镊子夹取。砝码用后,应放在砝码盒内的固定位置上。电光天平的机械加码应一挡一挡地慢加,防止环码互相碰撞跳落。

(4)经常保持天平箱内清洁干燥。天平箱内应放置吸湿用的干燥剂如变色硅胶等。不得使用粉状(如无水氯化钙)或液体(浓硫酸)干燥剂。称量时应注意随手关好天平门。

(5)称量物体的温度必须与室温相同。

(6)称量的数据应及时记录在本上,不能记在纸片或其他地方。

(7)化学药剂和试样的称量必须放在适当的容器中,如称量瓶、表面皿、铝铲或玻璃纸等,不能直接放在天平盘上称量。

(8)如需搬动天平,应卸下天平盘、吊耳、天平梁,然后再搬动,短距离的移动也要尽量保护刀口，勿使震动损伤。

(9)称量完毕，各部件应恢复原位，关好天平门，罩好天平罩。电光天平要切断电源。

(10)开关天平的停动手扭，开关侧门，加减砝码，取放被称物等操作，其动作都要轻、缓，切不可用力过猛，否则，往往可能造成天平部件脱位。

(11)调定零点和记录称量读数后，都要随手关闭天平(停动手钮)。加减砝码和放置被称物都必须在关闭状态下进行(单盘天平允许在半开状态下调整砝码)，砝码未调定时不可完全开启天平。

(12)调零点和读数时必须关闭两个侧门，并完全开启天平。双盘天平的前门仅供安装和检修天平时使用。

(13)如果发现天平不正常，应及时报告指导教师或实验室工作人员，不要自行处理。

2.3　紫外和可见分光光度计

分光光度法所用的仪器称为分光光度计。它是利用单色器(棱镜或光栅)获得纯度较高的单色光。它应用的波长范围较宽，既适用于可见光区，也适用于近紫外光区。根据应用的波长范围，又可分为可见分光光度计和紫外和可见分光光度计。

随着分析仪器制造业的发展，国内外分光光度计的种类很多，可归纳为三种类型：单光束分光光度计、双光束分光光度计和双波长分光光度计。

2.3.1　单光束分光光度计

单光束分光光度计是分光光度计中最简单但应用最普遍的一种，它的特点是只用一条光束作入射光。这种分光光度计的种类较多，如国产 721 型、722S 型、WFD-72 型、XG-125 型、751 型、WFD-G 型、WFD-8A 型、WFZ800D 型；国外的贝克曼 DU 型、尤尼肯 SP-500 型、岛津 QR50 型、岛津 UV120-02 型、希尔格 H-700 型、CΦ-4 型等。下面将几种国产分光光度计的特点列于表 2-4。

表 2-4　几种国产分光光度计的特点

分　类	工作波长 λ/nm	光源	单色器	检测器	型号
可见分光光度计	360～800	钨灯	玻璃棱镜	光电管	721 型
分光光度计	340～1 000	卤素灯	CT 光栅	光电管	722S 型
紫外和可见分光光度计	200～1 000	氢灯及钨灯	石英棱镜或光栅	光电管或光电倍增管	751 型 WFD-8G 型

单光束分光光度计虽有价廉的优点，但也存在如下缺点：在整个测定过程中，光源必须稳定不变；光电转换器和放大器如果不规范会给测定结果带来误差；操作步骤比较烦琐费时。

2.3.2　双光束分光光度计

双光束分光光度计的特点是将同一单色光被 $250\ r \cdot s^{-1}$ 转动的切光器(扇形镜)分成两束光，分别交替地通过参比池和样品池，再经球面反射镜将两束光线交会于光电倍增管上，分别产生 R·S 电信号，经放大、整流和对数转换后变成吸光度 A，由记录仪记录或打印出结果，或数字显示出测定结果。双光束分光光度计克服了单光束分光光度计的缺点，但价格很贵，不易普遍推广。

双光束分光光度计国产的有 740 型(数显)、730 型(数显)、710 型(自动记录)，国外产的有尤尼肯 SP700、SP1700、SP1800，日立 200-20，岛津 UV-200 等。

2.3.3 双波长分光光度计

国产的双波长分光光度计有 WF2800-S 型自动记录分光光度计，国外的有岛津 UV-300、日立 556 型、Perking eimer356 型。它们的结构示意见图 2-16。

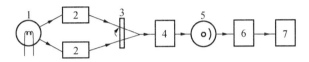

图 2-16 双波长分光光度计的结构示意图
1. 光源　2. 单色器　3. 切光器　4. 吸收池　5. 检测器　6. 电控器　7. 显示器

从光源发出的光分为两束，分别经过各自的单色器后，成为 λ_1 和 λ_2 的两束单色光，交替照射同一溶液(被测溶液)，透过光照在光电转换元件上产生光电流，经电子控制系统，在数字电压表上显示出 λ_1 和 λ_2 的透光度差值 ΔT，或是吸光度差值 ΔA。ΔA 与样品浓度成正比，符合朗伯-比尔定律。

$$\Delta A = (\varepsilon_{\lambda_1} - \varepsilon_{\lambda_2})bc$$

式中，ε_{λ_1}、ε_{λ_2} 为在 λ_1 和 λ_2 波长处测得的样品吸收系数，b 为比色皿的厚度，c 为样品浓度。

双波长分光光度计有如下优点：

(1)不用参比溶液，只用一个吸收池(盛样品溶液)，不存在吸收池配对问题，消除了溶剂和吸收池误差。

(2)具有双光束仪器的优点，不受光源波动的影响，提高了测定精度。

(3)选择的 λ_1 和 λ_2 越靠近越好(1~2 nm 为宜)，可以消除背景吸收和共存组分的干扰。

(4)对相互干扰的多组分混合物，不经分离可直接进行各组分的测定，方法简便、快速。

(5)能测痕量物质，可准确测出吸光度 A 在 0.01~0.005 的物质。

总之，近年来新材料、新元件、新工艺及新技术的不断出现，对分光光度计的发展起了很大的促进作用。新型仪器不断出现，在灵敏度、准确度以及自动化程度方面都有很大提高。特别是微型计算机的应用，不但可以用来控制操作(如自动调整、自动扫描、自动控制狭缝、自动补偿、自动更换光源和光电转换元件、对错误操作和仪器不正常能自动报警等)，而且还能进行数据处理，构成完善的自动化分析仪器。

2.4 电势分析仪

电势分析法是通过在零电流条件下测定两电极间的电势差(即原电池的电动势)来求出被测物质含量的方法。电势分析法的分析仪器主要有酸度计、电极电势仪、离子活度计、电势滴定仪等。

2.4.1 酸度计

又称 pH 计，是专用于测定溶液 pH 而设计的电势分析仪。也可以用于测定电池电动势，有些精密的酸度计还可以用于电势滴定。

酸度计实际上是一台具有高输入阻抗的毫伏计。不同型号酸度计的性能也各不相同，目前广泛应用的有 pH-25 型、pHS-2 型和 pHS-3C 型数字显示精密酸度计，它们的使用方法参见 3.4。下面将一些国产酸度计及其主要性能列于表 2-5。

表 2-5　国产酸度计及其主要性能

名　　称	型　　号	主　要　性　能
酸度计	pH-25 HSD-2	测量范围：pH：0～14 E：0～±1 400 mV 基本误差：pH：±0.1 E：±10 mV
精密酸度计	pHS-2 pHS-73 pHJ-1	测量范围：pH：0～14 E：0～±1 400 mV 基本误差：pH：±0.02 E：±2 mV
	TY	测量范围：pH：0～11 E：0～±1 100 mV 基本误差：pH：±0.02 E：±2 mV
数字显示 精密酸度计	pHS-3	测量范围：pH：0～14 E：0～±1 999 mV 基本误差：pH：±0.01 E：±1 mV
数字显示 精密酸度计	pHS-3C	测量范围：pH：0～14 E：0～±1 999 mV 基本误差：pH：≤0.01 E：≤±1 mV
便携式酸度计	pHS-30	测量范围：pH：0～14 精确度：pH：≤±0.05

2.4.2 电极电势仪

电极电势仪的工作原理与酸度计相似。电极电势仪是一种简单的离子选择性电极法的分析仪器，也可以用于 pH 的测定和电势滴定。但电极电势仪不能像酸度计那样直接读取 pH 或 pX 值，必须由测得的电池电动势（E/mV）通过相应的计算才能得出分析结果。

电极电势仪具有结构简单、体积小、便于携带、价格低廉等优点，常用的有 DD-2 型和 DD-2B 型等。

2.4.3 离子活度计

简称离子计，是专为离子选择性电极法设计的分析仪器，以 pX 或浓度显示结果。离子计分为专用离子计和通用离子计两类。专用离子计是只配合某一种离子选择性电极而设计的，通用离子计可以配合多种离子选择性电极使用，也可用于pH测定和电势滴定。

各种离子计的结构原理和使用方法大同小异。一些国产离子计的主要性能和用途列于表2-6。

表2-6 国产离子计的主要性能和用途

类别	名称及型号	主 要 性 能	用途
专用型	氟离子分析仪 DWS-210	测量F^-。浓度c：$10^{-1}\sim 5\times 10^{-6}$ mol·L^{-1} 电极电势E：$0\sim \pm 1\,999$ mV 精度：(2 ± 1)mV 稳定性：(2 ± 1)mV·$(2h)^{-1}$	连续测定水中F^-浓度
	铵离子分析仪 DWS-209	测量NH_4^+。浓度c：$10^{-1}\sim 5\times 10^{-6}$ mol·L^{-1} 电极电势E：$0\sim \pm 1\,999$ mV 精度：(2 ± 1)mV 稳定性：(2 ± 1)mV·$(2h)^{-1}$	连续测定水中NH_4^+浓度
	钠离子浓度计 DWS-51	测量Na^+。含量：$0.023\sim 23\,\mu g\cdot L^{-1}$ 精度：± 0.02 pNa± 3 pNa	测定水中含钠量 pNa
通用型	PXS-201	测量范围：pX(Ⅰ)，pX(Ⅱ)：$0\sim 8$ 精度：一价离子：± 0.02 二价离子：± 0.03	测量溶液中的离子浓度
	PXJ-1	测量范围：pX(Ⅰ)，pX(Ⅱ)：$0\sim 9.999$ E：$0\sim 999.9$ mV 精度：满度(pX挡10 pX；mV挡1 000 mV)的0.05%±2个字 特点：数字显示结果	测量溶液中的离子浓度、pH和测量电极电势
	PXJ-2	测量范围：pX：$0\sim 10$ pH：$0\sim 14$ E：$0\sim \pm 1\,400$ mV 精度：pX：± 0.03 pH：± 0.02 E：± 2 mV	测量溶液中的离子浓度、pH和测量电极电势
	PXD-2	测量范围：pX(Ⅰ)，pX(Ⅱ)：$0\sim 11$ E：$-1\,100\sim 1\,100$ mV 精度：pX(Ⅰ)，pX(Ⅱ)：<0.02 E：$<\pm 2$ mV	
	PXD-3	与PXD-2型相同，增加了反对数转换，结果以浓度显示	测量溶液中的离子浓度、pH和测量电极电势

2.4.4 电势滴定的仪器

进行电势滴定所需要的仪器设备，有的很简单，可以自行组装；有的很复杂，有成套商品仪器；有的只能做某种或某些方式的滴定；有的却具有广泛的通用性。下面简单介绍一般的仪器。

(1) 简单的自行组装的电势滴定装置。对于某些电势滴定法，如非补偿电势滴定法、示差滴定法及"死停"终点法等，所用的设备甚为简单，可以自行组装，如图2-17、图2-18及图2-19所示。

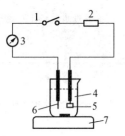
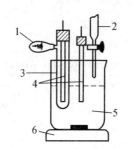
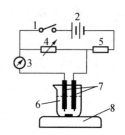

图2-17 非补偿电势滴定法装置
1. 开关 2. 高阻值电阻 3. 显示电表
4. 被测溶液 5. 铂电极 6. 钨电极
7. 电磁搅拌器

图2-18 示差滴定装置
1. 橡皮球 2. 滴定管 3. 玻璃套管
4. 两个相同的指示电极
5. 被测溶液 6. 电磁搅拌器

图2-19 "死停"终点法装置
1. 开关 2. 电源(1.5 V) 3. 电流计
4. 可调电阻 5. 高电阻 6. 被测溶液
7. 铂电极 8. 电磁搅拌器

(2) 电势计、电极电势仪、酸度计及离子计的使用。这类仪器中的任何一种都能用来进行电势滴定，在滴定时，必须配备一台电磁搅拌器，以便提高分析速度和保证分析的准确度。

使用这些仪器时，可以用经典法、格兰作图法或确定电势值法等进行滴定，适用的对象相当广泛。

(3) 自动电势滴定仪。自动电势滴定仪是专门为电势滴定设计的成套仪器，使用很方便，分析速度快，分析结果准确度较高。目前，自动电势滴定仪的品种也较多，其中应用较多的是国产ZD-2型自动电势滴定计。

ZD-2型自动电势滴定计的成套仪器由ZD-2型电势滴定计和DZ-1型滴定装置配套组成，前者可以单独作酸度计或毫伏计使用。ZD-2型自动电势滴定计的工作原理及使用方法详见3.4。

第3章

分析化学实验基本操作技术

3.1 滴定分析基本操作技术

滴定分析法是将某种标准溶液滴加到被测物质的溶液中,直到所加的标准溶液与被测物质按化学计量关系反应完全为止,根据标准溶液的浓度和所加入的体积求出被测物质含量的分析方法。此法不仅要求标准溶液的浓度准确,而且要有能准确测量溶液体积的仪器(简称量器)。

3.1.1 量器的分类与分级

量器通常分为两类:一类是量出式量器,如滴定管、移液管等,用于准确量取溶液体积,在量器上标有"Ex"字样;另一类是量入式量器,如容量瓶等,用于测量注入量器中液体的体积(即溶液定容),在量器上标有"In"字样。

量器主要根据容量允许的误差和水的流出时间分为 A、A_2、B 三级,具体指标见表 3-1。

表 3-1 量器分级标准举例

量器名称	容积 V/mL	容量允差 V/mL			水的流出时间 t/s	
		A 级	A_2 级	B 级	A、A_2 级	B 级
滴定管	25	±0.040	±0.060	±0.080	45~70	35~70
移液管	25	±0.030		±0.060	25~35(A)	20~35
容量瓶	500	±0.25		±0.50		

注:标准温度 20 ℃,移液管和容量瓶为全容量,滴定管为全容量和零至任意分量。

从表中看出,A 级的准确度比 B 级高一倍。A_2 级的准确度界于 A、B 之间,但水的流出时间与 A 级相同。量器的级别标志,过去曾用"一等"、"二等"、"Ⅰ"、"Ⅱ"或"<1>"、"<2>"等表示。无上述字样符号的量器,则表示无级别,如量筒、量杯等。此外,快流式量器(如移液管等)标有"快"字,吹出式量器(如吸量管等)标有"吹"字。

所谓流出时间是指量器内全量液体通过流液嘴自然流出的时间。

在滴定分析中,测量体积的误差要比称量误差大,测量溶液体积的误差一是取决于所用量器的容积刻度是否准确,二是取决于量器是否干净、量器的准备和操作是否正确。下面分别讨论这些问题。

3.1.2 量器的洗涤

量器使用前必须洗涤干净,因为很少一点油污就会使液滴附着内壁,直接影响测量溶液体积的准确度。量器洗净的标准是内壁能被水膜均匀地润湿而不挂水珠(或内壁无曲线状的水流现象)。

分析实验室洗涤量器常用的洁净剂有去污粉、洗衣粉、肥皂及各种洗涤剂(包括有机溶剂)。

一般的玻璃器皿如烧杯、锥形瓶、试剂瓶、表面皿等可用刷子蘸取去污粉、洗衣粉、肥皂液等直接刷洗内外表面,但滴定管、移液管、容量瓶等量器不能这样洗。因为去污粉由碳酸钠、白土和细沙混合而成,如果用刷子蘸取洗刷会磨损量器内壁。若量器内壁沾有油脂性污物用自来水冲洗不干净时,可选用合适的洗涤剂洗涤,必要时可将洗涤剂预先加热并将待洗涤的量器用热洗液浸泡一段时间后再进行洗涤。滴定管等量器不宜使用强碱性洗涤剂,避免玻璃受腐蚀而影响量器的精度。

(1)玻璃器皿的洗涤方法。洗涤一般器皿时,先用肥皂洗净双手,以免手上的油物黏附在器皿上,增加洗涤困难。

用自来水冲去玻璃器皿上的灰尘后,用毛刷蘸取热肥皂液、洗涤剂或去污粉仔细刷洗内外表面,再用水冲洗至肉眼看不见肥皂液或去污粉,用自来水冲洗 3~4 次。最后用从洗瓶中挤出的蒸馏水顺内壁冲洗并摇动洗涤 2~3 次。

用自来水和蒸馏水洗涤时都应遵循"少量多次"的原则,既节约用水,又可提高洗涤效率。

洗干净的器壁应"不挂水珠,形成均匀的水膜",否则应再洗。

不便洗刷的仪器可用洗液来洗。先将玻璃器皿用自来水洗涤,并把水排净。再倒入少量洗液,转动容器,使洗液布满容器内壁并把洗液尽量倒回原瓶。停约 10 min 后,用普通水和蒸馏水洗涤同上。用洗液时,不要再用毛刷。

有些实验对玻璃仪器洗涤有特殊要求,如比色皿要用硝酸洗,有的要用有机溶剂洗涤。

(2)玻璃仪器的干燥。一般仪器洗净之后,将蒸馏水倾出即可使用。如果要用干燥的仪器,可将洗净的仪器倒置在淋水架或专用柜内控干。在实验台上铺好干净纱布,把玻璃仪器倒置亦可。或在 110~120 ℃烘箱内烘干,但量器不得用此法。用电吹风机(冷、热风均可)可快速吹干。用少量有机溶剂如酒精、丙酮润洗,也可加速干燥。

量器用洗涤剂洗涤后应立即用自来水冲洗,而后再用蒸馏水或去离子水将量器的全部内壁润洗 3 次,每次用量 5~10 mL(遵循"少量多次"的原则),润洗时应尽量将残液倾尽。洗净后的量器内壁不要用布或纸擦,不要用手摸,不要接触外物,以免再次弄脏。

3.1.3 量器的基本操作技术

1. 滴定管 滴定管是滴定分析中最常用的计量仪器,是滴定时用来准确测量放出滴定溶液体积的量器。按容量大小分为常量、半微量和微量滴定管。按用途可分为酸式滴定管和碱式滴定管。

常量滴定管:容积有 25 mL、50 mL、100 mL 等,其最小刻度为 0.1 mL,读数可估计到 0.01 mL,完成一次滴定的读数误差为 ±0.02 mL。常量分析中常用容积为 50 mL 的滴定管。

半微量滴定管：容积为 10 mL，其最小刻度为 0.1 mL、0.05 mL，读数可估计到 0.01 mL，完成一次滴定的读数误差为 ±0.02 mL。

微量滴定管：容积有 1 mL、2 mL、5 mL 等，其最小刻度为 0.005 mL、0.01 mL。附有自动加液漏斗。

酸式滴定管用磨口玻璃活塞控制溶液流量。可装入酸性、中性以及氧化性溶液。不宜装入碱性溶液，尤其不宜装入强碱性溶液，因为管中久放强碱性溶液会使活塞与活塞套黏合，难于转动。碱式滴定管的下端连接一段放有玻璃珠的橡皮管，橡皮管的下端再连接一支尖嘴玻管。玻璃珠用于控制碱溶液的流量。碱式滴定管可盛碱性溶液和无氧化性溶液。具有氧化性的溶液（如 $KMnO_4$、I_2 和 $AgNO_3$ 溶液）和侵蚀橡皮管的酸类均不能使用碱式滴定管。

（1）滴定前酸式滴定管的准备。

① 检查与清洗。用前先检查玻璃活塞是否配套紧密，如不紧密，并有严重的漏水现象，则不宜使用。根据实验要求、污物性质和沾污程度来进行清洗。常用的清洗方法如下：a. 首先用自来水冲洗。b. 如污物洗不掉，改用合成洗涤剂洗。c. 若还不能洗净时，可用铬酸洗液洗涤。方法：关闭活塞，倒入 10～15 mL 铬酸洗液于酸式滴定管中，一手拿住滴定管上端无刻度处，另一手拿住活塞上端无刻度处，边转动边将洗液向管口一头倾斜（严防活塞脱落），逐渐端平滴定管，让洗液布满全管。然后竖直滴定管，打开活塞，将洗液放回原瓶中。如果内壁污染严重，改用热洗液浸泡一段时间后再洗涤干净。

总之，要根据具体情况选用有针对性的洗涤剂进行清洗。如管壁有 MnO_2 沉淀时，可用亚铁盐溶液或 H_2O_2 加酸进行冲洗。盛装 $AgNO_3$ 标准溶液后产生的棕黑色污垢要用稀硝酸或氨水清洗。

污物清洗后，还必须用自来水冲洗干净，再用蒸馏水润洗 3 次。将管外壁擦干，检查管内壁是否完全被水均匀润湿且不挂水珠。如内壁是不均匀润湿而挂有水珠，则应重新洗涤。

② 活塞涂油。为了使玻璃活塞转动灵活并防止漏水，需将活塞涂上凡士林或真空脂。操作如下：把滴定管平放在桌面上，先取下套在活塞小头上的橡皮圈，后取出活塞，洗净，用滤纸擦干活塞及活塞槽。将滤纸卷成小卷，插入活塞槽进行擦拭，如图 3-1 所示。用手指蘸上少许凡士林或真空脂在活塞孔两边均匀地、薄薄地涂上一层，活塞中间有孔的部位及孔的近旁不能涂，如图 3-2 所示。或者分别在活塞大头一端和活塞套小头一端的内壁涂上薄薄一层凡士林或真空脂。将涂好凡士林或真空脂的活塞准确地直插入活塞槽中（不能转动插入），插入时活塞孔应与滴定管平行，如图 3-3 所示。将活塞按紧后向同一方向不断转动，直到从外面观察油膜均匀透明为止。旋转时，应有一定的挤压力，以免活塞来回移动，使孔受堵，如图 3-4 所示。

图 3-1　擦干活塞内壁的手法

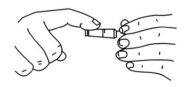

图 3-2　涂油手法

 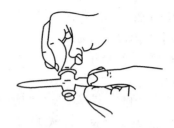

图 3-3 活塞安装　　　　　　图 3-4 转动活塞

若发现活塞转动不灵活或出现纹路，说明涂油不够；如果油从活塞隙缝溢出或挤入活塞孔，表示涂油太多，遇到上述情况时，必须重新涂油，涂好油后，在活塞小头套上橡皮圈，防止活塞脱落。

③ 清除活塞孔或尖嘴管中凡士林的方法。活塞孔堵塞比较容易清除，取下活塞，放入盛有热水的烧杯中，待凡士林熔化后自动流出。如果是滴定管尖嘴堵塞，则需用水充满全管，尖嘴浸入热水中，温热片刻后打开活塞使管内水突然冲下，可把熔化的油带出。

④ 试漏。检查滴定管是否漏水，用水装满滴定管至"0"刻度以上，夹在滴定管架上直立 2 min，观察有无水滴漏下，再将活塞旋转 180°，直立静置 2 min，再仔细观察有无水滴漏下。

(2) 滴定前碱式滴定管的准备。用前先检查碱式滴定管下端橡皮管是否老化、变质。查看橡皮管长度是否合适，橡皮管不宜过长，否则滴定管内液位高时橡皮管膨胀会影响读数。检查玻璃珠的大小是否合适，玻璃珠过大，不便操作，过小会漏水。如玻璃珠不符合要求，应及时更换，达到既不漏水又能灵活控制滴液速度的目的。

碱式滴定管的洗涤方法和酸式滴定管的洗涤基本相同，注意选择合适的洗涤剂。如果需用铬酸洗液时，不能让铬酸洗液接触橡皮管。把碱式滴定管倒立于盛有铬酸洗液的烧杯中，将滴定管尖嘴连接在抽气泵上，打开泵轻轻挤玻璃珠抽气，让洗液徐徐上升到接近橡皮管处为止。浸泡 20~30 min。拆除抽气泵，轻挤玻璃珠放进空气使洗液回到烧杯中。然后用自来水和蒸馏水依次冲洗、润洗。用洗耳球代替抽气泵亦可。

(3) 装入滴定液。

① 用滴定液润洗。在正式装入滴定液前，先用滴定液润洗滴定管内壁 3 次。每次用 8~10 mL。润洗方法：两手平持滴定管，边转动边倾斜管身，使滴定液洗遍全部内壁，从管口放出少量滴定液，然后打开活塞冲洗管尖嘴部分，尽量放净残留液。对于碱式滴定管，要特别注意玻璃珠下方部位的润洗。

② 装入滴定液。滴定管用滴定液润洗后，可将滴定液直接装入滴定管中，不得借用其他任何器量来转移。装入方法如下：左手前三指持滴定管上部无刻度处使刻度面向手心，将滴定管稍微倾斜，右手拿住试剂瓶将滴定液直接倒入滴定管至"0.00"刻度以上。

③ 赶气泡。滴定管充满滴定液后，先检查滴定管尖嘴部分是否充满溶液。酸式滴定管的气泡容易看出，如有气泡，迅速打开活塞让溶液急速流出，以赶净气泡。碱式滴定管的气泡往往在橡皮管和尖嘴玻璃管内。橡皮管内的气泡应对光检查。排除气泡的方法：右手持滴定管倾斜约 30°，左手把橡皮管向上弯曲，让尖嘴斜向上方，用两指挤玻璃珠稍上边的橡皮

管,使溶液和气泡从尖嘴管口喷出,如图3-5所示。重新装满滴定液,将液面调至"0.00"刻度处。

(4)滴定管的读数。由于滴定管读数不准确而引起的误差,是滴定分析误差的主要来源之一。对初学者来说,应多做读数练习,切实掌握好正确读数方法。由于溶液的内聚力和附着力的相互作用,使滴定管内的液面呈弯月面。如果溶液有颜色将会明显减少溶液的透明度,给读数带来困难。为准确读数,应注意以下几点:

① 读数时滴定管要自然垂直。静置2 min后,将滴定管从滴定管架上取下,用左手大拇指和食指捏住滴定管上端无刻度或无溶液处,使滴定管保持自然垂直状态,然后读数。

② 读数时视线要水平。无色或浅色溶液应读取弯月面的最低点,即读取视线与弯月面相切的刻度。视线不水平会使读数偏低或偏高,如图3-6(a)所示。深色溶液如$KMnO_4$溶液等应读取视线与液面两侧最高点相齐的刻度。注意,初读数与终读数应用同一标准。

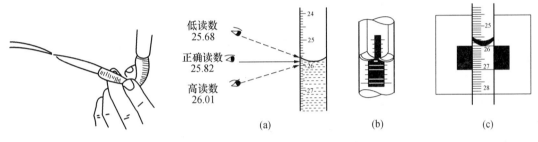

图3-5 碱式滴定管除气泡法   图3-6 滴定管读数的方法

③ "蓝带"滴定管读数。"蓝带"滴定管是乳白色衬背上标有蓝线的滴定管,其读数对无色溶液来说是以两个弯月面相交的最尖部分为准,如图3-6(b)所示。当视线与此点水平时即可读数。若为深色溶液仍应读取视线与液面两侧最高点相齐的刻度。

④ 读数卡的用法。为了帮助读数,在滴定管背面衬上一黑白两色卡片,中间部分为3 cm×1.5 cm的黑纸,如图3-6(c)所示。读数时将卡片放在滴定管的背后,使黑色部分在弯月面下约1 mm处。此时可看到弯月面反射层全部成为黑色,这样的弧形液面界线十分清晰,易于读取黑色弯月面下缘最低点的刻度。

⑤ 读至小数点后两位。滴定管上的最小刻度为0.1 mL,第二位小数是估计值,要求读准至0.01 mL。

(5)滴定。

① 酸式滴定管活塞操作。使用酸式滴定管进行滴定时,将酸式滴定管垂直夹在右边的滴定管夹上。活塞柄向右。左手从滴定管后向右伸出,拇指在滴定管前,食指和中指在管后,三个指头平行地轻轻控制活塞旋转,并向左轻轻扣住(手心切勿顶住活塞,以免漏液),无名指及小指向手心弯曲并向外顶住活塞下面的玻管,如图3-7所示。当活塞按反时针方向转动时,拇指移向活塞柄靠身体的一端(与中指在一端),拇指向下按,食指向上顶,使活塞轻轻转动。活塞按顺时针方向转动时,拇指移向食指一端,拇指向下按,中指向上顶,使活塞轻轻转动。注意转动时中指和食指不能伸直,应微微弯曲以做到向左扣住。

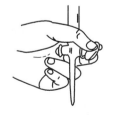

图3-7 左手旋转活塞法

② 碱式滴定管挤玻璃珠操作。使用碱式滴定管主要是挤玻璃珠的操作,左手拇指和食指挤橡皮管内的玻璃珠,无名指和小指夹住尖嘴玻管,向外侧挤压橡皮管将玻璃珠移至手心一侧,在玻璃珠旁形成空隙使溶液流下。注意:不要用力捏玻璃珠,也不要上下挤玻璃珠,尤其不要挤玻璃珠下面的橡皮管,否则空气进入橡皮管会形成气泡,造成读数误差。

③ 滴定操作。滴定一般在锥形瓶或烧杯中进行。滴定时,滴定管的尖嘴要伸入锥形瓶或烧杯 1~2 cm 处。若用烧杯,滴定管尖嘴应靠在烧杯内壁上,以防溶液溅出。若用锥形瓶,右手拿锥形瓶颈部,距离滴定台面约 1 cm。滴定时,左手控制活塞或挤玻璃珠调节溶液流速,右手持锥形瓶,向同一方向做圆周运动(在烧杯中滴定要用玻棒搅拌)。滴定接近终点时,应放慢速度,一滴一滴加入,最后要半滴半滴加入,每加一滴(或半滴)充分摇匀,仔细观察滴定终点溶液颜色的变化情况,如变色后半分钟仍不消失,表示已到达终点。图 3-8(a)为酸式滴定管滴定锥形瓶中的溶液,图 3-8(b)为碱式滴定管滴定烧杯中溶液,图 3-8(c)是使用碘量瓶的滴定,把玻璃塞夹在右手的中指和无名指中间。

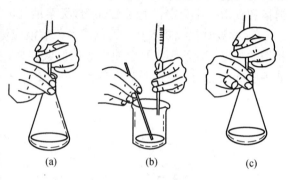

图 3-8 滴定操作

④ 熟练掌握控制溶液流速的三种方法。连续式滴加的方法,控制滴定速度每秒 3~4 滴,即每分钟约 10 mL;间隙式滴加的方法,能自如地控制溶液一滴一滴地加入;悬而不落,只加半滴,甚至不到半滴的方法,做到控制滴定终点恰到好处。

(6)滴定操作注意事项。

① 滴定前调零。每次滴定最好从 0.00 mL 开始,不超过 1.00 mL 处。调零的好处:每次滴定所用溶液都差不多占滴定管的同一部位,可以抵消内径不一或刻度不匀引起的误差;同时能保证所装标准溶液足够用,使滴定能一次完成,避免因多次读数而产生误差。

② 控制滴定速度。滴定时,根据反应的情况控制滴定速度,接近终点时要一滴一滴或半滴半滴地进行滴定。

③ 摇动或搅拌。摇动锥形瓶时,应微动腕关节,使溶液向同一个方向旋转,不能前后振荡,否则溶液会溅出。玻棒搅拌烧杯中溶液也应向同一方向划弧线,不得碰击烧杯壁。

④ 正确判断终点。滴定时,应仔细观察溶液落点周围溶液颜色的变化。不要去看滴定管上的体积而不顾滴定反应的进行。

⑤ 两个半滴处理。滴定前悬挂在滴定管尖上的半滴溶液应去掉。滴定完应使悬挂的半滴溶液沿锥形瓶壁流入瓶内,并用洗瓶润洗锥形瓶颈内壁;若在烧杯中滴定,应用玻棒碰接悬挂的半滴溶液,然后将玻棒插入溶液中搅拌。

⑥ 每次读数前,要检查滴定管尖嘴处有无悬液滴,尖嘴内有无气泡。

滴定结束后,滴定管内剩余溶液应弃去,不要倒回原瓶中。随后,洗净滴定管,用蒸馏水充满全管并套上滴定管帽,放到滴定管架上夹好,以备下次使用。

2. 移液管和吸量管 移液管简称吸管,它的中间有一膨大部分(称为球部),上下两段细长,见表 1-1。上端刻有环形标线,球部标有容积和温度。移液管是准确移取一定体积液体的量器，常用的移液管有 10 mL、20 mL、25 mL、50 mL 等多种规格。

吸量管是具有分刻度的玻璃管，又称刻度移液管。常用的吸量管有 1 mL、2 mL、5 mL、10 mL 等。用它可以吸取标示范围内所需任意体积的溶液，但准确度不如移液管。

(1)移液管和吸量管使用前的准备工作。

① 洗涤。移液管或吸量管的洗涤应达到管内壁和其下部的外壁不挂水珠。先用水洗，若达不到洗涤要求时，将移液管插入洗液中用洗耳球慢慢吸取洗液至管内容积 1/2 处，用食指按住管口把管横过来，转动移液管，使洗液布满全管，稍停片刻后将洗液放回原瓶。如果内壁沾污严重，可把移液管放在高型玻璃筒或量筒中用洗液浸泡 20 min 左右(或数小时)，然后用自来水冲洗、蒸馏水润洗 2～3 次，润洗的水从管尖放出，最后用洗瓶吹洗管的外壁。

② 润洗。为保证移取的溶液浓度不变，先用滤纸将移液管尖嘴内外的水沾净，然后用少量被移取的溶液润洗 3 次(每次 8～10 mL)，并注意勿使移液管中润洗的溶液流回原溶液中。

(2)移液操作。用右手大拇指和中指拿住移液管标线的上方，将移液管的下端伸入被移取溶液液面下 1～2 cm 深处。伸入太浅，会产生空吸现象；太深又会使管外壁黏附溶液过多，影响所量体积的准确性。左手将洗耳球捏瘪，把尖嘴对准移液管口，慢慢放松洗耳球，使溶液吸入管中，如图 3-9 所示。当溶液上升到高于标线时，迅速移去洗耳球，立即用食指按住管口。取出移液管，用滤纸片除去管外壁黏附着的溶液，而后使管尖嘴靠在贮液瓶内壁上，减轻食指对管口的压力，用拇指和中指转动移液管，使液面逐渐下降，直到溶液凹液面与标线相切时，用食指立即堵紧管口，不让溶液再流出。取出移液管插入接收容器中，移液管垂直、管的尖嘴靠在倾斜(约 45°)的接收容器内壁上，松开食指，让溶液自由流出，如图 3-10 所示，全部流出后再停顿约 15 s，取出移液管。勿将残留在尖嘴末端的溶液吹入接收容器中，因为校准移液管时，没有把这部分体积计算在内。移液管上标有"吹"字样的，可把残留在管尖的溶液吹入接收容器中。

图 3-9　移液管吸液

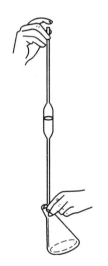

吸量管的操作方法同上。使用吸量管时，通常是使液面从吸量管的最高刻度降到某一刻度，两刻度之间的体积差恰好为所需体积。在同一实验中尽可能使用同一吸量管的同一部位。

(3)使用注意事项。

① 用移液管吸取有毒或强腐蚀性液体时，必须使用洗耳球或抽气装置，切记勿用口吸。

图 3-10　放液体法

② 润洗移液管时，要把移液管外壁擦干，内壁的水吹出。

③ 放出时使残留液保留最少，但不能将残留在尖嘴末端的溶液吹入锥形瓶中。

④ 保护好移液管和吸量管的尖嘴部分，用完洗好后及时放在移液管架上，以免在实验台上滚动打坏。

3. 容量瓶　容量瓶是一种细颈梨形的平底玻璃瓶，带有磨口玻璃塞或塑料塞，颈部刻有环形标线。一般表示在 20 ℃时充满标线的溶液体积为一定值。有 25 mL、50 mL、100 mL、250 mL、500 mL 和 1 000 mL 等规格。

容量瓶是配制标准溶液或样品溶液时使用的精密量器。正确使用容量瓶应注意以下几点：

(1) 容量瓶的检查。

① 容量瓶使用前应先检查瓶塞是否漏水。加自来水至刻度标线附近，盖好瓶塞。左手食指按住塞子，其余手指拿住瓶颈标线以上部位。右手指尖托住瓶底边缘，如图 3-11所示。将瓶倒立 2 min，如不漏水，将瓶直立，转瓶塞 180°后，再倒立 2 min，仍不漏水方可使用。

② 检查刻度标线距离瓶口是否太近。如果刻度标线离瓶口太近，则不便混匀溶液，不宜使用。

(2) 容量瓶的操作。

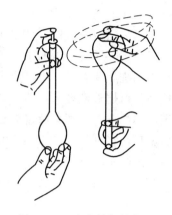

图 3-11 拿容量瓶的方法

① 溶解。用容量瓶配制标准溶液或样品溶液时，最常用的方法是将准确称量的待溶固体置于小烧杯中，用蒸馏水或其他溶剂将固体溶解，然后将溶液定量转移至容量瓶中。

② 转移。转移时，右手拿玻棒，左手拿烧杯，使烧杯嘴紧靠玻棒，玻棒伸入容量瓶内，把溶液顺玻棒倒入，玻棒的下端应靠在瓶颈内壁，使溶液沿玻棒流入容量瓶中，如图 3-12 所示。溶液流完后，将烧杯轻轻沿玻棒向上提起，使附在玻棒和烧杯嘴之间的液滴回到烧杯中(玻棒不要靠在烧杯嘴一边)，然后用洗瓶吹洗玻棒和烧杯 3~4 次(每次 5~10 mL)，吹洗的洗液按上述方法完全转入容量瓶中。

图 3-12 溶液从烧杯转移入容量瓶

③ 初混。加蒸馏水稀释至容积的 2/3 处时，用右手食指和中指夹住瓶塞扁头，将容量瓶拿起，向同一方向摇动几周使溶液初步混合均匀(切勿倒置容量瓶)。

④ 定容。当加蒸馏水接近标线 1 cm 左右，等 1~2 min，使附在瓶颈内壁的溶液流下，再用细长滴管滴加蒸馏水恰至刻度标线(勿使滴管接触溶液，视线平视；加水切勿超过刻度标线，若超过应弃去重做)。

⑤ 摇匀。盖紧瓶塞，将容量瓶倒置，使气泡上升到顶。振摇几次再倒转过来，如此反复倒转摇动 15~20 次，使瓶内溶液充分混合均匀。如图3-11所示。

(3) 使用注意事项。

① 用容量瓶定容时，溶液温度应和瓶上标示的温度相一致。

② 容量瓶配套的塞子应挂在瓶颈上，以免沾污、丢失或打碎。

③ 初步混匀时，容量瓶不能倒置。

④ 定容时要把容量瓶拿起来与视线在一个水平线上。

不能用容量瓶长期存放配好的溶液。溶液若需保存，应贮于试剂瓶中。容量瓶长时间不用时，应将磨口和瓶塞擦干，在瓶与塞之间垫一小纸片。

容量瓶同量筒、量杯、吸量管和滴定管不得在烘箱中烘烤，也不能在电炉上加热，否则会在刻度标线处断裂。如需要干燥的容量瓶，可将容量瓶洗净，用无水乙醇等有机溶剂润洗后晾干或用电吹风冷风吹干。

3.1.4 量器的选用

在分析实验中，合理选用各种量器是提高分析结果准确度、提高工作质量和效率的重要一环。例如，配制 $c(Na_2S_2O_3)=0.1\ mol\cdot L^{-1}$ 的溶液 1 L，是近似浓度溶液的制备，只要求 1~2 位有效数字。可用灵敏度较低的台秤(称准至±0.1 g)称取 25 g 的 $Na_2S_2O_3\cdot 5H_2O$ 固体试剂，用 1 000 mL 的量筒量取蒸馏水配制即可，不必选用容量瓶等量器。而若用直接法配制 $c(1/2Na_2CO_3)=0.100\ 0\ mol\cdot L^{-1}$ 的溶液 1 L，由于浓度要求准确(4 位有效数字)，必须选用分析天平(称准至±0.000 1 g)。又如，分别量取 2.0，4.0，6.0，8.0，10.0 mL 标准溶液，作分光光度法的工作曲线。为使所移取的标准溶液的体积准确且标准一致，应选用一支 10 mL 的吸量管。而若需取 25.00 mL 未知浓度的醋酸溶液用 NaOH 标准溶液测定其含量时，则应选用 25 mL 的移液管(量准至±0.01 mL)，按移液管操作要求移取醋酸溶液，用 50 mL 的碱式滴定管(量准至±0.01 mL)盛 NaOH 标准溶液进行滴定。

由上可知，应根据实验准确度的要求，合理地选用相应的量器。该准的地方一定要很准确，可以粗放或允许误差大些的地方，用一般量器即可达到准确度的要求。要有明确的"量"的概念。这就是分析实验中应有的"粗细要分清，松严有界限"的实事求是的科学态度。

3.1.5 量器的校正

量器的容积随温度的不同而有所变化，因此，对要求较高的定量分析实验在实验前要对量器进行校准。

容积的单位用"标准升"表示，即在真空中质量 1 kg 的纯水，在 3.98 ℃和标准压力下所占的体积。但规定的 3.98 ℃这个温度太低，不实用。常用 20 ℃作为标准温度，在此温度下，1 kg 纯水在真空中所占的体积，称为 1 "规定升"，简称为"升"。升的千分之一为毫升，它是定量分析的基本单位。我国生产的量器容积都是以 20 ℃为标准温度标定的。

校正量器常采用称量法(或衡量法)，即称量量器中所容纳(或放出)的水的质量，然后根据该温度下的密度将水的质量换算成标准温度(20 ℃)下的体积。不过由于玻璃容器和水的体积都受温度的影响，称量时还受空气浮力的影响，因此校正时必须考虑以下三个因素：

(1)水的密度随温度的变化而变化。即水的密度在高于或低于 3.98 ℃时均会小于 1 kg·L^{-1}。

(2)温度的变化对玻璃量器胀缩的影响(但玻璃的膨胀系数很小，约为 0.000 025，故影响也较小)。

(3)空气浮力的影响。因浮力的影响在空气中称量水的质量必然小于在真空中的质量。

三个因素中，玻璃胀缩影响最小，1 000 mL 钠玻璃容积，每改变 1 ℃体积变化 0.025 mL，即膨胀系数为 2.5×10^{-5} ℃$^{-1}$。硼硅玻璃膨胀系数为 1.0×10^{-5} ℃$^{-1}$，常可忽略。在一定温度下三个因素的校正值是一定的，将其合并为一个总的校正值 Δ。现将总校正值及其有关数据列于表 3-2。

表 3-2 在不同温度下用纯水充满 20 ℃ 1 L 玻璃容器水的质量

(空气中用黄铜砝码称量)

温度 t/℃	总校正值 Δ/g	1 L 水质量 m/g (1 000−Δ)	温度 t/℃	总校正值 Δ/g	1 L 水质量 m/g (1 000−Δ)
10	1.61	998.39	22	3.20	996.80
11	1.68	998.32	23	3.40	996.60
12	1.77	998.23	24	3.62	996.38
13	1.86	998.14	25	3.83	996.17
14	1.96	998.04	26	4.07	995.93
15	2.07	997.93	27	4.31	995.69
16	2.20	997.80	28	4.56	995.44
17	2.35	997.65	29	4.82	995.18
18	2.49	997.51	30	5.09	994.91
19	2.66	997.34	31	5.36	994.64
20	2.82	997.18	32	5.66	994.34
21	3.00	997.00	33	5.94	994.06

表 3-2 所列数据是经过精确测量而得出的。根据此表可计算任一温度下某一定质量的纯水所占的容积。

【例 1】 16 ℃时某 250 mL 容量瓶以黄铜砝码称量，其中水的质量为 249.52 g，计算该容量瓶在 20 ℃时的容积。

解：由表 3-2 查得，为使容量瓶在 20 ℃时的容积为 1 L，应称取的水的质量在 16 ℃时应为 997.80 g。即 16 ℃时水的密度(应包括容器校正在内)为 0.997 80 g·mL^{-1}，所以容量瓶在 20 ℃时的容积为

$$V = 249.52 \div 0.997\,80 = 250.07 \text{(mL)}$$

【例 2】 欲使容量瓶在 20 ℃时的容积为 500 mL，那么在 16 ℃时以黄铜砝码称量时，应称多少克水？

解：查表 3-2 可知，在 16 ℃时，要使容器在 20 ℃的容积为 1 L，应称取水 997.80 g，所以，容积为 500 mL 时应称取的水的质量为

$$500.0 \times \frac{997.80}{1\,000} = 498.9 \text{(g)}$$

前面讲过，量器是以标准温度(20 ℃)来标定或校正的，而实际应用时往往不是 20 ℃。温度变化引起量器容积和液体体积的变化是应该加以校正的。但在某一温度下配制好的溶液，在该温度下使用就不必校正，因为引起的误差在计算时可以抵消。一般说来，在精密度为 0.1%的分析工作中，测量体积的温度差允许±2 ℃；精密度为 0.2%时，可允许有±5 ℃的温度差。

1. 容量瓶和移液管的校正

(1)容量瓶的校正。用水洗净容量瓶，再用少量无水乙醇清洗内壁，倒挂在漏斗架上晾干(不能烘烤)。在天平上称取容量瓶质量(准确到 0.01 g)，小心倒入与室温平衡的蒸馏水至

刻度，用滤纸吸干瓶颈内壁的水后盖好瓶塞，再称其质量，两次质量之差即为水重。根据水温从表3-2查出1L水的质量（即水的密度），就可求出容量瓶的容积。用钻石笔将新测出的容积标线刻在瓶颈上，供以后使用。

也可根据实验室水温和表3-2查出水的密度，计算出该容量瓶应该盛水的质量，再在天平上向容量瓶中小心地注入该质量的水，到达平衡后取下容量瓶，做上新的标记。它标明了容量瓶校正后的容积。该容量瓶便可供分析使用。

(2) 移液管的校正。用称量法，即事先准确称量一个具塞的小锥形瓶，用移液管准确移取蒸馏水放入锥形瓶中，塞好塞子后再称质量，两次之差即为水的质量，根据水温和表3-2有关数据，计算出移液管的容积。

(3) 移液管和容量瓶的相互校正。在实际工作中，移液管和容量瓶是配套使用的。用25 mL移液管从250 mL容量瓶中吸取一次应为1/10，因此校正方法是：用25 mL移液管量取蒸馏水于干燥洁净的250 mL容量瓶中，量取10次后，看水面与原标线是否吻合，如果不吻合，可做上新的标记，作为与该移液管配套使用时的容积。

2. 滴定管的校正 将蒸馏水装入已清洗好的25 mL滴定管中，使其恰好在"0.00"刻度处。然后按滴定速度把水放入已称量带盖的小锥形瓶中，再称量，两次质量差即为水的质量。照此方法，每次以5.00 mL为一段进行校正。但要注意，每次都必须从0.00 mL开始放水于小锥形瓶中。根据称得的水的质量，查表计算出滴定管中各段体积的真实容积。现将校正25 mL滴定管的有关数据列于表3-3。

表3-3 滴定管的校正数据示例

[水温21 ℃，相应的1 mL水为0.997 00 g(m_1)]

由滴定管放出水的容积 V_1/mL	空瓶质量 m_2/g	(瓶+水)质量 m_3/g	水的质量 m_4/g $m_4=m_3-m_2$	真实容积 V/mL $V_2=m_4/m_1$	校正值 ΔV/mL $\Delta V=V_2-V_1$
0.00~5.00	29.20	34.14	4.94	4.96	−0.04
0.00~10.00	29.31	39.31	10.00	10.03	+0.03
0.00~15.00	29.35	44.30	14.95	15.00	0.00
0.00~20.00	29.43	49.39	19.96	20.02	+0.02
0.00~25.00	29.38	54.28	24.90	24.98	−0.02

应用时，只要查表将滴定管的校正值对所用的相应容积予以校正即可。

3.2 重量分析基本操作技术

重量分析是称取一定质量的样品，将其中欲测成分以单质或化合物的状态分离出来，根据单质或化合物的质量，计算该成分在样品中的含量的一种定量分析方法。由于样品中被测成分性质的不同，采用的分离方法各异。按分离方法的不同，重量分析可分为萃取法、挥发法、沉淀法。

3.2.1 挥发法

若被测成分具有挥发性,或者可以转变为可挥发性的气体,则可以采用挥发法(又叫汽化法)进行定量测定。

将样品经过加热或与某种试剂作用,使被测成分生成挥发性物质逸出,然后根据样品所减轻的质量,计算被测成分的质量分数。有的可以用某种吸收剂将逸出的挥发性物质吸收,根据吸收剂的增重来计算被测成分的含量。

挥发法的主要操作技术是称量和干燥,称量在天平一节已讲过。由于各种样品性质不同,所采用的干燥方法有下列几种:

(1)常压下加热干燥。性质稳定的样品可以采用常压加热干燥,使被测成分逸出。常用的仪器是电烘箱。如样品中水分的测定,吸湿水一般在105 ℃左右、结晶水一般在120 ℃左右烘至恒重。

若样品在未达到规定的干燥温度时就熔化,则应先将样品置于较低的温度下干燥至大部分水分除去后,再按规定温度干燥。如测定$NaH_2PO_4·H_2O$的干燥失重时,先在60 ℃以下干燥1 h,然后再于105 ℃干燥至恒重。

(2)减压加热干燥。有些样品在常压下加热时间过长,易分解,可置于减压干燥箱中进行减压加热干燥。在减压(减压至残压在2 666.4 Pa以下)条件下,可降低干燥的温度(通常在60~80 ℃),缩短干燥时间,避免样品长时间受热分解、变质。

(3)干燥剂干燥。对具有升华性,低熔点,受热易分解、氧化或水解等的样品,不能采用上述方法干燥,可在盛有干燥剂的干燥器中放置干燥至恒重。若常压下干燥,水分不易除去,可置于减压干燥器中干燥。

3.2.2 萃取法

萃取重量法是根据被测成分在两种互不相溶的溶剂中分配比的不同,通过多次萃取达到分离的目的,然后进行蒸发、干燥、称重和计算被测成分的含量。脂肪、生物碱等就是采用这一方法进行测定的。如奎宁生物碱的测定:称取一定质量的样品,粉碎磨细,加氨液呈碱性,使奎宁游离出来,用氯仿分次萃取,直至生物碱提尽为止,过滤氯仿液,滤液在水浴上蒸发,干燥,称重,即可算出奎宁的质量分数。

3.2.3 沉淀法

沉淀法的操作程序是称取一定质量样品,使其溶解(称为样品的预处理),然后加入适当的沉淀剂使被测成分形成难溶的化合物沉淀出来。将沉淀过滤、烘干、灼烧后称其质量,根据沉淀(称量形式)的质量求出样品中被测成分的质量分数。

1. 样品的预处理 准备好洁净的烧杯、合适的玻棒和表面皿。玻棒不要过长,一般高出烧杯6 cm即可,表面皿的直径应稍大于烧杯口直径。烧杯内壁和底不应有划痕。

称取样品于烧杯中,用适当溶剂溶解。能溶于水的样品以水溶解,不溶于水的可用酸、碱或氧化剂进行溶解,或采用熔融法处理后溶解。

溶样时应注意:

(1)若无气体生成,将溶剂沿着紧靠杯壁的玻棒加入,或沿杯壁加入,边加边搅拌,直至样品完全溶解，然后盖上表面皿。

(2)若有气体产生(如 CO_2 或 H_2S)，为防止溶液溅失，要先加入少量水润湿样品，盖好表面皿，再由表面皿与烧杯之间缝隙滴加溶剂，待气泡消失后，再用玻棒搅拌使其溶解。样品溶解后，用洗瓶吹洗表面皿和烧杯内壁。

(3)有些样品需加热溶解，可在电炉和煤气灯上进行，只能微热或微沸，不能暴沸。加热时必须盖上表面皿。

(4)若样品溶解后需加热蒸发，可在烧杯口放上玻璃三角或在杯沿上挂三个玻璃钩，再盖上表面皿，加热蒸发。

2. 沉淀剂的选择 沉淀剂最好具有挥发性。为使沉淀反应进行完全，常加过量的沉淀剂，这样沉淀中不可避免地含有过量的沉淀剂，如果沉淀剂是挥发性的物质，在干燥灼烧时便可除去，所以要尽可能采用挥发性的物质作沉淀剂。如沉淀 Fe^{3+} 时选用挥发性的 $NH_3 \cdot H_2O$ 而不用 NaOH 等作沉淀剂。

当没有合适的挥发性沉淀剂而不得不使用非挥发性沉淀剂时，沉淀剂的用量不宜过多。

沉淀剂应具有选择性。沉淀剂只与被测成分作用产生沉淀，而不与其他共存物作用。这样可省略分离干扰物质的操作。

沉淀剂分有机沉淀剂和无机沉淀剂。有机沉淀剂因为有以下特点，应用较广泛。

(1)选择性高，甚至是特效的。

(2)沉淀在水中溶解度很小，被测成分可定量地沉淀完全。

(3)容易生成大颗粒的粗晶形沉淀，易于过滤和洗涤。

(4)有机沉淀剂分子质量大，少量被测成分可产生较大质量的沉淀，能提高分析结果的准确度和灵敏度。

(5)常温下烘干称重而不需要高温灼烧。

常用的有机沉淀剂见表 3-4。

无机沉淀剂没有有机沉淀剂应用广泛，因为它的分离效果和选择性不如有机沉淀剂好。常采用的无机沉淀剂有氢氧化物、硫化物、草酸盐等，以氢氧化钠沉淀剂用得最多。在实际工作中，沉淀剂的选择不仅要考虑被沉淀离子的浓度、共存离子，而且要注意溶液的温度及影响沉淀作用的其他因素。

3. 沉淀 处理好的样品溶液进行沉淀时，应根据沉淀是晶形的或非晶形的来选择不同的沉淀条件。

(1)晶形沉淀。

① 沉淀反应应当在稀溶液中进行。

② 在热的溶液中进行沉淀。

③ 沉淀速度要慢，并且不断地搅拌。沉淀时，左手拿滴管右手持玻棒，滴加沉淀剂时滴管口应接近液面，逐滴加入，轻轻搅拌，勿将玻棒碰烧杯壁和杯底。

④ 沉淀完毕后应进行陈化。用表面皿将烧杯盖好，以免灰尘落入，放置过夜或在石棉网上加热近沸 30 min。

⑤ 检查沉淀是否完全。沉淀陈化后，沿烧杯内壁加入少量沉淀剂，若上层清液出现浑浊或沉淀，说明沉淀不完全，可补加适量沉淀剂，使沉淀完全。

(2)非晶形沉淀。沉淀时用较浓的沉淀剂，加入沉淀剂和搅拌的速度均可快些，沉淀完全后用蒸馏水稀释,不要放置陈化。有时也可以加入适当的电解质。

表 3-4　常用有机沉淀剂

试　剂	沉淀条件	被沉淀的元素
丁二酮肟 CH₃—C=NOH 　　| CH₃—C=NOH	酒石酸,NH_3 稀酸	Ni Au, Pd, Se
四苯硼酸钠 $NaB(C_6H_5)_4$		K, Rb, Ca, NH_4^+
邻氨基苯甲酸	弱酸	Cd, Co, Cu, Fe(Ⅱ, Ⅲ), Pb, Mn, Hg, Ni, Ag, Zn
8-羟基喹啉	HAc - NaAc 缓冲液 HAc - NaAc, EDTA NaAc + NaOH, 酒石酸 NaAc + NaOH, 酒石酸, EDTA NH_3 - NH_4Ac NH_3 - NH_4Ac, EDTA	Ag, Al, Bi, Cd, Co, Cr, Cu, Fe, Ga, Hg, In, La, Mn, Mo, Nb, Ni, Pb, Re, Sb, Ta, Th, Ti, U, V, W, Zn, Zr Mo, W, V, Ti, U Cu, Zn, Cd, Mg Cu 除 Mo, W, V, As, Sb 外所有金属离子 U, Ti, Fe, Al, Cu, Be

4. 过滤和洗涤

(1)漏斗。重量分析用的漏斗为长颈的,一般颈长 15～20 cm,锥形顶角为 60°(滤纸应紧贴于漏斗),为使在颈内易保留水柱,加快过滤速度,直径要小些,一般在 3～5 cm,出口处呈 45°。滤纸折叠放入后,滤纸的上缘应低于漏斗上沿 0.5～1 cm,不得超出漏斗边缘[图 3-13(e)]。

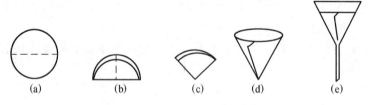

图 3-13　滤纸的折叠和放置

(2)滤纸的折叠和放置。准备好漏斗,取一张滤纸对折,使其圆边重合[图 3-13(b)],第二次折叠,要根据漏斗的圆锥角大小,如正好是 60°,把滤纸折叠成 90°[图 3-13(c)],在漏斗中展开,恰好与漏斗的内壁密合。如果漏斗的圆锥角不是 60°,就要改变第二次折叠的角度,以滤纸和漏斗紧密贴合为准。用手轻按滤纸,将第二次的折边压死,所得圆锥体的半边为三层,另半边为一层。然后取出滤纸,将三层厚的外层撕下一角,保存在干燥的表面皿中,以备擦沉淀用。展开滤纸成圆锥状[图 3-13(d)]。

把折叠好的滤纸放入漏斗中,三层的一边应在漏斗颈出口短的一边。用手按紧三层的一边,然后用洗瓶注入少量水润湿滤纸,轻压滤纸赶出气泡。再加水至滤纸边缘,让水全部流出。漏斗颈内应全部被水充满，形成"水柱"。若没形成水柱，可用手指堵住漏斗下口，掀起滤纸一边，用洗瓶向滤纸和漏斗的空隙处加水，使漏斗颈和锥体的大部分被水充满，最后，压紧滤纸边，放开堵出口的手指，即能形成"水柱"。

(3)过滤。过滤前，把有沉淀的烧杯倾斜静置，如图 3-14 所示。拿烧杯时勿搅起沉淀。进行过滤时，把有水柱的漏斗在漏斗架上放正，用一洁净的烧杯接收滤液，使漏斗颈出口长的一边紧贴烧杯壁，如图 3-15 所示。为避免滤液飞溅，漏斗架的高度以漏斗颈的出口处不接触滤液为准。

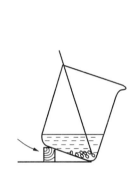
图 3-14　带有沉淀的烧杯倾斜

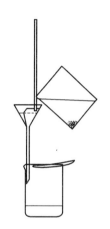
图 3-15　倾注法过滤

用倾注法进行过滤，滤纸的小孔不被沉淀颗粒堵塞，过滤速度较快。倾注法的操作是待沉淀静置后，将上层的清液分次倾倒在滤纸上，沉淀仍留在烧杯中，为避免溅失，倾注时沿着玻棒进行，如图 3-15 所示。玻棒下端靠近滤纸折成三层的一边，沿着玻棒倾注清液，随着溶液的倾入，将玻棒渐渐提高，以免触及液面。待漏斗中液体表面离滤纸边缘约 5 mm 处时，停止倾注，避免清液中的少许沉淀超过滤纸上缘，使沉淀受到损失。沉淀上的清液全部倾入完毕，仔细观察滤液，如果滤液完全透明不含沉淀微粒，可把滤液弃去，否则要重新过滤。若滤液还需进行其他分析，则应保留。

(4)沉淀洗涤。沉淀洗涤是为了洗去沉淀表面吸附的杂质和包藏在其中的母液，洗涤沉淀时，要注意洗涤液的选择。溶解度很小又不易形成胶体的沉淀可用蒸馏水洗涤；溶解度较大的沉淀需用极稀的沉淀剂(沉淀剂在灼烧或烘干时必须是易分解或易挥发的物质)洗涤；溶解度虽较小，但易分散成胶体的沉淀，要用易挥发的电解质稀溶液洗涤。沉淀洗涤用倾注法。烧杯中的沉淀加入 20～30 mL 蒸馏水(或洗液)，充分搅拌，放置澄清，沉淀沉降后，用倾注法过滤，每次尽量将上面清液倾出后再加新的洗涤液。重复洗涤几次(倾注法洗涤的次数视沉淀的类型而定，晶形沉淀洗 2～3 次，胶状沉淀洗 5～6 次)后，可将沉淀转移到滤纸上。烧杯中剩下极少量沉淀，可按图 3-16 所示方法转移，把烧杯倾斜并将玻棒架在烧杯口上，玻棒下端对着滤纸的三层处，用洗瓶吹出洗液，润洗烧杯内壁，将残余的沉淀转移到滤纸上，最后用折叠滤纸时撕下的一角擦净附着在烧杯壁上和玻棒上的沉淀，一并放入漏斗中。沉淀全部转移后，再用洗瓶吹出洗液自上而下螺旋式地淋洗滤纸上的沉淀(图 3-17)，使沉淀集中到滤纸的底部，折叠时沉淀不致损失。洗涤时注意不要把液流直接冲击在沉淀上，应沿滤纸上端边缘逐渐下移，便于洗净全部沉淀和整个滤纸。

图 3-16　最后少量沉淀的转移　　　　　　图 3-17　洗涤漏斗中的沉淀

沉淀是否洗净，需做定性检查，用一只干净试管在漏斗颈下接取 1 mL 滤液，加适当试剂，观察滤液中是否显示某种离子反应，如无反应，可认为洗净。否则还需继续洗涤，直至洗净为止。过滤和洗涤必须一次完成，不能中途放置或隔夜，否则沉淀干涸凝结后，就难以洗净。

5. 沉淀的干燥和灼烧

(1) 干燥器的准备和使用。干燥器是一种带盖的玻璃容器，盖边磨砂并涂上一层薄薄的凡士林使器内密闭，中部有一块多孔的瓷板，底部盛干燥剂。先将干燥器擦净，烘干多孔瓷板，用一纸筒将干燥剂装入干燥器的底部，然后放上瓷板。

干燥剂常用无水氯化钙、变色硅胶等。由于各种干燥剂吸收水分的能力有一定限度，因此干燥器中的空气并不是绝对干燥的，只是湿度较低而已，灼烧和干燥后的坩埚和沉淀，如在干燥器中放置时间过长，可能会吸收少量水分而使质量增加，应加注意。

开启干燥器的方法：左手按住干燥器的下部，右手握住盖子上的圆顶，向外开盖子，如图 3-18 所示。盖子取下后拿在右手中，用左手放入(或取出)坩埚(或称量瓶)，及时盖上盖子。盖子取下后应仰放在桌面安全的地方(注意磨口向上，圆顶朝下)。加盖时，也要拿住盖子圆顶推着盖好。放置坩埚等热的器皿时，盖子留以空隙，等器皿冷却至近室温时再盖严。搬动干燥器要用两拇指按住盖子，防止滑落打破，如图 3-19 所示。

图 3-18　干燥器启盖的方法　　　　　　图 3-19　搬移干燥器的方式

(2) 坩埚的准备。沉淀的干燥和灼烧要在坩埚内进行，先将坩埚洗净拭干后，用马弗炉或煤气灯灼烧至恒重(灼烧空坩埚与灼烧沉淀条件相同)。

用煤气喷灯的宽大火焰灼烧 20~30 min。灼烧时注意勿使焰心与坩埚底部接触，因为焰心温度较低，不能达到灼烧的目的。而且焰心与外层火焰温度相差较大，以致坩埚底部受热不均匀而容易损坏。灼烧完后将灯移去。用热过的坩埚钳夹住坩埚放入干燥器内。坩埚钳嘴要保持洁净，用后将钳嘴向上放于台上。干燥器盖不要盖严，待稍冷后再盖严。将干燥器拿到天平室内，使之与天平室的温度一致，用坩埚钳夹取坩埚，于天平盘上称量，记录其质量。重复上法，加热灼烧、冷却、称量。两次质量之差不超过 0.2~0.3 mg 为恒重。

(3) 沉淀和滤纸的烘干。欲从漏斗中取出沉淀和滤纸，需用玻棒从滤纸的三层处小心地将滤纸与漏斗拨开，用洁净的手将滤纸和沉淀取出。若是晶形沉淀，体积小时可按图 3-20 的方法包裹沉淀。沉淀包好

图 3-20　晶形沉淀的包法

后，放入已恒重的坩埚内，滤纸层数较多的一面向上。若是无定形沉淀，因沉淀量较多，将滤纸的边缘向内折，把圆锥体敞口封上，如图 3-21 所示。再用玻棒轻轻转动滤纸包，以便擦净漏斗内壁可能沾有的沉淀。然后将滤纸包用手转移到已恒重的坩埚内，仍使滤纸层数较多的面向上。

对沉淀和滤纸烘干应在煤气灯或电炉上进行。在煤气灯上烘干时，将放有沉淀的坩埚斜放在泥三角上(注意，滤纸三层部分向上)，坩埚底部枕在泥三角的一边上，坩埚口朝泥三角的顶角，如图 3-22 所示，然后将坩埚盖斜盖在坩埚上，如图 3-23(a)所示，调好煤气灯，使滤纸和沉淀迅速干燥，要用反射焰，即用小火加热坩埚盖的中部，如图 3-23(a)所示。这时热空气流便进入坩埚内部，而水蒸气则从坩埚上面逸出。

图 3-21　无定形沉淀的包法

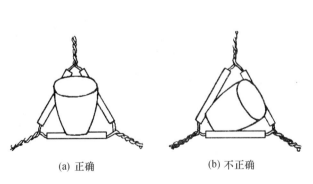

图 3-22　坩埚在泥三角上的位置

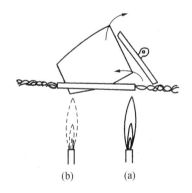

图 3-23　沉淀的烘干(a)与滤纸的炭化(b)

(4) 滤纸的炭化和灰化。滤纸和沉淀干燥后(这时滤纸只是被干燥，而不变黑)，将煤气灯逐渐移至坩埚底部，使火焰逐渐加大，炭化滤纸。如图 3-23(b)所示。炭化时如果着火，应立即移去火焰，加盖密闭坩埚，火即熄灭(勿用嘴吹，以免沉淀飞溅损失)。继续再加热至

全部炭化(滤纸变黑)。炭化后加大火焰,使滤纸灰化,呈灰白色。为使灰化较快进行,应随时用坩埚钳夹住坩埚使之转动,但不要使坩埚中沉淀翻动,以免沉淀损失。沉淀的烘干炭化和灰化过程也可在电炉上进行,注意温度不能太高,坩埚直立,坩埚盖不能盖严,其他操作和注意事项同前。

(5) 沉淀的灼烧。沉淀和滤纸灰化后,将坩埚移入马弗炉中(根据沉淀性质调节适当温度),盖上坩埚盖(稍移开一点)。温度控制在 800 ℃左右,灼烧 20~30 min。时间到取出坩埚,移到炉口,至红热稍退后,再将坩埚从炉口拿出放在洁净瓷板上,待坩埚稍冷后,用坩埚钳把坩埚移至干燥器中,盖上盖子,中间必须开启干燥器盖 1~2 次,以防干燥器内空气过热将盖子掀起打破。待冷却至室温时(一般需 30 min 左右)称量。应注意:每次灼烧、冷却、称量的时间要保持一致。

另外,有些沉淀在烘干时就能得到固定组成,不需在坩埚中灼烧。对热稳定性差的沉淀,也不用在坩埚中灼烧,用微孔玻璃坩埚烘干至恒重即可。微孔玻璃坩埚要放在表面皿上,再放入烘箱中烘干。根据沉淀的性质确定干燥的温度,一般第一次烘干约 2 h,第二次约 45 min 到 1 h。如此重复烘干、冷却、称量,直至恒重为止。

3.3 几种分光光度计的使用

3.3.1 722 型光栅分光光度计

1. 性能与结构 722 型光栅分光光度计是以碘钨灯为光源、衍射光栅为色散元件、端窗式光电管为光电转换器的单光束、数显式可见光分光光度计。波长范围为 330~800 nm,波长精度为±2 nm,波长重现性为 0.5 nm,单色光的带宽为 6,吸光度的显示范围在 0~1.999,吸光度的精确度为 0.004(在 $A=0.5$ 处),试样架可旋转 4 个比色皿。

722 型光栅分光光度计的光学系统如图 3-24 所示。

碘钨灯发出的连续光经滤光片选择、聚光镜聚集后投向单色器的进光狭缝,此狭缝正好处于聚光镜及单色器内准直镜的焦平面上,因此进入单色器的复合光通过平面反射镜反射到准直镜变成平行光射向光栅,通过光栅的衍射作用形成按一定顺序排列的连续单色光谱。此单色光谱重新回到准直镜上,由于单色器的出光狭缝设置在准直镜的焦平面上,这样,从光栅色散出来的光谱经准直镜后利用聚光原理成像

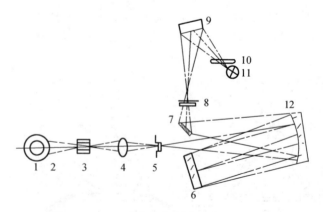

图 3-24 722 型光栅分光光度计的光学系统
1. 光电管 2. 光门 3. 样品 4. 聚光镜 5. 出光狭缝保护玻璃
6. 光栅 7. 反射镜 8. 进光狭缝保护玻璃 9. 聚光镜
10. 滤光片 11. 钨灯 12. 准直镜

在出光狭缝上,出光狭缝选出指定带宽的单色光通过聚光镜射在被测溶液中心,其透过光经光门射向光电管的阴极面。

波长刻度盘下面的转动轴与光栅上的扇形齿轮相吻合,通过转动波长刻度盘而带动光栅转动,以改变光源出射狭缝的波长值。

722型光栅分光光度计由光源室、单色器、试样室、光电管暗盒、电子系统及数字显示器等部件组成,其结构如图3-25所示,其外形如图3-26所示。

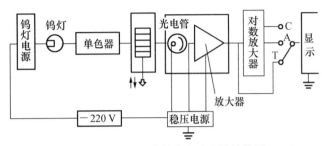

图3-25　722型光栅分光光度计结构图

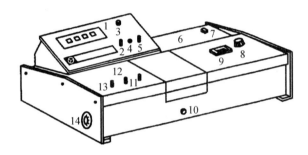

图3-26　722型光栅分光光度计外形
1. 数字显示器　2. 吸光度调零旋钮　3. 选择开关　4. 斜率电位器
5. 浓度旋钮　6. 光源室　7. 电源开关　8. 波长旋钮　9. 波长刻度盘
10. 试样架拉手　11. 100%T旋钮　12. 0%T旋钮　13. 灵敏度调节钮　14. 干燥器

2. 使用方法

(1)把防尘罩取下,将灵敏度调节钮13置于"1"挡(信号放大倍率最小),将选择开关3置于"T"挡(即透射比)。

(2)接通电源,将仪器上的电源开关7按下,指示灯即亮。调节波长旋钮8使所需波长对准标线,调节100%T旋钮11使显示透射比为70%左右,使仪器在此状态下预热5~15 min。待显示数字稳定后再进行下述操作。

(3)将试样室盖打开(光门自动关闭),调节100%T旋钮11,使显示为"0.000"。

(4)把盛参比溶液的比色杯放入试样架的第一格内,盛试样的比色杯放入第二格内,然后盖上试样室盖(光门打开,光电管受光)。把参比溶液推入光路,调节100%T旋钮,使之显示为"100.0",若显示不到"100.0",应增大灵敏度挡,然后再调节100%T旋钮,直到显示为"100.0"。

(5)重复(2)和(4)操作,直到显示稳定。

(6)稳定地显示"100.0"透射比后,将选择开关置于"A"挡(即吸光度),此时吸光度显示应为"0.000",若不是,则调节吸光度调零旋钮2,使显示为"0.000"。然后把试样推入光路,这时的显示值即为试样的吸光度。

(7) 测定过程中,不要将参比溶液拿出试样室,应将其随时推入光路以检查吸光度零点是否有变化。如不为"0.000",则不要先调节吸光度调零旋钮 2,而应将选择开关 3 置于"T"挡,用 100%T 旋钮调至"100.0",再将选择开关置于"A",这时如不为"0.000",才可调节吸光度调零旋钮 2。

一般情况下不需要经常调节旋钮 2 和 12,但可随时进行(3)和(4)的操作,若发现这两个显示有改变,要及时调整。

(8) 测定完毕,关闭仪器电源开关(若短时间不用,不必关闭电源,打开试样室盖,即可停止照射光电管),将比色杯取出,洗干净,放回原处。拔下电源插头,待仪器冷却 10 min 后盖上防尘罩。

3.3.2 GENESYS 10S 型分光光度计

1. 工作原理 采用氙灯作为光源,光学系统为分光束光栅,可适用的波长范围为 190~1 100 nm。其工作原理见图 3-27。

由脉冲氙灯光源 1 发出的光射到聚光镜 2 上,会聚后再经过入射狭缝到达平面反射镜 3 反射至光栅 4,经光栅分开的单色光依原路稍偏转一个角度反射回来,再经过物镜 5 反射后,会聚在出射狭缝上。从出射狭缝出来的光束经过聚光镜 6 再一次聚光,再经过斩光器 7 将光束分为两束,一束射到样品室中的比色皿 8,另一束作为参比光束直接到达参比光束检测器 10,进入样品室的光束被样品吸收后再到达样品端检测器 9,样品室为 6 位旋转支架,仪器可以自动将所要测量的样品旋转至光路位置,输出信号会从检测器输出到数据处理系统。

图 3-27 GENESYS 10S 型分光光度计工作原理示意图

1. 氙灯光源 2. 聚光镜 3. 反射镜 4. 光栅
5. 物镜 6. 聚光镜 7. 斩光器 8. 比色皿
9. 样品端检测器 10. 参比光束检测器

2. 使用方法 GENESYS 10S 型分光光度计的外形见图 3-28。

(1) 启动电脑,等待 Windows 启动完成。

(2) 打开仪器后部电源开关,观察电源指示灯是否闪烁,如果没有闪烁,按一下操作面板的开关按键。

(3) 仪器开始自检,自检过程中,电源指示灯持续间断闪烁,大概 5 min 后,自检完成,电源指示灯变成常亮。

(4) 双击电脑桌面软件图标,注意左下方状态栏提示仪器已经联机,即可对仪器进行操作。

图 3-28 GENESYS 10S 型分光光度计外形

(5) 上述步骤完成后,即可进行测定。根据软件提示将参比(空白)溶液放入样品池中,关闭样品仓,然后按"确定"键,软件自动对仪器进行校零。校零完成后会弹出样品列表对话框,如果没有需要更改的,则按"继续"键,根据提示要求依次放入样品,关闭样品仓,点击"确定"键。

(6)如果需要将测量数据导出为 CSV 或者 Excel 格式,选择"报告"。选择需要导出的数据后,点击导出图标,选择好输出格式,点击"保存"。

(7)处理完毕即可关闭操作软件,关闭仪器电源,关闭电脑。

3.3.3 Evolution 220 型分光光度计

1. 性能与结构 Evolution 220 型分光光度计是以氙灯为光源、全息光栅为色散元件、端窗式光电二极管为光电转换器的双光束、电脑版和数显式可见光分光光度计。波长范围为 190~1 100 nm,波长精度为±5 nm,波长重现性为±0.1 nm,带宽为1 nm、2 nm可调,吸光度的显示范围在−0.3~4.0,吸光度的精确度为±0.004(在 $A=0.5$ 处),稳定性:$<0.000\ 5\ h^{-1}$,波长扫描速度 1~6 000 nm·min^{-1},全波段扫描功能,定量,动力学,单波长、多波长测定,多组分分析,试样架可旋转 7 个比色皿。

Evolution220 型分光光度计的光学系统如图 3-29 所示。

由脉冲氙灯光源 1 发出的光,射到聚光镜 2 上,会聚后再经过入射狭缝 3 通过平面反射镜 4 反射至光栅 6,形成单色光后,光束依原路稍偏转一个角度反射回来,再经过物镜 5 反射后,会聚在出射狭缝 7 上。从出射狭缝出来的单色光经过聚光镜 8 再一次聚光,再经过斩光器 9 将光束分为两束,一束射到样品室中的比色皿 11,另一束作为参比光束射到参比室的比色皿 10,两束光分别经过样品溶液和参比溶液吸收后到达样品端检测器 12 和参比端检测器 13,最后信号会从检测器输出到数据处理系统。

图 3-29 Evolution 220 型分光光度计
工作原理示意图

1. 氙灯光源 2. 聚光镜 3. 入射狭缝 4. 反射镜
5. 物镜 6. 光栅 7. 出射狭缝 8. 聚光镜
9. 斩光器 10. 参比室比色皿 11. 样品室比色皿
12. 样品端检测器 13. 参比端检测器

2. 使用方法 Evolution 220 型分光光度计外形见图 3-30。

(1)把防尘罩取下,启动电脑,等待 Windows 启动完成。

(2)打开仪器后部电源开关,观察电源指示灯是否闪烁,如果没有闪烁,按一下操作面板的开关按键。

(3)仪器开始自检,自检过程中,电源指示灯持续间断闪烁,大概 5 min 后,自检完成,电源指示灯变成常亮。

图 3-30 Evolution 220 型分光光度计外形

(4)双击电脑桌面软件图标,注意左下方状态栏提示仪器已经联机,即可对仪器进行操作。

(5)上述步骤完成后,即可进行测定。根据软件提示将参比(空白)溶液放入样品池中,关闭样品仓，然后按"确定"键，软件自动对仪器进行校零。校零完成后会弹出样品列表对话框，如果没有需要更改的，则按"继续"键，根据提示要求依次放入样品，关闭样品仓，点击"确定"键。

(6)测量完毕，如果需要对光谱进行一些数学处理，选择菜单"数学"，可进行平滑、导数、标准化、加、减等运算。

(7)如果需要进行光谱寻峰，选择菜单"分析"→"峰选取"，查找"峰"。

(8)如果需要将测量数据导出为 CSV 或者 Excel 格式，选择"报告"。选择需要导出的数据后，点击导出图标，选择好输出格式，点击"保存"。

(9)处理完毕即可关闭操作软件，关闭仪器电源，关闭电脑（短时间不用，不必关闭电源，打开试样室盖，即可停止照射光电二极管）。将比色皿取出，洗干净，放回原处。拔下电源插头，待仪器冷却 10 min 后盖上防尘罩。

3.4 几种电势分析仪器的使用

3.4.1 pH-25 型酸度计

1. 工作原理 pH-25 型酸度计的基本工作原理如图 3-31 所示。

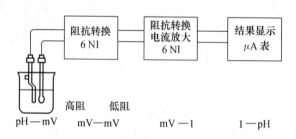

图 3-31 pH-25 型酸度计工作原理示意图

该酸度计是采用一只 6 N1 管作为阻抗转换器，它把数百兆欧姆的高阻抗输入电压转变为较低内阻的输出电压，这一电压再由另一只 6 N1 管转变为电流并放大后推动微安表工作，在微安表上可相应地读出 pH 值或毫伏值。其精度为 ± 0.1 pH/3 pH，所有分度线上不超过 ± 11.2 mV。

2. 仪器的调节器 pH-25 型酸度计的外形如图 3-32 所示。

(1)指示灯 1 及电源开关 2。打开电源开关，仪器就处于工作状态，指示灯亮。

(2)读数电表 3。刻有 pH "7~0" 和 "7~14" 两行刻度线，刻度读数精度为每小格相当于 0.1 pH。当 pH-mV 开关 9 拨至 "+mV" 或 "-mV" 位置时，电表读数为 mV，每小格为 10 mV。两种刻度线配合量程选择开关 10 任意选择其中一种。读数电表上还备有一调节螺丝，用于电表的机械调零。

(3)零点调节器 11。零点调节器 11 是在接通电源后，尚未连通被测电池时进行调节零点的装置。测量 pH 时，应调节电表指针在 pH 为 7 的位置；测量 mV 时，应调节指针在 mV 为 "0" 的位置。

(4)参比电极接线柱 5 和电极插孔 6。参比电极接线柱 5 为甘汞电极或电池正极接入的接线柱，电极插孔 6 为玻璃电极或电池负极接入的接线孔。

(5)读数开关4。按下此开关后,少许旋转即可停住(不需用手指连续按着),此时电极与仪器接通,可读数。进行定位或测量时,都应按下此开关,但当校正仪器零点时,则应放开此开关。

(6)定位调节器7。在按下读数开关时,调节定位调节器以补偿玻璃电极的不对称电势和液接电势。

(7)温度补偿器8。以补偿温度对被测溶液的影响,旋钮转动不能过分用力,以免变更固定螺丝的位置,影响准确度。

(8)pH-mV开关9。有"pH"、"-mV"及"+mV"三挡。当测量pH时应拨至"pH"挡位置;当测定电池电动势时应拨至"-mV"挡或"+mV"挡的位置。

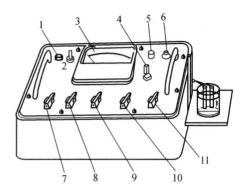

图3-32 pH-25型酸度计
1. 指示灯 2. 电源开关 3. 读数电表 4. 读数开关
5. 参比电极接线柱 6. 玻璃电极插孔
7. 定位调节器 8. 温度补偿器 9. pH-mV开关
10. 量程选择开关 11. 零点调节器

(9)量程选择开关10。将此开关置于"0"挡时,读数电表3短路,用于保护电表;拨至"7~0"挡时,用于测定pH为0~7的溶液;拨至"7~14"挡时,用于测量pH为7~14的溶液。

另外,在仪器的背盖面板内附有"零点粗调节器"、"mV准确度调节器"、"+mV调节器"、"-mV调节器"及"工作点调节器"等内调节器,它们各有自己的功能,在仪器出厂前均已调整好,不属于使用性调节器,非必要时不要轻易调节。若有必要调节时,应按仪器使用说明书进行。

本仪器所配套的电极为221型玻璃电极和222型甘汞电极。

3. 使用方法

(1)校正。

① 检查读数电表3。指针应指在零位(即pH为7),否则调节电表上的调节螺丝使指针指零。

② 接好地线,插上电源。仪器的接地很重要,如果接地不好,在测量时会引起指针不稳定。

③ 将甘汞电极和玻璃电极(在蒸馏水中浸泡过24 h以上)安装好,把甘汞电极下端管口上的橡皮帽和加液孔上的橡皮帽取下(必要时添加KCl溶液)。

④ 打开电源开关2,指示灯1亮,预热5 min。预热时应将量程选择开关10拨至"7~0"挡或"7~14"挡。

⑤ 将pH-mV开关9转至"pH"挡,把两电极浸入标准缓冲溶液中,轻轻摇动烧杯数次。将温度补偿器8调节至与溶液温度一致。

⑥ 根据所用标准缓冲溶液的pH,将量程选择开关10拨至"7~0"或"7~14"挡。

⑦ 调节零点调节器11使指针指在pH为7的位置上。按下读数开关4并微微转动使之固定。然后调节定位调节器7,使电表上的指针恰好指在标准缓冲溶液的pH的位置。

⑧ 把读数开关4反方向转动并放开它,指针应回到pH为7处。若有变动,则再用零点

调节器 11 调节指针在 pH 为 7 处，重复第⑦、⑧两项操作，再行核对至符合为止。

⑨ 校正后不得再旋动定位调节器 7，否则应重新校正。一般在一日内不需要再校正。

⑩ 升起电极并取出盛标准缓冲溶液的烧杯，用蒸馏水洗净电极，再用滤纸吸干附在电极上的水。

(2) 测量 pH。

① 将电极浸入待测溶液中，轻轻摇动烧杯数次，使之均匀。

② 用温度计测量待测溶液的温度，并调节温度补偿器 8 至待测溶液的温度。

③ 检查指针是否在 pH 为 7 处，否则，用零点调节器 11 重新调节指针恰好指在 pH 为 7 处。

④ 按下读数开关 4，指针所指的 pH 即为待测溶液的 pH。读数完毕，应放开读数开关。

⑤ 测定完毕后，依次将量程选择开关 10 拨至"0"位置，关闭电源开关，取下并清洗电极。

⑥ 玻璃电极应浸泡在蒸馏水中保存，甘汞电极上的两个橡皮帽要套好，并放入盒中保存。

3.4.2 pHS-2 型酸度计

pHS-2 型酸度计的精度较高：$\pm 0.02\,\text{pH}/3\,\text{pH}$，$\pm 2\,\text{mV}/200\,\text{mV}$。性能稳定，使用广泛。

1. 工作原理 pHS-2 型酸度计是全晶体管结构，采用参量振荡放大电路，其工作原理如图 3-33 所示。

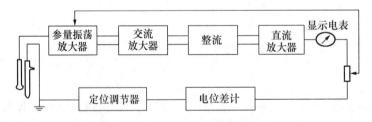

图 3-33 pHS-2 型酸度计原理示意图

将欲测的直流信号经参量振荡放大器转变为交流信号，经交流信号放大器放大后，由二极管整流恢复为直流信号，再经过直流放大器放大输送至电表及负反馈电位器。试液的 pH 由电表直接指示出来。仪表还设有定位调节器和电势差计。前者用以补偿电极的不对称电势和液接电势；后者以一个标准电势抵消输入电势，使量程扩展为表头满度指示 2 pH 单位。此仪器也可用于测量指示电极的电极电势。

2. 仪器的调节器 pHS-2 型酸度计的面板如图 3-34 所示。

各个调节器的功能和作用与 pH-25 型酸度计大体相同，对其中较特殊之处叙述如下：

(1) 读数电表 2。刻度线的上行为 pH，自左至右为 0~2，共 100 小格，每格为 0.02 pH；下列为 mV，自左至右为 -200~0 mV，共 100 小格，每格为 2 mV。它的读数仅为量程选择及校正开关 8 所抵消后的 pH 或 mV 值。

(2) 量程选择及校正开关 8。共分 8 挡，"校正"挡表示接通仪器内的标准电压，配合使用校正旋钮 9 来校正标准电压。只有在标准电压校正好后，量程选择开关所在位置的数值才

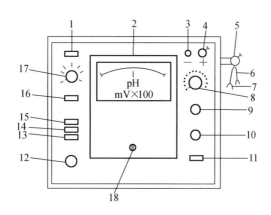

图 3-34　pHS-2 型酸度计的外面板和调节器示意图
1. 指示灯　2. 读数电表　3. 甘汞电极接线柱　4. 玻璃电极插孔　5. 电极夹固紧螺钉
6. 玻璃电极夹　7. 甘汞电极夹　8. 量程选择及校正开关　9. 校正旋钮　10. 定位旋钮
11. 读数开关　12. 零点调节旋钮　13. -mV 按键　14. +mV 按键　15. pH 按键
16. 电源开关按键　17. 温度补偿旋钮　18. 电表调零螺丝

是准确的。其余 7 挡分别为："0"、"2"、"4"、"6"、"8"、"10" 及 "12"，这些数值为仪器内所抵消的 pH，或所抵消的 "×100 mV" 值。此项数值与读数电表 2 的读数之和为测量结果。

(3) 校正旋钮 9。用来校正仪器内标准电压的调节旋钮，只有当量程选择及校正开关 8 置于"校正"位置时才起作用。

(4) 电源开关按键 16。按下此键时电源被切断，弹起时电源接通。此按键作为接通交流电源的开关，是与"-mV"按键 13、"+mV"按键 14 及 pH 按键 15 联动的琴键开关。

仪器配套的电极为 231 型玻璃电极和 232 型甘汞电极。

3. 使用方法

(1) 测量溶液的 pH。将电极夹子夹在电极杆上，夹上玻璃电极，其电极插头插入玻璃电极插孔 4 内，将小螺丝拧紧，甘汞电极夹在夹子上，其电极引线接在甘汞电极接线柱 3 上。若要测量溶液温度，可将温度计夹在甘汞电极同一边的小夹子上，玻璃电极应安装得比甘汞电极下部陶瓷芯端稍高一些，以免碰坏。

插上电源，按下电源开关按键 16，接好地线，再按下 pH 按键 15，此时电源开关按键 16 弹起，电源接通，指示灯 1 亮。预热 15～30 min。

① 校正。调节温度补偿旋钮 17 至标准缓冲溶液的温度。

将量程选择及校正开关 8 旋至"6"处，调节零点调节旋钮 12 使指针指在表头的 pH 为"1"的刻度线上。

将量程选择及校正开关 8 旋至"校正"位置，调节校正旋钮 9 使指针指在满刻度(即 pH 为"2"或 mV 为"0")处。

重复操作，每次调节应保持指针稳定半分钟后再进行下一步的调节。如此调节至校正好为止。

将量程选择及校正开关 8 旋至"6"位置。

② 定位。在烧杯中倒入标准缓冲溶液，将电极浸入，并轻轻摇动烧杯数次。

按下读数开关 11，调节定位旋钮 10 使指针指在标准缓冲溶液的 pH 的数值(表头上的读数加上量程选择及校正开关 8 所示的读数之和，正好等于标准缓冲溶液的 pH)处。

轻轻摇动烧杯，使指针稳定地指在所需数值为止，放开读数开关 11。至此完成校正和定位工作，不得再转动定位旋钮 10，否则应重新进行校正和定位。

③ 测量未知液的 pH。升起电极取出盛标准缓冲溶液的烧杯，将两电极用蒸馏水吹洗，用滤纸吸干。将盛有未知溶液的烧杯置电极下，放下电极使之浸入溶液，轻轻摇动数次。

按下读数开关 11，调节量程选择及校正开关 8，使电表指针指在刻度线范围内，待指针稳定后，记下读数。

当未知溶液温度与定位的标准缓冲溶液不同时，则需调节温度后重新进行校正，再测量。但定位操作无需重复进行。

测量完毕后，按下电源按键 16，切断电源取下电极吹洗。将甘汞电极拭干，套上橡皮帽，放回盒中，而玻璃电极仍继续泡在蒸馏水中，拔出电源插头。

(2) +mV 的测量。

① 插上电源插头，按下 +mV 按键 14，将量程选择及校正开关 8 旋至"0"处，调节零点调节钮 12 使指针指在 pH 为"1"处。预热 15～30 min。

② 将量程选择及校正开关 8 旋至"校正"位置，用校正旋钮 3 使指针指在表头右边满刻度"2"处。将量程选择及校正开关 8 旋至"0"位置。重复上述校正操作，直到仪器稳定为止。

③ 用 +mV 挡测量时，玻璃电极插孔 4 应接到待测电池的负极，甘汞电极的接线接到电池的正极。将电极吹洗、擦干，插入溶液后，按下读数开关 11，调节量程选择及校正开关 8，使电表指针指在刻度线范围内，待指针停稳后，记录读数，放开读数开关。将电表读数乘以 100 加上量程选择及校正开关 8 的示值乘以 100 即为所测电动势(mV)。

(3) −mV 的测量。

① 按下 −mV 按键 13，校正方法同 +mV 测量一样，对仪器作 −mV 测量时的校正。但不同的是，在量程选择及校正开关 8 旋至"校正"位置时，应使指针指在左边"−2"处的满刻度。

② 测量时，玻璃电极插孔 4 应该接电池的正极，甘汞电极应该接电池的负极。以下操作同 +mV 测量。

3.4.3 pHS-3C 型数字 pH 计

pHS-3C 型数字 pH 计是一台精密数字显示 pH 计。它采用 3 位半十进制 LED 数字显示，测量范围：0～14.00 pH，0～±1 999 mV(自动极性显示)，仪器基本误差：不大于 ±0.02 pH±1 个字，配有 E-201-C9 型可充式 pH 复合电极，使用方便，此外，还可配上适当的离子选择性电极，测出该电极的电极电势。

仪器外形见图 3-35。

1. 工作原理　略。

2. 使用方法

(1) 测量溶液的 pH。将复合电极 15 夹在电极夹 14 上，拉下电极 15 下端的电极套 16，用蒸馏水清洗电极，清洗后用滤纸吸干电极底部的水分。接上电源，打开电源开关 12，预热 30 min。

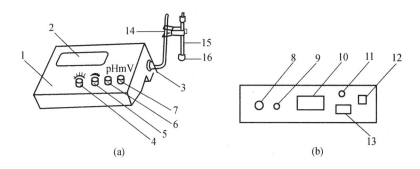

图 3-35 pHS-3C 型数字酸度计外形图
(a)pHS-3C 型数字酸度计正面图　(b)pHS-3C 型数字酸度计背面图
1. 前面板　2. 显示屏　3. 电极梗插座　4. 温度补偿调节旋钮　5. 斜率补偿调节旋钮
6. 定位调节旋钮　7. 选择旋钮(pH 或 mV)　8. 测量电极插座　9. 参比电极插座
10. 铭牌　11. 保险丝　12. 电源开关　13. 电源插座　14. 电极夹
15. E-201-C 型可充式 pH 复合电极　16. 电极套

① 校正。仪器使用前，先要校正。

a. 在测量电极插座 8 处拔下短路插头，插上复合电极 15。

b. 如不用复合电极，则在测量电极插座 8 处插上电极转换器的插头，玻璃电极插头插入转换器插座处，参比电极插入参比电极插座处。

c. 把选择旋钮 7 调到 pH 挡。

d. 调节温度补偿调节旋钮 4，使旋钮白线对准溶液温度。

e. 把斜率补偿调节旋钮 5 顺时针旋到底(即调到 100% 位置)。

f. 把清洗过的电极插入 pH=6.86 的标准缓冲溶液中。

g. 调节定位调节旋钮 6，使仪器显示读数与该缓冲溶液的 pH 相一致(如 pH=6.86)。

h. 用蒸馏水清洗电极，再用 pH=4.00(或 pH=9.18)的标准缓冲溶液重复 e~f 操作，调节斜率补偿调节旋钮 5 到 pH=4.00(或 pH=9.18)。

直至不用再调节定位或斜率两调节旋钮为止，仪器完成校正。

注意：经校正的仪器定位调节旋钮及斜率调节旋钮不应再有变动。

校正使用的缓冲溶液，第一次应用 pH=6.86 的溶液，第二次应接近被测溶液的值，如被测溶液为酸性，缓冲溶液应选 pH=4.00，如被测溶液为碱性，则选 pH=9.18 的缓冲溶液。

一般情况下，在 24 h 内仪器不需再校正。

② 测量被测溶液的 pH。经校正过的仪器即可用来测量被测溶液。根据被测溶液与校正溶液温度相同与否，测量步骤也有所不同。被测溶液与校正溶液温度相同时，测量步骤如下：

a. 定位调节旋钮 6 不变。

b. 用蒸馏水清洗电极头部，用滤纸吸干。

c. 把电极浸入被测溶液中，用玻棒搅拌溶液，使溶液均匀，在显示屏上读出溶液的 pH。

被测溶液和校正溶液温度不同时，测量步骤如下：

a. 定位调节旋钮 6 不变。
b. 用蒸馏水清洗电极头部,用滤纸吸干。
c. 用温度计测出被测溶液的温度。
d. 调节温度补偿调节旋钮 4,使白线对准被测溶液的温度。
e. 把电极插入被测溶液内,用玻棒搅拌溶液,使溶液均匀后,读出该溶液的 pH。

(2)测量电极电势(mV)。

① 把适当的离子选择电极或金属电极和甘汞电极夹在电极架上。

② 用蒸馏水清洗电极头部,用滤纸吸干。

③ 把电极转换器的插头插入仪器后部的测量电极插座 8 内,把离子选择电极的插头插入转换器的插座内。

④ 把甘汞电极的插头插入仪器后部的参比电极插座 9 内。

⑤ 把两种电极插在被测溶液内,将溶液搅拌均匀后,即可在显示屏上读出该离子选择电极的电极电势(mV),还可自动显示正负极性。

如果被测信号超出仪器的测量范围,或测量端开路时,显示屏会发出闪光,作超载报警。

3. 仪器的维护　仪器的品质一半在于制造,一半在于维护,特别像酸度计一类的仪器,它必须具有很高的输入阻抗,而使用环境需经常接触化学药品,所以更需合理维护。

(1)仪器的输入端(测量电极的插座)必须保持干燥清洁。仪器不用时,将短路插头插入插座,防止灰尘及水汽侵入。在环境湿度较高的场所使用时,应把电极插头用干净纱布擦干。

(2)插头带夹子连线接触器及电极插座转换器均为配用其他电极时使用,平时注意防潮防震。

(3)测量时,电极的引入导线保持静止,否则会引起测量不稳定。

(4)仪器采用了 MOS 集成电路,因此,在检修时应保证电烙铁有良好的接地。

(5)用缓冲溶液定位校准仪器时,要保证缓冲溶液的可靠性,不能配错缓冲溶液,否则将导致测量结果产生误差。

4. 电极的使用维护

(1)电极在测量前必须用已知 pH 的标准缓冲溶液进行定位校准,已知的 pH 数值需可靠,而且越接近被测值越好。

(2)取下电极套后,应避免电极的敏感玻璃泡与硬物接触,因为任何破损或擦毛都将使电极失效。

(3)测量后,及时将电极保护套套上,套内应放少量补充液以保持电极球泡的湿润。

(4)复合电极的外参比补充液为 $5\ mol \cdot L^{-1}$ 氯化钾溶液,补充液可以从电极上端小孔加入。

(5)电极的引出端必须保持清洁和干燥,绝对防止输出两端短路,否则将导致测量失准或失效。

(6)电极应与输入阻抗较高的酸度计($\geqslant 10^{12}\ \Omega$)配套,以使其保持良好的特性。

(7)电极避免长期浸在蒸馏水、蛋白质溶液和酸性氟化物溶液中。

(8)电极避免与有机硅油接触。

(9)电极经长期使用后,如发现斜率略有降低,可把电极下端浸泡在4%HF(氢氟酸)中3~5 s,用蒸馏水洗净,然后在0.1 mol·L^{-1}盐酸溶液中浸泡,使之复新。

(10)被测溶液中如含有易污染敏感玻璃球泡或堵塞液体接界的物质而使电极钝化,会出现斜率降低现象,显示读数不准。如发生该现象,则应根据污染物质的性质,用适当溶液清洗,使电极复新。

5. 注意事项 选用清洗剂时,不能用四氯化碳、三氯乙烯、四氢呋喃等能溶解聚碳酸树脂的清洗液,因为电极外壳是用聚碳酸树脂制成的,其溶解后极易污染敏感玻璃球泡,从而使电极失效。也不能用复合电极去测上述溶液。

3.4.4 ZD-2型自动电势滴定计

1. 工作原理 ZD-2型自动电势滴定计由ZD-2型电势滴定计和DZ-1型滴定装置配套组成,前者可以单独作酸度计或毫伏计使用。当两种装置配套组成自动电势滴定计进行滴定时,首先需要确定滴定的终点电势,然后在滴定计上预设终点,用电势信号控制滴定剂流速;在离滴定终点较远时滴定剂流速较快;在接近滴定终点时滴定剂流速较慢。当电极电势与预先设定的终点电势差为零或极性相反时,自动停止滴定,从滴定管上读出滴定剂的消耗体积。图3-36是ZD-2型自动电势滴定计的工作原理方框图。

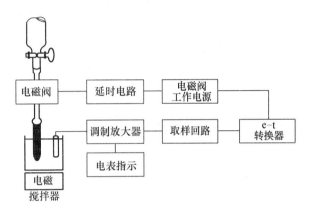

图3-36 ZD-2型自动电势滴定计的工作原理方框图

当进行滴定时,被测溶液中离子浓度发生变化,浸在溶液中的一对电极两端的电势差E即发生变化。这个渐变的电势经调制放大器放大后送入取样回路,在其中电极系统所测得的直流信号e与按照滴定终点预先设定的电势相比较,其差值进入e-t转换器。e-t转换器是一开关电路,将该差值成比例地转换成短路脉冲,使电磁阀吸通。当距终点较远时,由于e和终点电势差值大,电磁阀吸通时间长,滴液流速快;当接近终点时,差值逐渐减小,电磁阀吸通时间短,滴液流速减慢。仪器内还设有用以防止到达终点时出现过漏现象的电子延迟电路,以提高滴定分析的准确性。

2. 仪器调节器 ZD-2型电势滴定计的外面板见图3-37。

本仪器可以单独作为酸度计或毫伏计使用,故将比一般酸度计多增设的几个调节装置做如下介绍:

(1)选择开关9共分五挡:"mV测量"、"pH测量"挡为单独测量使用;"终点"挡为调节预定终点电势(或终点pH)时使用;"pH滴定"和"mV滴定"挡分别为进行中和滴定、沉淀滴定和氧化还原滴定时使用。

(2)预定终点调节旋钮10在进行电势滴定时,用来调节电表读数指到滴定终点的mV或pH。若电极信号达到预定终点数值时,滴定便自动停止,故在实验中,一旦调节好后,不必再旋动此旋钮。这个旋钮只有当选择开关9置"终点"时,才能驱动指示电表1,读出所

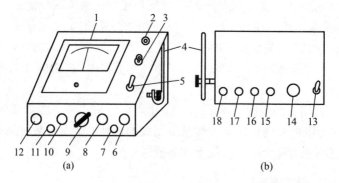

图 3-37 ZD-2 型电势滴定计的外面板和调节器示意图
(a)正面板 (b)背面板

1. 指示电表 2. 指示电极插孔(一) 3. 甘汞电极插孔(+) 4. 电极杆 5. 读数开关
6. 校正旋钮 7. 电源指示灯 8. 温度补偿调节旋钮 9. 选择开关 10. 预定终点调节旋钮
11. 滴定选择开关 12. 预控制调节旋钮 13. 电源开关 14. 三芯电源插座 15. 暗调节器
16. 输出电压(记录器信号电压)调节旋钮 17. 记录器插座 18. 配套插座

选定的终点 mV(或 pH)。

(3)预控制调节旋钮 12 是控制滴定速度的调节装置,可在 100～300 mV 或 1～3 pH 范围内任意调节。预控制指数小,滴定速度快,能节省时间,但容易产生过滴定;预控制指数大,滴定速度慢,时间长,但易保证准确性。

(4)滴定选择开关 11 有"+"、"—"两挡,是用来选择极性的。

(5)配套插座 18 是专用于电势滴定的接线插座,将附件双头连接导线一端插入此插座,另一头插在 DZ-1 型滴定装置的配套插座上。若单独作酸度计或毫伏计使用,此插座无用。

(6)暗调节器 15 是在仪器制造过程中调试时使用的调节器,仪器出厂前已调好,使用仪器时绝对不允许随意调动,否则会损坏仪器的准确度。一旦调节后,在没有专门调试设备的条件下,很难复原。

3. DZ-1 型滴定装置 本装置的外面板如图 3-38 所示。

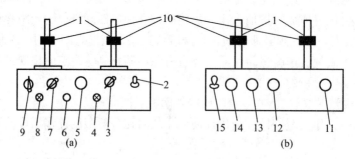

图 3-38 DZ-1 型滴定装置的外面板和调节器示意图
(a)正面板 (b)背面板

1. 支架杆 2. 滴定开始开关 3. 工作开关 4. 终点指示灯 5. 转速调节旋钮
6. 滴定指示灯 7. 电磁阀选择开关 8. 搅拌指示灯 9. 搅拌开关 10. 电磁控制阀
11. 配套插座 12、13. 电磁控制阀插座 14. 三芯电源插座 15. 电源开关

(1)滴定开始开关 2 是控制电磁控制阀 10 的开关器,用作自动滴定时,将工作开关 3 置

于"滴定"位置,按下此开关约 2 s 即进行滴定,随后即可放开此开关。用作手动滴定时,将工作开关 3 置于"手动"位置后,按下此开关则滴定,放开时就停止滴定。

(2)工作开关 3 分为"滴定"、"控制"和"手动"三挡,用来选择工作状态。"滴定"挡用于自动滴定;"手动"挡用于人工滴定;"控制"挡为将溶液滴定至预定的 pH 或 mV 时用。

(3)终点指示灯 4 是指示滴定工作是否正在进行的信号灯,滴定至终点时就熄灭。但将工作开关 3 拨至"控制"挡时,虽然达到所预定的 pH 或 mV,此指示灯仍不熄灭。

(4)转速调节旋钮 5 用来调节电磁搅拌器的转速。

(5)滴定指示灯 6。在按滴定开始开关 2 后发亮,随着滴定液的滴下与否而时亮时暗,表示电磁控制阀 10 的开通与关闭。

(6)电磁阀选择开关 7 有两挡,拨至"1"时,左边的电磁阀工作,拨至"2"时,右边的电磁阀工作。

(7)电磁控制阀 10 是由电磁铁及弹簧片组成的控制阀门。当电磁铁线圈的电源接通后,夹在其中的橡胶管被放松,溶液顺利通过,进行滴定,无信号时,电磁铁线圈的电源断路,橡胶管被夹紧,停止滴定。

4. 使用方法

(1)手动滴定的准备工作。

① 电极的选择。氧化还原反应采用铂电极和甘汞电极或钨电极,中和反应可采用玻璃电极和甘汞电极,银盐与卤素反应则可采用银电极和双液接甘汞电极。

② 电极安装。将指示电极夹在电极夹右边的夹口内,参比电极夹在电极夹左边的夹口内。

③ 将电极夹固定在支架上,位于电磁控制阀的下面。滴定管由滴定管夹夹住后固定在支杆上,位于电磁控制阀的上面。

④ 将橡胶管穿过电磁控制阀中弹簧片与电磁铁之间的空隙,其上端套在滴定管下口上,下端与滴液管(玻璃毛细管)连接,将滴液管夹在电极夹右边的小夹口内。滴液管下口插入溶液中后应调节到比指示电极的敏感部位中心略高的位置,使滴液滴出时可顺着搅拌的方向首先接触指示电极,能提高滴定精度。

⑤ 将搅拌磁芯放入盛试液(准确吸取)的烧杯中。将烧杯放在搅拌器盘上,并将电极浸入。

⑥ 将工作开关(图 3 - 38 中 3)拨至"手动"位置。

⑦ 用双头连接插座将 ZD - 2 型与 DZ - 1 型连接。

⑧ 仪器操作前,两台仪器的电源开关和搅拌开关指在"关"的位置,读数开关放开。

(2)手动滴定操作。

① 开启 DZ - 1 型滴定装置的电源开关 15 及搅拌开关 9,指示灯亮。调节转速调节旋钮 5 使搅拌从慢逐渐加快至适当的转速。

② 使用左边电磁阀滴定时,将电磁阀选择开关 7 拨至"1",使用右边电磁阀滴定时,则拨至"2"。

③ 开启 ZD - 2 型的电源开关 13,预热 20 min 左右。

④ 按下读数开关 5,旋动校正旋钮 6 使指针指在 pH - 7 或左边零位或右边零位。放开

读数开关位置，指针应无位移，否则应再作调节，此后切勿再旋动校正旋钮。

⑤ 按下 DZ-1 型的滴定开始开关 2，则终点指示灯 4 和滴定指示灯 6 亮，此时滴液滴下。控制滴液滴下的数量至需要加入的量时，放开滴定开始开关，则滴定告终。

(3) 自动滴定的准备工作。

①～⑤的操作同手动滴定的准备工作。

⑥ 根据滴定的具体情况将预控制调节旋钮 12(图 3-37)旋至适当位置。

⑦ 滴定选择开关的调节决定于滴定剂的性质及电极的连接位置。设指示灯电极插孔为"一"，参比电极为"+"，则表 3-5 为可供选择其"+"、"一"位置的参考。

表 3-5　滴定选择开关位置的确定

标准溶液	指示电极的接法	滴定选择开关 11 的位置
氧化剂	Pt 电极接"一"，甘汞电极或 W 电极接"+"	"+"
还原剂	Pt 电极接"一"，甘汞电极或 W 电极接"+"	"一"
酸	玻璃电极或 Sb 电极接"一"，甘汞电极接"+"	"+"
碱	玻璃电极或 Sb 电极接"一"，甘汞电极接"+"	"一"
银盐	Ag 电极接"一"，甘汞电极接"+"	"+"
卤化物	Ag 电极接"一"，甘汞电极接"+"	"一"

⑧ 将工作开关 3(图 3-38)拨至"滴定"位置。用双头连接插座将 ZD-2 型和 DZ-1 型连接。

(4) 自动滴定操作。

①～④的操作同手动滴定操作。

⑤ 将选择开关 9(图 3-37)旋至"终点"处，旋动预定终点调节旋钮 10(图 3-37)使电表指针指在终点的 pH 或 mV 上，此后切勿再旋动预定终点调节旋钮。然后，再将选择开关拨至"pH 滴定"或"mV 滴定"位置。

⑥ 按下 DZ-1 型滴定装置上的滴定开始开关 2 持续 2～5 s 后放开。此时终点指示灯 4 亮；滴定指示灯 6 亦亮，并随着滴定时亮时暗。滴液快速滴下，电表指针向终点逐渐接近，当电表指针到达预定终点的 pH 或 mV 时，终点指示灯熄灭，滴定完成。

⑦ 做好结束工作。

3.5　定量分析中的分离操作技术

在实际分析工作中，经常采用分离操作技术。因为分析的样品多数是复杂的物质，测定某一成分时其他成分或杂质会产生干扰。为了消除干扰，有时通过控制滴定条件或加掩蔽剂，这样可以不用分离直接进行测定。当干扰离子含量较高或找不到合适的掩蔽剂时，就得采用分离的手段，把干扰离子除去。另外，当被测成分含量很低，直接用一般方法难以测定时，如农药残毒分析，食品和植物体中微量重金属含量的测定等都必须在分离的同时把被测成分富集起来，然后进行测定。

常用的分离操作技术有沉淀分离技术、萃取分离技术、离子交换分离技术和色谱分离技术等。随着科学技术的发展，新的分离技术还会不断出现。

3.5.1 沉淀分离技术

沉淀分离操作技术和定性分析的沉淀离心分离及重量分析中的沉淀、过滤、洗涤等操作技术类同，故此不再赘述。不同的是，重量分析是沉淀与溶液分离而保留沉淀，而此分离技术则要根据具体情况来定，有的保留沉淀，有的保留溶液。不管保留哪部分，保留部分都不能有损失和带进杂质。共沉淀作用在重量分析中是不利因素，而在分离技术上却可利用共沉淀作用达到分离和富集的目的，由此建立起共沉淀分离技术。如水中 Pb^{2+} 的含量很低，不能直接进行测定，如果采用浓缩的方法，虽可将 Pb^{2+} 浓度提高，但水中其他成分的浓度也会提高，势必影响 Pb^{2+} 的测定。这时可采用共沉淀分离技术，使 Pb^{2+} 与其他成分分离并富集起来：在水中加 Na_2CO_3 使水中的 Ca^{2+} 生成 $CaCO_3$ 沉淀，利用共沉淀作用将 Pb^{2+} 全部沉淀下来，所得沉淀用尽量少的酸溶解，然后进行 Pb^{2+} 的测定。

3.5.2 溶剂萃取分离技术

它是使溶液与另一种不相溶的溶剂密切接触，让溶液中的某种或某些溶质进入溶剂相中，从而与溶液中的其他干扰组分分离的操作技术。这里说的溶质一定是疏水性的易溶于有机溶剂的分子，才能从水相中转入有机相中，被有机溶剂所萃取。对于那些极性无机离子来说，则需先加入萃取剂，和无机离子生成螯合物或离子缔合物或三元配合物等非极性分子。例如，Ag^+、Hg^{2+}、Cu^{2+}、Cd^{2+}、Bi^{3+}、Co^{2+}、$Se(\text{IV})$、$Te(\text{IV})$、Fe^{3+}、Mn^{2+}、Ni^{2+}、$V(\text{V})$、In^{3+}、Ga^{3+} 等均可与二乙基胺二硫代甲酸钠(简称 DDTC)萃取剂反应生成螯合物，用四氯化碳或乙酸乙酯萃取之。这种分离技术操作简便，快速，所需仪器单一(只需分液漏斗)，它可以分离大量成分，也可以分离、富集微量及痕量成分；既可以分离有机物质，又可以分离无机离子。因此本法应用十分广泛。

常用的萃取操作有三种：间歇萃取、连续萃取和逆流萃取，下面介绍前两种方法。

(1)间歇萃取。间歇萃取是定量分析中应用最广泛的萃取操作法。将一定体积的样品溶液放在分液漏斗中，加入萃取剂和有机溶剂，塞上塞子，剧烈摇动(不时放气)，使两种液体密切接触，摇动半分钟至数分钟(视到达平衡的速度而定。离子缔合型的萃取体系达到平衡的速度快，摇动的时间短。螯合物的萃取过程较慢，摇动的时间长些)。然后，静置 1~2 min，待溶液分层后，轻轻转动分液漏斗下的活塞，使下层液体流入另一容器中，这样两相就得以分离。再在水溶液中加入新溶剂，重复萃取 1~2 次，即可达到定量分离的目的。如果干扰成分混入有机相中，则需要反萃取和洗涤。就是将几次分离所得的有机相合并，放入分液漏斗中，然后，用新配的水溶液反萃取或洗涤，放入的体积为有机相的 1~2 倍。水溶液中所含试剂的浓度与酸度和萃取时一致。

间歇萃取操作应在梨形分液漏斗中进行，它形状细长，底部较细，两相分离较完全。

分离后的有机相中如果悬浮着少量水珠，可用干燥滤纸过滤，以吸去水分。过滤后，滤纸用新鲜溶剂冲洗数次。也可在有机相中加入无水硫酸钠，以吸去水分。

如果摇动后形成乳浊液，影响萃取分离，可在溶液中加入中性盐以增加表面张力和密度。也可以采用混合溶剂，使溶剂与水溶液的互溶性减小，密度差增大。对于容易形成乳浊液的萃取体系，不要剧烈摇动，而是轻轻地反复转动，或者改用连续萃取法萃取。

(2)连续萃取。连续萃取在萃取装置中进行。连续萃取装置有各种类型,但不管哪种类型都是由烧瓶、萃取器、冷凝器三部分组成(图 2-4)。被萃取的样品(液体或固体)放在萃取器中,把溶剂放在烧瓶中。萃取时,把烧瓶加热(最好水浴加热,以防发生事故),溶剂从烧瓶蒸发出来,通过冷凝器冷凝后流入萃取器中,与被萃取的样品充分接触,进行萃取,溶剂携带着萃取下来的成分与被萃取样品分离后又流入烧瓶中,在烧瓶中再把溶剂蒸发出来,再次冷凝萃取,反复连续地进行。已被萃取的成分留在烧瓶中,逐渐浓集,样品中被萃取的成分逐渐减少,直至萃取完全为止。如测定土壤中六六六、滴滴涕含量,就是将土壤样品(经过一定的处理)用滤纸包好放入索氏萃取器的萃取室中,用石油醚-丙酮混合液作溶剂进行连续萃取。把六六六、滴滴涕完全萃取到石油醚-丙酮混合液中,然后用间歇萃取法除去丙酮和其他杂质。最后用气相色谱法进行测定。

3.5.3 色谱分离技术

色谱分离技术的最大特点是分离效率高,能把各种性质相近的物质彼此分离。这是一般化学方法所不及的。按固定相所处状态不同,色谱分离技术分柱层析、纸层析、薄层层析等。按分离的原理可分为吸附层析、分配层析、离子交换层析、凝胶层析等。

1. 柱层析 柱层析的操作分装柱、加样、展开与洗脱几步。

(1)装柱。将吸附剂(固定相)装在玻璃或塑料柱里,柱的直径和长度比为 1:10 或 1:16,装柱方法分干法装柱和湿法装柱。干法装柱是先将柱的底部塞上玻璃棉或脱脂棉,然后把选择好的吸附剂(经过处理的)通过漏斗缓缓加入柱内并轻轻敲打管柱,使之填充均匀。装填完毕后,在吸附剂表面铺一层滤纸,然后打开下端活塞,再从管口徐徐加入洗脱剂,吸附剂润湿后注意柱内应无气泡。干法装柱往往会出现气泡,发生沟流现象。

湿法装柱先在柱内加入选定的洗脱剂,将下端活塞稍打开,同时将吸附剂缓缓加入管柱内,加入速度不能快,以免带入空气。轻轻敲打管柱,有助于填充均匀,并使气泡外逸。

(2)加样。层析柱装好后,将样品溶液轻轻注入管柱上端(切勿使吸附层受到扰动)。溶解样品的溶剂极性应和洗脱剂相似,而且样品溶液的浓度应该大些,这样只需加入较小体积的样品溶液,使样品集中在管柱顶部尽可能小的范围内,以利于展开。如果样品难溶于极性与洗脱剂相似的溶剂中,也可将样品溶于适当的溶剂中,加入少量的吸附剂,拌匀,待溶剂挥发后,再将吸附着样品的吸附剂加入柱内吸附层上,然后进行层析分离。

(3)展开和洗脱。将选定的洗脱剂小心地从柱顶端加入层析柱,勿扰动吸附层,并保持一定液面高度,控制流速,一般在 $0.5 \sim 2$ mL·min^{-1}。如果是有色物质,层析展开后,可以清楚地看到分离后的谱带;如果为无色物质,则需应用各种方法定位。分离后的各个组分,可分段洗脱,分别测定;也可将整条吸附剂从层析柱中推出,分段切开,分别洗脱后测定。

2. 纸层析 纸层析装置如图 3-39 所示。纸层析的操作是在滤纸上进行的,滤纸是固定相,把样品溶液点在滤纸条的一端,然后把纸条悬挂在层析筒内,让纸条下端(点样端)浸入流动相(展开剂)中,由于纸条的毛细管作用,展开剂将沿着滤纸条不断上升,当展开剂接触到点在滤纸上的样品时,样品中各种组分就不断地在固定相和展开剂之间进行分配作用,由于各组分的分配系数不同,层析进行一定时间后,各组分就分离开。待展开剂前缘上升到接近纸条上端时,取出纸条,在展开剂前缘处做上记号,晾干滤纸。如果样品中各组分为有色物质,在纸条上能满意地看到各组分的色斑,如果为无色物质,可喷上显色剂使其呈现出各种颜色,进行定位。而后测量各组分的比移值,与标准对照进行定性鉴定。

(1)层析用滤纸的选择。滤纸必须质地均匀,平整无折痕,边沿整齐;纸质要纯净,杂质量要少,不能有明显的斑点;疏松度适当,过于疏松易使斑点扩散,反之则流速太慢;强度较大,不易破裂。国产新华色层滤纸可以满足上述要求。

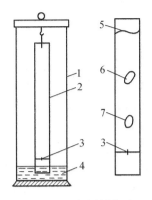

图 3-39 纸层析装置
1. 层析筒 2. 滤纸 3. 原点
4. 展开剂 5. 前沿 6、7. 斑点

(2)点样。点样可用管口平整的玻璃毛细管(内径约为 0.5 mm)或微量注射器。先用铅笔在距纸条一端 2~3 cm 处画一直线(起始线),并在线上隔一定距离画一"×"号表示点样位置。吸取试样溶液,轻轻与"×"号处接触,使点样斑点的直径为 0.2~0.5 cm。如果试液浓度较小,则点样之后放在红外灯下或用热吹风机将其干燥,再在原位置进行第二次或第三次点样。点样之后,一定要使其干燥后再进行展开。

(3)展开。点样后,用展开剂进行展开。展开方法有上升展开、下降展开、径向展开和双向展开等。上升法应用广泛,它是把样液点在滤纸条下端,将滤纸条放入展开剂中,靠展开剂上升而展开。对于 R_f(比移值)相差较小的样品用下降法可获得较好的分离效果。它是把样液点在纸条上端,把纸条上端浸在展开剂里(展开剂放在玻璃槽里)。对于 R_f 相差较大的样品中各组分的分离,可采用径向展开法,它是把样点在圆形滤纸的中央,用纸灯芯向下浸入展开剂中。对于复杂样品中各组分的分离,用一种展开剂往往分离不彻底,需要两种展开剂进行分离时,要采用双向展开法,即把样液点在滤纸的一角(长方形或正方形滤纸),先用一种展开剂向一个方向展开,展开完毕待溶剂挥发后,再用另一种展开剂朝原来方向的垂直方向展开。如果两种展开剂选择适当,可以达到完全分离的目的。如植物体中氨基酸的分离可采用此法,先用酸:水(7:3)作展开剂进行第一次展开,再用丁醇:醋酸:水(4:1:2)作展开剂进行第二次展开,可分离出近 20 种氨基酸。

(4)显色。对于无色物质,应用物理和化学的方法使之显色,物理方法是用紫外光灯照射,许多有机物对紫外光有吸收或吸收紫外光后发射出各种颜色的荧光,因此可以观察有无吸收和荧光斑点,根据其颜色、位置和光的强弱来检出。化学显色法是喷一种显色剂,使之显色。如含羧酸,可喷酸碱指示剂溴甲酚绿,出现黄色斑表示有羧酸存在。如含氨基酸,可喷茚三酮试剂(茚三酮丁醇溶液),多数氨基酸呈现紫色,个别呈现紫蓝色、紫红色或橙色。纸层析还可用于无机离子的分离,如 Cu^{2+}、Fe^{3+}、Co^{2+}、Ni^{2+} 的分离,用丙酮:盐酸:水(90:5:5)为展开剂,采用上升法展开,展开后用氨气熏之,以中和酸性,然后用二硫代乙二酰胺显色,从上至下各斑点的颜色为:棕黄色(Fe^{3+})、灰绿色(Cu^{2+})、黄色(Co^{2+})、深蓝色(Ni^{2+})。然后测定比移值 R_f,进行定性和定量分析。

(5)比移值的测定。滤纸显色以后,找出各有色斑点的中心点,用尺量出各中心点至原始点之间的距离,再量出溶剂前沿到原始点之间的距离,即可算出各物质的比移值 R_f。

(6)定量测定。经纸层析分离将各组分分开之后,可以在相同条件下制得一系列标准色阶,与待测斑点颜色相比较,测定各组分含量。也可以将斑点剪下,经灰化之后,用适当溶剂溶解,再用其他方法测定各组分含量。

纸层析分离法用样量少,设备和操作简单,分离效果好,所以特别适用于少量试样中微量成分或性质差别不大的组分的分离。因此在有机化学、生物化学、植物和医药成分分析等方面应用较为广泛。在无机分析特别是稀有元素的分离与分析中也常常被采用。

3. 薄层层析 薄层层析法也叫薄层色谱法,是在纸层析法的基础上发展起来的。它是在一平滑的玻璃板上铺一层厚约 0.25 mm 的吸附剂(氧化铝、硅胶、纤维素粉等),代替滤纸作为固定相。此法按其分离机理主要分为两种:利用试样中各组分对吸附剂吸附能力的不同来进行分离的称为吸附层析;利用试样中各组分在固定相和流动相中溶解度的不同而进行分离的称为分配层析。两种层析所用的展开剂不同,前者一般用非极性或弱极性展开剂处理弱极性物质,后者一般选用极性展开剂来处理极性物质。

(1)薄层板的制备。将固定相加入羧甲基纤维素钠或煅石膏等黏合剂后,调成匀浆,均匀涂布在玻璃板、塑料板上即制成薄层板。硅胶 G 等已加入黏合剂的则可直接调浆涂布。使用硅胶 G 的涂布过程如下:称 5 g 硅胶 G,加入 15~18 mL 蒸馏水调成糊状。待石膏开始凝固时,用涂布器(如图 3-40 所示)在板

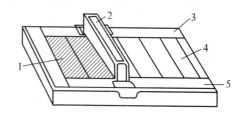

图 3-40 薄层涂布器
1. 吸附剂薄层 2. 涂布器 3. 玻璃夹 4. 玻璃板 5. 玻璃夹板

上涂成均匀薄层,然后水平放置,室温下晾干备用,必要时在使用前烘干活化。

薄板涂层厚度为 0.2~0.3 mm,要求厚度均匀,表面平整,黏着牢固。

(2)点样。点样是将试液点在薄层板上以待进一步分离的步骤。点样可用手工或自动点样器进行。手工点样可用毛细管或微量注射器将试液点在距薄层板底边 1~2 cm 处,点样直径以 1~3 mm 为宜,多个样品点之间的间距为 1~1.5 cm。点样技术不佳是造成定量测定误差的主要原因,要求点样量、点样直径、样斑间距都准确一致。

(3)展开。展开是用展开剂浸润样品使之迁移并得以分离的过程,相当于高效液相色谱法中进样后流动相洗脱的过程。

① 展开方法。将薄层板点有样品的一端浸在展开剂中,展开剂由于受到薄层颗粒间隙的毛细作用而在薄层板上浸润扩展,带动样品移动,由于样品中各组分的移动速度不同而得以分离。其分离机理与柱色谱完全相同,这里不再详述。薄层板可垂直放置展开,也可倾斜或水平放置展开,按展开剂浸润方向可分为上行、下行或双向展开,一般多用上行展开。

当用一种展开剂不能达到完全分离的目的时,可另换一种展开剂在相同方向再一次展开,称多次展开。也可将薄层板转 90°在垂直方向用不同展开剂进行另一次展开,称双向展开。

② 展开剂的选择。与柱色谱中选择流动相的原则相似,薄层色谱中展开剂的选择也依据相似相溶原理。在吸附薄层色谱中一般先用单一的低极性展开剂展开,根据样品在薄层上的分离效果,进一步考虑改变展开剂的极性或选用混合溶剂。例如当样品在薄层上移动很小甚至根本没移动时,则可更换极性较大的溶剂试验。当单一溶剂不能分离时,可用两种以上的混合展开剂,并不断改变混合展开剂的组成和比例。混合展开剂中主要成分称为主溶剂,其极性一般较大,用以调节展开剂极性和洗脱强度。在用 C_{18} 等化学键合固定相的分配薄层

色谱中,可用乙腈-水或丙酮-水等混合溶剂作展开剂。离子交换色谱分析常用水或盐的水溶液、缓冲液等作展开剂。

(4) 显色。展开后的样品各组分的斑点有时直接用肉眼看不见,需要进行显色处理使之显露出来,以便进一步定性、定量分析。对于某些在紫外灯下可显现出颜色或发出荧光的物质,可用紫外光照射薄层板的方法定位。有时也可喷化学显色剂使斑点显色。

(5) 定性。薄层色谱法定性的主要依据是组分斑点的比移值 R_f。薄层色谱中比移值的物理意义与柱色谱的保留值相同。在一定色谱条件下,物质的比移值仅与物质本身的性质有关,所以可在相同实验条件下与标准品对照定性。由于影响比移值的因素较多,所以常用两种以上不同展开剂与标准品对照比移值,均得一致结果时方可认定。另外还常参考样品斑点的显色特性定性,如斑点颜色、有无紫外吸收及其最大吸收波长、荧光特征等。

(6) 定量。薄层色谱定量分析可根据条件和需要,用手工定量或专用的薄层扫描仪定量。前者方法简单,误差较大,但不需特殊仪器;后者方法精确,准确度高,但需专门仪器。现介绍如下:

① 手工定量方法:

a. 目视比较法。配制不同浓度的标准品系列溶液,与样品一起点在同一块薄层板上,展开显色后,以目视比较样斑的颜色、大小,求出未知物含量的近似值。在一定实验条件下,各样斑的颜色深浅及面积的大小与其浓度成正比。

b. 测量面积法。该方法的依据:在一定范围内,物质含量的对数与斑点面积的平方根成正比。其方法是用透明绘图纸描出斑点轮廓,再移至坐标纸上,数出斑点面积,以各标准品斑点含量的对数相对斑点面积作标准曲线,再根据待测样斑面积,在标准曲线上查出样斑含量。

c. 分光光度法。将薄层板上的样斑取下,溶解,用分光光度法测定。

② 薄层扫描仪定量法:

a. 吸收光谱法。凡在可见或紫外光区有吸收的化合物可用钨灯作光源,在 200~800 nm 波长范围内选择合适的波长,通过测定样斑吸光度来定量。

b. 荧光光谱法。对有荧光的物质可采用荧光光谱法测定,选择适当的激发波长和发射波长用氙灯作光源,测定样斑的荧光强度来定量。

c. 反射吸光度法。用样品组分的特征吸收波长光照射薄层,光线穿进薄层内部后一部分为薄层吸收,一部分反射回来成为反射光,根据薄层散射的库尔贝卡·曼克理论,反射吸光度与入射波长、样斑中物质的含量及物质性质等有关,所以当照射波长和物质一定时,物质的含量与反射吸光度有确定的关系,测量反射吸光度即可确定物质的含量。

d. 透射吸光度法。用样品组分的特征吸收波长光照射样斑,在薄层背面检测样斑对入射光的吸光度,用吸收光谱法对样品定量。

透射吸光度法较反射吸光度法灵敏度高,但受薄层不均匀度及厚度影响较大,基线噪声也较大,因此反射吸光度法应用较多。

3.5.4 离子交换分离技术

离子交换一般是在交换柱中进行的,其步骤如下。

(1) 树脂的选择。依据分析对象的不同,选择合适的类型和粒度的树脂(一般要求粒度为

80~100目)。分离阳离子时常选用强酸型树脂,并预先用酸将树脂处理成氢型,以免引入其他盐类;分离阴离子时常选用强碱型树脂,并首先将树脂处理成氯型。

(2)树脂的处理。新树脂在使用前必须进行预处理,除去树脂在制造过程中夹杂的杂质。先用蒸馏水浸洗以除去浮起的少量微粒,然后用 4 mol·L^{-1} HCl 溶液浸泡 1~2 天,以溶解各种杂质,再用蒸馏水洗涤至中性。用盐酸浸泡后,阳离子交换树脂就处理成氢型,阴离子交换树脂则成为氯型。如果需要钠型阳离子交换树脂,则用 NaCl 处理氢型阳离子交换树脂;如果需要 SO_4^{2-} 型阴离子交换树脂,则用 H_2SO_4 处理氯型阴离子交换树脂,这一过程称为转型。转型之后亦需要用蒸馏水洗净。处理好的树脂应浸泡在蒸馏水中备用。

(3)装柱。离子交换装置如图 3-41 所示。进行离子交换通常在离子交换柱中进行。离子交换柱一般用玻璃制成。装交换柱时,在交换柱的下端垫上一层润湿的玻璃纤维,然后在交换柱充满水的情况下把处理好的树脂倒入柱中。树脂高度应为柱高的 90%,然后再在树脂上面覆盖一层玻璃纤维,使液面高于树脂层。

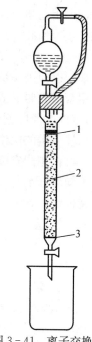

图 3-41 离子交换装置
1. 玻璃纤维 2. 树脂 3. 滤板

(4)交换。将欲分离的试液缓慢注入交换柱内,并以一定的流速由上向下流经柱子进行交换,此时,上层树脂被交换,下层树脂未被交换,中层树脂则部分被交换,称为交界层。试液流经柱子时,交换了的树脂层越来越厚,而交界层逐渐下移,直到交界层达到柱子的底部为止。如将试液继续加入交换柱中,则流出液中开始出现未被交换的离子,此时交换过程达到了"始漏点",被交换到柱上的离子的量(mmol)称为该交换柱在此条件下的"始漏量"。超过始漏量,该种离子将从交换柱中流出。交换柱上树脂的质量(以克为单位)乘以树脂的交换容量为此交换柱的总交换容量。由于达到始漏点时,交换柱上还有交界层,即柱上还有未交换的树脂,因此总交换容量总大于始漏量。选择工作条件时,总是希望树脂的利用率高,即希望树脂的始漏量大。一般来说,树脂的颗粒小、溶液流经交换柱的速度慢、温度高,则始漏量大。同量的树脂,装在细而长的交换柱比装在粗而短的交换柱中的始漏量大。但是,如果树脂的粒度太细,则流速太慢,影响分析速度。若试液中有几种离子同时存在,则亲和力大的离子先被交换到柱上,亲和力小的离子后被交换,因此混合离子通过交换柱后,每种离子依据亲和力大小的顺序分别集中在柱的某一区域内。在交换柱的上面慢慢注入待分离的溶液,控制出口流速,使待分离溶液从上向下流过交换柱进行交换。由于交换系数(K_d)的大小不同,所以 K_d 大的被吸附在交换柱顶部,K_d 小的被吸附在下部,使得欲分离的溶液得到初步的分离。

(5)洗脱。当交换完毕之后,一般用蒸馏水洗去残存溶液,然后选用适当的淋洗剂(也叫洗脱剂)将交换到树脂上的离子再重新置换到溶液中,这个过程叫洗脱,所使用的溶液叫洗脱剂。用洗脱剂(或淋洗剂)置换下来的过程,是交换过程的逆过程。例如某种阳离子被交换到柱上后,可用盐酸淋洗,由于溶液中 H$^+$ 浓度大,最上层的该阳离子被 H$^+$ 置换下来,流向柱子下层又与未交换的树脂进行交换,如此反复,使交换层向下推移。在洗脱过程中,开始的流出液中没有被交换上去的阳离子,随着盐酸的不断加入,流出液中该种离子的浓度逐渐增大。当大部分阳离子流出后,其浓度将逐渐减小直至检查不到该离子。

(6)测定。以流出液中该离子浓度为纵坐标,洗脱液体积为横坐标作图,可得到洗脱曲线(淋洗曲线)。根据洗脱曲线,截取 $V_1 \sim V_2$ 这一段的流出液,从中测定该种离子的含量。

如果有几种离子同时交换在柱上,洗脱过程也就是分离过程。亲和力大的离子向下移动的速度慢,亲和力小的离子向下移动的速度快,因此可以将它们逐个洗脱下来。亲和力最小的离子最先被洗脱下来,亲和力最大的离子最后被洗脱下来。

(7)树脂再生。使树脂恢复到交换前的状态,这个过程称为树脂再生。有时洗脱过程就是再生过程。阳离子交换树脂再生多用盐酸或硫酸,阴离子交换树脂多用 NaOH 作再生液。

3.6 纯水的制备和检查

分析实验需要纯水,而且由于分析方法和分析项目的不同,所要求水的纯度也不同。使用不合乎纯度要求的水进行分析实验是得不到准确分析结果的。

3.6.1 纯水的种类、纯度和应用范围

纯水的种类、纯度和应用范围见表3-6。

表3-6 纯水的种类、纯度和应用范围

种　　类	纯度指标(25 ℃)	应用范围
蒸馏水	杂质含量不大于 $1\sim5$ mg·L^{-1} NH_4^+ 含量不大于 0.03 mg·L^{-1} CO_2 含量不大于 2.0 mg·L^{-1} pH6.5~7.5,无 Cl^-	无机合成和 有机合成用
纯水	电阻率 ρ 为 $1.0\times10^6 \sim 10\times10^6$ $\Omega\cdot cm$	化学分析用水
高纯水	电阻率 ρ 为 10×10^6 $\Omega\cdot cm$	超微量和超纯分析
去离子水	电阻率 ρ 为 $0.1\times10^6 \sim 10\times10^6$ $\Omega\cdot cm$ 含有有机物和非离子型杂质	一般分析实验用水
电导水	电阻率 ρ 为 1.0×10^6 $\Omega\cdot cm$ 不含 H^+、OH^- 以外的其他离子	测电导用水

3.6.2 纯水的制备方法

制备纯水通常采用蒸馏法、离子交换法,此外还有电渗析法。

1. 蒸馏法 用蒸馏法制备纯水的优点是操作简便,可以除去非离子杂质和离子杂质,缺点是产量低,成本高。

用蒸馏法制纯水的机理是利用杂质和水挥发性的差异,借蒸馏把水与杂质分开。

杂质有挥发性和不挥发性两种,对于不挥发性杂质,如多数无机盐、碱和某些有机化合物,可以借助蒸馏方法除去。水加热后变成水蒸气,水蒸气经过冷凝器冷却又变成水,而不挥发性杂质仍留在蒸馏器中。对于挥发性的杂质如水中的气体、挥发酚、某些有机物和一些加热易分解的盐类,单靠蒸馏是分不开的,还得另外处理。

(1) 一般蒸馏水的制备。多用内电阻加热蒸馏设备或由硬质玻璃蒸馏器、冷凝器和接收瓶组成的蒸馏装置来制备。蒸馏时，把最初蒸馏出的水（约200 mL）弃去（因含有氨等物质），当被蒸馏的水只剩原体积 1/4 时停止蒸馏，只接收中间蒸馏出的水，这种纯水叫一次蒸馏水。

(2) 纯水的制备。即二次蒸馏水或三次蒸馏水。由于一次蒸馏水含微量低沸点的杂质，不适合要求较高的实验用，所以要对一次蒸馏水进行重蒸馏，以获得二次蒸馏水或三次蒸馏水。在重蒸馏时，为抑制某些杂质的挥发，可加入适当的试剂。如用硬质玻璃蒸馏器时加入甘露醇以抑制硼的挥发；加入碱性高锰酸钾可破坏有机物，防止 CO_2 蒸出。

(3) 高纯水的制备。要制备 pH＝7 的高纯水，必须在第一次蒸馏时加入氢氧化钠与高锰酸钾，第二次蒸馏时加入磷酸（除 NH_3），第三次蒸馏时使用石英蒸馏器进行蒸馏，在整个蒸馏过程中要避免水与空气接触。

(4) 不含 CO_2 蒸馏水的制备。将蒸馏水放到锥形瓶中，加几粒玻璃珠，直接加热煮沸 0.5 h，赶走 CO_2，然后贮在装有碱石灰干燥管的瓶中。

(5) 不含酚、碘和亚硝酸的蒸馏水的制备。在一次蒸馏水中加氢氧化钠，使呈碱性，再用硬质玻璃蒸馏器蒸馏即得。采用加入活性炭的方法也可制得不含酚的蒸馏水（每升水 10～20 mg 活性炭），加入活性炭振荡后用二层定性滤纸过滤两次即得。

(6) 不含氯的蒸馏水的制备。将一次蒸馏水在硬质玻璃蒸馏器中先煮沸再进行蒸馏，收集中间馏出部分即得。

2. 离子交换法　离子交换法制备的纯水叫去离子水，它是利用离子交换树脂的离子交换作用将水中外来离子除去。此法的优点是操作简便、设备简单、出水量大、成本低。缺点是不能完全除去有机物质和非电解质。要想获得既无电解质又无非电解质和微生物等杂质的纯水，就需要将去离子水再进行蒸馏。

(1) 离子交换树脂净化水的原理。当含有 K^+、Na^+、Ca^{2+}、Mg^{2+} 等阳离子和 SO_4^{2-}、Cl^-、HCO_3^-、$HSiO_3^-$ 等阴离子的原水通过磺酸型阳离子交换树脂时，水中的阳离子为树脂吸附，而树脂上的 H^+ 被置换到水中，并和水中的阴离子组成无机酸，其反应式如下：

$$R-SO_3^- - H^+ + \begin{Bmatrix} K^+ \\ Na^+ \\ \frac{1}{2}Ca^{2+} \\ \frac{1}{2}Mg^{2+} \end{Bmatrix} \begin{Bmatrix} \frac{1}{2}SO_4^{2-} \\ Cl^- \\ HCO_3^- \\ HSiO_3^- \end{Bmatrix} = R-SO_3^- \begin{Bmatrix} K^+ \\ Na^+ \\ \frac{1}{2}Ca^{2+} \\ \frac{1}{2}Mg^{2+} \end{Bmatrix} + H^+ \begin{Bmatrix} \frac{1}{2}SO_4^{2-} \\ Cl^- \\ HCO_3^- \\ HSiO_3^- \end{Bmatrix}$$

当含有无机酸的水再通过季铵型阴离子交换树脂时，水中的阴离子也被树脂吸附，树脂上的 OH^- 被置换到水中，同水中的 H^+ 结合成水，其反应式如下：

$$R-N(CH_3)_3^+ OH^- + H^+ \begin{Bmatrix} \frac{1}{2}SO_4^{2-} \\ Cl^- \\ HCO_3^- \\ HSiO_3^- \end{Bmatrix} = R-N(CH_3)_3^+ \begin{Bmatrix} \frac{1}{2}SO_4^{2-} \\ Cl^- \\ HCO_3^- \\ HSiO_3^- \end{Bmatrix} + H_2O$$

(2) 制备去离子水的装置。实验室中常用的简易离子交换装置是用 3 根交换柱连接而成。

柱子常用玻璃或塑料管等材料制成，以聚乙烯或有机玻璃为最佳。管径和长度比为1∶10。柱的下端铺以玻璃棉，并装有瓷片或玻璃珠。装柱前要用碱或酸以及蒸馏水洗涤干净，胶塞和连接管（聚乙烯管或玻璃管）准备好。将处理好的阳离子交换树脂装入第一根柱的 2/3 处（一般不超过60 cm），将处理好的阴离子交换树脂装入第二根柱子，将处理好的阳离子交换树脂和阴离子交换树脂按1∶1.5的比例混合装入第三根柱子（装柱时注意：将树脂带水一起装入柱中，不要使树脂层出现气泡）。然后用连接管把三根柱子连接起来，如图 3-42 所示。

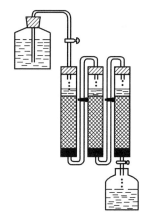

图 3-42 离子交换装置

（3）离子交换树脂的处理。市售的离子交换树脂一般都混有杂质，如有机杂质磺酸、胺类等，无机杂质铁、铜、铅、钙、镁等。而且实验室制去离子水多采用聚苯乙烯磺酸型强酸性阳离子交换树脂（如上海产品 732 型，天津产品强酸 1 号）和聚苯乙烯季铵型强碱性阴离子交换树脂（如上海产品 717 型，天津产品强碱 201 型）。前者为钠型，后者为氯型，不符合制水的离子形式要求（制水的离子形式为 H^+ 型和 OH^- 型），所以需要去杂和转型处理。

将新购的树脂（一般选择粒度在 16～50 目，含水量 35%～50%）用 20 号筛过筛后，放在烧杯中，用温水（30～40 ℃）（阴离子交换树脂在 40 ℃以上易分解）浸泡 2～3 次，每次浸泡 0.5 h，然后转移到筛网上用自来水冲洗，以洗去色素、水溶性物质和不溶性杂质，直至洗出液呈无色为止。再转移到烧杯中注入氯化钠-乙醇溶液（100 mL 乙醇中加 1 g NaCl），使液面超过树脂面 5 mL，浸泡 24 h，以除去芳香族物质和醇溶性物质，最后用自来水冲洗至无乙醇时为止。再分别对阳、阴离子交换树脂进行活化和转型处理。

① 强酸性阳离子交换树脂的处理。酸碱活化处理，将阳离子树脂用 2 mol·L^{-1} HCl 溶液浸泡 12 h，用自来水洗涤至洗出液的 pH 为 4～5。再用 2 mol·L^{-1} NaOH（或 8%NaOH）溶液浸泡 4 h，用去离子水洗至 pH 为 8～9。

转型处理：将阳离子树脂转为 H^+ 型，其反应式为

$$R-SO_3^--Na^+ + H^+-Cl^- \Longrightarrow R-SO_3^--H^+ + Na^+-Cl^-$$

将树脂用 2 mol·L^{-1} HCl 溶液浸泡 0.5 h，用去离子水冲洗至 pH 为 5。

② 强碱性阴离子交换树脂的处理。酸碱活化处理，将阴离子树脂用 2 mol·L^{-1} NaOH（或 8%NaOH）溶液浸泡 12 h，用自来水冲洗至洗出液的 pH 为 8～9，再用 2 mol·L^{-1} HCl 溶液浸泡 4 h，最后用去离子水冲洗至洗出液的 pH 为 4～5。

③ 转型处理。将阴离子树脂转为 OH^- 型，其反应式为

$$R'-N(CH_3)_3^+Cl^- + Na^+-OH^- \Longrightarrow R'-N(CH_3)_3^+OH^- + Na^+-Cl^-$$

将树脂装入柱内，用 2 mol·L^{-1} NaOH 溶液浸泡 0.5 h，排掉 NaOH，以每分钟 200 mL 的流速用去离子水淋洗，至洗出液的 pH 达到 8～9 时为止。

3.6.3 纯水质量检查

（1）测定纯水的电阻率。它是根据水中所含导电杂质与电阻率之间的关系，间接测定水纯度的一种方法。用电导仪测定水的电阻率，在 25 ℃时测出的电阻率在 $5×10^5$ Ω·cm 以上者为去离子水，见表 3-7、表 3-8。

表 3-7　国际标准化组织(ISO)纯水标准

项　目	一级水	二级水	三级水
pH(25 ℃)			5.0～7.5
电导率 σ(25 ℃)/(S·cm^{-1})	1×10^{-7}	1×10^{-6}	5×10^{-6}
电阻率 ρ(25 ℃)/(Ω·cm)	10×10^{6}	1×10^{6}	2×10^{5}
最大耗氧量 ρ_B/(mol·L^{-1})		0.08	0.4
最大吸光度(254 nm，1 cm 比色皿)	0.001	0.01	
SiO$_2$最大含量/(mol·L^{-1})	0.02	0.06	

表 3-8　各种纯度的水及其电阻率(25 ℃)

水的种类	电阻率 ρ/(Ω·cm)
自来水	1 900
纯水的理论值	18 300 000
混合床式纯水(强酸型＋强碱型树脂)	18 000 000
复合式纯水(强酸型→强碱型树脂)	1 000 000
蒸馏水(商品)	100 000
玻璃蒸馏器中蒸馏 1 次	500 000
玻璃蒸馏器中蒸馏 2 次	1 000 000
石英蒸馏器中蒸馏 3 次	2 000 000
石英蒸馏器中蒸馏 28 次	16 000 000

(2)阳离子的检查。取纯水 10 mL 于试管中，加 3～5 滴氨性缓冲溶液(pH≈10)，调节 pH 至 10 左右，再加 2～3 滴铬黑 T 溶液，摇匀，若此溶液呈天蓝色，表明此纯水无阳离子存在，若呈红色或紫红色表示有阳离子存在。

(3)pH 的检查。纯水的 pH 为 7.0。pH 小于 7.0 时，表明水中溶解的二氧化碳的含量较大；pH 大于 7.0 时，一般是由于 HCO_3^- 含量较高所致。取纯水 10 mL 加甲基红指示剂 2 滴，不显红色，另取纯水 10 mL，加溴麝香草酚蓝指示剂 5 滴，不显蓝色，即表示合格。也可以用精密 pH 试纸或 pH 计进行检查。

(4)氯离子的检查。在 10 mL 纯水中加 2～3 滴 HNO$_3$ 酸化后加 2～3 滴 0.1 mol·L^{-1}(或 1%)AgNO$_3$ 溶液，摇匀，若溶液清澈，表示氯化物含量极低，符合要求。

(5)硅含量的检查。纯水中硅含量应小于 0.05 mg·L^{-1}。将 10 mL 纯水放入 25 mL 具塞比色管中，加入 2 滴 0.5% 的对硝基酚水溶液和 2 滴 1∶7 的硫酸，混合后，若无硅存在，溶液应该是无色的。检查纯水中可溶性硅的方法：取 10 mL 纯水于试管中，加入 15 滴 1% 钼酸铵，加入 8 滴草酸和硫酸混合液(4% 草酸和 8 mol·L^{-1} 硫酸按 1∶3 比例混合)，摇匀，放置 10 min，加入 5 滴 1% 硫酸亚铁铵(新配制的)，摇匀，如溶液呈蓝色，示有硅存在，如无色示硅不存在。

用化学方法检查纯水的纯度，操作比较麻烦，不如测定溶液的电阻率间接测定水的纯度简便。所以一般都用电导仪测定纯水的电阻率来检查水的纯度。

3.6.4　离子交换树脂的再生

在制备去离子水的过程中，阳(阴)离子交换树脂上 H$^+$(OH$^-$)被交换完了以后，树脂即失去了交换水中阳(阴)离子的能力。为了恢复树脂的交换能力,就必须使树脂再生。再生操作分柱进行。

1. 强酸性阳离子交换树脂的再生　再生反应如下:

$$R-(SO_3)_2Ca+2HCl \longrightarrow R-(SO_3H)_2+CaCl_2$$

(1)逆洗。将自来水从交换柱底部通入,废水从顶部排出,将被压紧的树脂松动,洗去树脂碎粒及其他杂质,排除树脂层内气泡(因二氧化碳逸出),以利于树脂与再生液接触。洗至水清澈,时间为 15~30 min。逆洗后从下部放水至液面高出树脂层表面 10 cm 处。

(2)加酸。用 5%~10%盐酸(三级纯以上)溶液以每分钟 20~30 mL 的流速经过阳离子交换树脂柱,一般用 2 倍于树脂体积的酸液即可。

(3)正洗。先用自来水正洗,控制流速为 2 倍于加酸的流速,开始 15 min 慢些。洗至 pH 为 2~3 时,改用去离子水洗,洗至 pH 为 6.5~7.5,无阳离子存在。此再生后的树脂即可继续使用。

2. 强碱性阴离子交换树脂的再生　再生反应如下:

$$R-N(CH_3)_3^+Cl^-+NaOH \longrightarrow R-N(CH_3)_3^+OH^-+NaCl$$

(1)逆洗。方法同阳离子树脂。

(2)加碱。用 8%的 NaOH 溶液从柱顶加入,控制流速,使碱液(2 倍于树脂体积)在 1 h 左右加完。

(3)正洗。先用自来水从柱顶通入,流速为 2 倍于加碱的流速,开始 15 min 慢些。洗至 pH=11 后,改为去离子水洗,洗至 pH=7.0,无氯离子,表示再生结束,可继续使用。

离子交换树脂使用过久,被色素、有机物等严重污染时,若还按常规再生处理,效果不佳,这时可先用 25%NaCl 溶液浸泡,使其活化,而后再用酸、碱处理,这样效果较好。

3. 混合树脂的再生　混合树脂的再生可采用分别再生法或直接在混合柱内再生法。分别再生法:将混合树脂从柱中倒入大烧杯中,加入饱和氯化钠溶液,充分搅拌,阴离子树脂轻浮在上面,阳离子树脂重沉在下面。将它们分开,分别装柱,用自来水洗去 NaCl 后,再生处理同前。

值得注意的是,再生操作不能间断,以免再生剂与某些阳离子生成沉淀而使柱内树脂受到堵塞。另外,不可将柱中水放到树脂层以下,以免树脂之间产生气泡,影响流速。

第4章 酸碱滴定实验

4.1 酸碱标准溶液的比较滴定

4.1.1 目的要求

(1) 学习、掌握滴定分析常用玻璃仪器的洗涤方法。
(2) 学习酸碱滴定管、移液管的使用方法及注意事项。
(3) 初步掌握甲基橙、酚酞指示剂确定滴定终点的方法。
(4) 练习滴定分析的基本操作技术。

4.1.2 实验原理

酸标准溶液通常用盐酸或硫酸来配制。因为盐酸不会破坏指示剂,同时大多数氯化物易溶于水,稀盐酸又比较稳定,所以多数用盐酸来配制。当样品需要过量的标准酸共同煮沸时,以硫酸标准溶液为好,尤其标准酸浓度大时,更应如此。

碱标准溶液常用 NaOH 或 KOH,也可用 $Ba(OH)_2$ 来配制。NaOH 标准溶液应用最多,但它易吸收空气中的 CO_2 和水分,并能腐蚀玻璃,所以长期保存要放在塑料瓶中。

由于浓 HCl 和 NaOH 不够稳定,也不易获得纯品,所以用间接法来配制其标准溶液。$0.1\ mol \cdot L^{-1}$ HCl 溶液和 $0.1\ mol \cdot L^{-1}$ NaOH 溶液相互滴定时,所发生的滴定反应为

$$H^+ + OH^- \Longrightarrow H_2O$$

化学计量点时,酸碱作用完全,溶液的组成为 NaCl 和 H_2O,溶液的pH=7.00,滴定的 pH 突跃范围为 4.30~9.70,选用在 pH 突跃范围内变色的指示剂,可以保证测定有足够的准确度。甲基橙的变色范围是 3.1(红)~4.4(黄),酚酞的变色范围是 8.0(无色)~10.0(红)。在指示剂不变的情况下,所消耗的酸碱体积比[$V(HCl)/V(NaOH)$]是一定的,改变被滴定溶液的体积,体积比基本不变。据此,可以检验滴定分析操作技术和用指示剂判断终点的能力。

4.1.3 主要仪器和试剂

仪器:10 mL 或 50 mL 酸碱滴定管,100 mL 锥形瓶,250 mL 烧杯,洗瓶,5 mL 移液管,滴管,洗耳球。

试剂:$0.1\ mol \cdot L^{-1}$ HCl 溶液和 $0.1\ mol \cdot L^{-1}$ NaOH 溶液,甲基橙指示剂(0.2%或0.02%甲基橙水溶液),酚酞指示剂(0.2%或0.04%的酚酞乙醇溶液)。

4.1.4 实验步骤

【半微量分析法】

将 0.1 mol·L^{-1} HCl 溶液和 0.1 mol·L^{-1} NaOH 溶液分别装入酸式和碱式滴定管中(注意:装管前一定要用所装溶液润洗 3 次),将酸碱滴定管中的气泡赶掉,把液面调至"0.00"刻度处。

1. 甲基橙指示剂终点的确定 用移液管准确移取 5.00 mL NaOH 标准溶液于 100 mL 锥形瓶中,加 1 滴甲基橙指示剂,摇匀,用 0.1 mol·L^{-1} HCl 溶液滴定,边滴定边不停地旋摇锥形瓶,使之充分反应。并注意观察溶液的颜色变化。刚开始滴定速度可稍快些,在接近化学计量点时,速度应减慢,要一滴一滴地加入,甚至半滴半滴加入,当滴下的 HCl 使溶液的颜色突然由黄色变为橙色时,表示已达滴定终点。拿下滴定管,读数。如果溶液由黄色变为红色,说明终点过了,可以用 NaOH 溶液回滴,溶液显橙色为终点。如果溶液由红色又变为黄色,说明终点又过了,还需要再用 HCl 溶液滴定,这样反复滴定,达到能准确控制终点的目的。

2. 酚酞指示剂终点的确定 用移液管准确移取 5.00 mL HCl 标准溶液于锥形瓶中,加 1~2 滴酚酞指示剂,溶液显无色,摇匀,用 0.1 mol·L^{-1} NaOH 溶液滴定至溶液变为淡粉色,30 s 内颜色不退净,示为终点。拿下滴定管,读数。如果滴定到溶液的红色较深,说明终点已过,应该用 HCl 溶液回滴,滴定至无色,然后再用 NaOH 溶液滴定至淡粉色,30 s 内颜色不退净,示为终点。

3. 酸滴定碱 用移液管准确移取 5.00 mL NaOH 标准溶液于锥形瓶中,加 1 滴甲基橙指示剂,摇匀。用 HCl 标准溶液滴定,要求准确滴到终点(橙色),不要回滴。重复操作 3~5 次,记录消耗 HCl 溶液的体积。选择 2 次滴定结果计算出它们的体积比(两次所用体积之差不超过 0.04 mL)。

4. 碱滴定酸 用移液管准确移取 5.00 mL HCl 标准溶液于锥形瓶中,加 1~2 滴酚酞指示剂,溶液呈无色,摇匀,用 0.1 mol·L^{-1} NaOH 溶液滴定至淡粉色,30 s 内颜色不退净,示为终点。重复操作 3~5 次,记录消耗 NaOH 溶液的体积。选择 2 次滴定结果计算出它们的体积比(两次所用体积之差不超过 0.04 mL)。

【常量分析法】

1. 按基本操作介绍的要求,对所用的仪器进行洗涤装液,赶气泡。
2. 调节操作溶液的液面在"0"刻度附近(最好在"0"刻度上)。

3. 0.1 mol·L^{-1} HCl 溶液滴定 0.1 mol·L^{-1} NaOH 溶液。由碱式滴定管中缓慢放出 0.1 mol·L^{-1} NaOH 溶液 25 mL 左右至洁净的 250 mL 锥形瓶中,加入 1~2 滴甲基橙指示剂,用 0.1 mol·L^{-1} HCl 溶液滴定。滴定开始时速度以每秒 3~4 滴为宜,边滴边观察溶液颜色的变化,接近终点时,速度要减慢,再一滴一滴地加,直到加入一滴或半滴,使溶液由黄色变成橙色,即为滴定终点。如滴定过量,溶液颜色为红色,此时可在锥形瓶中滴入少量 NaOH 溶液,溶液由红色变成黄色,再由酸式滴定管中滴加少量 HCl 溶液,使溶液由黄色变成橙色,如此反复练习滴定操作和观察终点。读准最后所用的 HCl 和 NaOH 溶液的体积,并求出滴定时,两溶液的体积比 $V(HCl)/V(NaOH)$。要求平行滴定 2~3 次。

4. 0.1 mol·L^{-1} NaOH 溶液滴定 0.1 mol·L^{-1} HCl 溶液。由酸式滴定管放出 0.1 mol·L^{-1} HCl

溶液 25 mL 左右于另一只 250 mL 锥形瓶中，加入 1～2 滴酚酞指示剂，用 0.1 mol·L^{-1} NaOH 溶液滴定至微红，30 s 不退色，即为终点。向锥形瓶中再滴入几滴酸溶液退至无色，再由碱式滴定管滴入 NaOH 至终点。如此反复练习。最后读取所用 NaOH 和 HCl 溶液的体积，如此平行滴定 2～3 次。

4.1.5　注意事项

(1)玻璃仪器使用前要按程序洗涤干净。
(2)滴定时每次要从零刻度开始，以消除滴定管刻度不均匀所产生的系统误差。
(3)滴定近终点时，要用洗瓶润洗锥形瓶颈内壁，使滴入的标准溶液完全反应。

4.1.6　问题与思考

(1)玻璃仪器使用前应如何洗涤？
(2)滴定管在装标准溶液前为什么要用标准溶液润洗 3 次？滴定用的锥形瓶要不要润洗？为什么？
(3)滴定时为什么每次要从零刻度开始？
(4)滴定管使用的步骤是什么？使用时应注意什么？
(5)移液管使用的步骤是什么？使用时应注意什么？
(6)为什么用 HCl 溶液滴定 NaOH 时选用甲基橙指示剂，而用 NaOH 滴定 HCl 溶液时选用酚酞指示剂？
(7)在滴定分析中，测量体积的误差主要取决于哪些因素？

4.2　HCl 标准溶液的标定

4.2.1　目的要求

(1)掌握酸标准溶液的标定方法。
(2)学习容量瓶的使用方法及注意事项。
(3)熟悉差减法的称量方法。
(4)能够用甲基橙指示剂准确地判断滴定终点。

4.2.2　实验原理

标定是准确测定标准溶液浓度的操作过程。间接法配制的标准溶液的浓度是近似浓度，需要标定出准确浓度后才能使用。

标定 HCl 标准溶液的基准物质有无水碳酸钠、硼砂等，这两种物质相比较，硼砂更好些，因为它的摩尔质量大，称量误差小。

用无水碳酸钠标定 HCl 溶液的反应如下：
$$Na_2CO_3 + 2HCl = 2NaCl + CO_2\uparrow + H_2O$$

当反应达化学计量点时，溶液 pH 为 3.9，pH 突跃范围为 3.5～5.0，可用甲基橙或甲基红作指示剂。

用硼砂($Na_2B_4O_7 \cdot 10H_2O$)标定 HCl 溶液的反应如下：

$$Na_2B_4O_7 + 2HCl + 5H_2O = 4H_3BO_3 + 2NaCl$$

当反应达化学计量点时,反应产物为 H_3BO_3($K_{a_1}=5.8\times10^{-10}$),溶液的 pH 为 5.1,应选择甲基橙或甲基红作指示剂。由反应式可知 $Na_2B_4O_7\cdot10H_2O$ 的基本单元为 $1/2Na_2B_4O_7\cdot10H_2O$。

4.2.3 主要仪器和试剂

仪器:台秤,分析天平,50 mL 或 10 mL 酸式与碱式滴定管,25 mL 或 5 mL 移液管,100 mL 容量瓶,250 mL 或 100 mL 锥形瓶,250 mL 或 50 mL 烧杯,10 mL 和 50 mL 量筒,500 mL 细口试剂瓶,滴管,洗耳球,玻棒,洗瓶等。

试剂:浓盐酸(密度 1.19 g·mL^{-1}),硼砂(A.R 或再结晶),氢氧化钠固体,草酸(A.R),硼砂(A.R 或再结晶),甲基红指示剂(0.2%)或 0.02% 甲基橙水溶液,0.1 mol·L^{-1} HCl 溶液。

4.2.4 实验步骤

【半微量分析法】

1. 硼砂标准溶液的配制　用差减法准确称取 2.0 g 左右硼砂,放入 50 mL 烧杯中,加约 20 mL 热蒸馏水溶解,待溶液冷却后,转入 100 mL 容量瓶中,用蒸馏水润洗烧杯内壁和玻棒 3~4 次,洗液全部转入容量瓶中,加蒸馏水至 2/3 体积时,将容量瓶拿起,向同一方向摇动几周使溶液初步混匀(切勿倒置容量瓶)。然后用蒸馏水定容至刻度,摇匀,备用。

2. 0.1 mol·L^{-1} HCl 标准溶液的标定　用洁净干燥的移液管(或用吸取的溶液润洗 3 次的移液管)移取硼砂溶液 5.00 mL 于 100 mL 锥形瓶中,加 1 滴甲基橙指示剂,用 0.1 mol·L^{-1} HCl 溶液滴定。开始滴定速度可以稍快些,近化学计量点时速度要慢,一滴一滴地加入,并不断摇动,当溶液突然由黄色变为橙色时,表示已达终点,立即停止滴定,记录消耗 HCl 溶液的体积。将酸式滴定管里的 HCl 溶液再充满,按上述步骤,重复测定 3~5 次,选择所用体积相差不超过 0.04 mL 的两次消耗 HCl 溶液的体积,计算结果。

【常量分析法】

1. 0.1 mol·L^{-1} HCl 溶液的配制　用 10 mL 量筒取浓盐酸 4.5 mL,倒入 500 mL 烧杯中,加蒸馏水稀释到 500 mL 左右,搅拌摇匀后,贮于细口试剂瓶中,贴上标签备用。

2. HCl 标准溶液的标定　准确称取硼砂($Na_2B_4O_7\cdot10H_2O$)约 4.7 g 于烧杯中,加蒸馏水约 50 mL 使之溶解(必要时可稍加热促进溶解,并冷却至室温)。然后转入 250 mL 容量瓶中,用少量水淋洗烧杯及玻璃棒 3~4 次,一并转入容量瓶中,加水稀释至刻度,摇匀备用。

用移液管吸取 25.00 mL 硼砂溶液于锥形瓶中,加入 2~3 滴甲基红指示剂,用配制的盐酸溶液滴定至溶液由黄色变为橙色,即为滴定终点。平行滴定 2~3 次。计算 HCl 标准溶液的浓度。

4.2.5 计算公式

$$c(1/2Na_2B_4O_7\cdot10H_2O) = \frac{m\times10^3}{M(1/2\ Na_2B_4O_7\cdot10H_2O)\times100.0}$$

$$M(1/2\ Na_2B_4O_7\cdot10H_2O) = 1/2\times381.37 = 190.7\ \text{g·mol}^{-1}$$

式中，m 为称取硼砂的质量。

$$c(\text{HCl}) = \frac{c(1/2\,\text{Na}_2\text{B}_4\text{O}_7 \cdot 10\text{H}_2\text{O}) \times V(\text{Na}_2\text{B}_4\text{O}_7 \cdot 10\text{H}_2\text{O})}{V(\text{HCl})}$$

或

$$c(\text{HCl}) = \frac{2m(\text{Na}_2\text{B}_4\text{O}_7 \cdot 10\text{H}_2\text{O})}{M(\text{Na}_2\text{B}_4\text{O}_7 \cdot 10\text{H}_2\text{O}) \times V(\text{HCl})} \times \frac{25.00\,\text{mL}}{250.0\,\text{mL}}$$

4.2.6 注意事项

(1) 用热蒸馏水溶解的硼砂，要冷却至室温后，才能转移到容量瓶中。
(2) 滴定时每次要从零刻度开始，以消除滴定管刻度不均匀所产生的系统误差。
(3) 用操作液润洗移液管时，要把移液管外壁擦干，内壁的水吹出。
(4) 滴定近终点时，要用洗瓶润洗锥形瓶颈内壁，使滴入的 HCl 溶液完全反应。

4.2.7 问题与思考

(1) 什么是差减法？用差减法进行称量时应注意什么？
(2) 差减法准确称取 2.0 g 左右硼砂应记录至小数点后几位？
(3) 称量硼砂的质量不同对测定结果有何影响？
(4) 溶解硼砂时，所加入蒸馏水的体积是否一定要很准确？
(5) HCl 标准溶液用什么方法配制？为什么？
(6) 基准物质称取的质量是怎样计算出来的？
(7) 标定 HCl 用的硼砂若部分失去 H_2O，会使测定结果偏高还是偏低？
(8) 容量瓶使用的步骤是什么？使用时应注意什么？

4.3 NaOH 标准溶液的标定

4.3.1 目的要求

(1) 了解基准物质邻苯二甲酸氢钾的性质及其应用。
(2) 掌握 NaOH 标准溶液的标定方法及保存要点。
(3) 掌握强碱滴定弱酸的滴定过程、突跃范围及指示剂的选择。

4.3.2 实验原理

NaOH 具有很强的吸湿性，易吸收空气中的 CO_2，因此 NaOH 标准溶液应用间接法配制。标定 NaOH 溶液的基准物质有 $H_2C_2O_4 \cdot 2H_2O$、KHC_2O_4、邻苯二甲酸氢钾($KHC_8H_4O_4$，简写 KHP)等。其中邻苯二甲酸氢钾易制得纯品，不含结晶水，不吸潮，容易保存，摩尔质量大，是标定碱较理想的基准物质。

用邻苯二甲酸氢钾标定 NaOH 溶液的反应如下：

$$KHC_8H_4O_4 + NaOH = KNaC_8H_4O_4 + H_2O$$

邻苯二甲酸的 $pK_{a_2} = 5.41$，化学计量点的产物为二元弱碱，pH 约为 9.1，因此可选酚酞作指示剂。由反应式可知邻苯二甲酸氢钾的基本单元为 $KHC_8H_4O_4$，摩尔质量 $M(KHC_8H_4O_4) = 204.22\,\text{g} \cdot \text{mol}^{-1}$。

用草酸标定 NaOH，由于草酸是二元弱酸（$K_{a_1}=5.9\times10^{-2}$，$K_{a_2}=6.4\times10^{-5}$），用 NaOH 滴定时，草酸分子中的两个 H^+ 一次被 NaOH 滴定，标定反应为

$$2NaOH + H_2C_2O_4 = Na_2C_2O_4 + 2H_2O$$

计量点时，溶液略偏碱性（pH 约 8.4），pH 突跃范围为 7.7～10.0，可选用酚酞作指示剂。

4.3.3 主要仪器和试剂

仪器：分析天平，50 mL 或 10 mL 酸式与碱式滴定管，25 mL 或 5 mL 移液管，250 mL 或 100 mL 容量瓶，250 mL 或 100 mL 锥形瓶，250 mL 或 50 mL 烧杯，10 mL 和 50 mL 量筒，滴管，洗耳球，玻棒，洗瓶等。

试剂：邻苯二甲酸氢钾（$KHC_8H_4O_4$）（在 100～125 ℃干燥后备用），酚酞指示剂（0.2% 或 0.04% 的酚酞乙醇溶液），0.1 mol·L^{-1} NaOH 溶液，氢氧化钠固体，草酸（A.R）。

4.3.4 实验步骤

【半微量分析法】

1. 邻苯二甲酸氢钾标准溶液的配制 用差减法准确称取 2.0 g 左右的邻苯二甲酸氢钾，放入 50 mL 烧杯中，加约 20 mL 热蒸馏水溶解，待溶液冷却后，转入 100 mL 容量瓶中，用蒸馏水润洗烧杯内壁和玻棒 3～4 次，洗液全部转入容量瓶中，经初混后，定容，摇匀，备用。

2. 0.1 mol·L^{-1} NaOH 标准溶液的标定 用洁净干燥的移液管（或用吸取的溶液润洗 3 次的移液管）移取邻苯二甲酸氢钾溶液 5.00 mL 于 100 mL 锥形瓶中，加入 1～2 滴酚酞指示剂，用 NaOH 标准溶液滴定至溶液呈现淡粉色，30 s 内颜色不退净，即为终点。将碱式滴定管里的 NaOH 溶液再充满，按上述步骤，重复测定 3～5 次，记录每次消耗 NaOH 的体积。选择两次所用体积相差不超过 0.04 mL 的 NaOH 的体积，计算结果。

【常量分析法】

NaOH 溶液的标定：

1. 用草酸标定 准确称取 0.12～0.19 g $H_2C_2O_4·2H_2O$ 3 份，分别置于 250 mL 锥形瓶中，加 30 mL 蒸馏水溶解后，加 2～3 滴酚酞指示剂，用 NaOH 标准溶液滴定至浅粉色，半分钟不退色，即为终点。平行滴定 2～3 次。计算 NaOH 标准溶液的浓度。

2. 与 HCl 标准溶液比较滴定 用移液管吸取 25.00 mL HCl 标准溶液于锥形瓶中，加入 2～3 滴酚酞指示剂，用配制的 NaOH 溶液滴定至刚出现微红色，半分钟不退色，即为终点。平行滴定 2～3 次。计算 NaOH 标准溶液的浓度。

4.3.5 计算公式

$$c(KHP) = \frac{m \times 10^3}{M(KHP) \times 100.0}$$

式中，m 为称取邻苯二甲酸氢钾的质量。

$$c(NaOH) = \frac{c(KHP) \times V(KHP)}{V(NaOH)}$$

或

$$c(\text{NaOH}) = \frac{2m(\text{H}_2\text{C}_2\text{O}_4 \cdot 2\text{H}_2\text{O})}{M(\text{H}_2\text{C}_2\text{O}_4 \cdot 2\text{H}_2\text{O}) \times V(\text{NaOH})}$$

$$c(\text{NaOH}) = \frac{V(\text{HCl})}{V(\text{NaOH})} \times c(\text{HCl})$$

4.3.6 注意事项

(1)碱式滴定管滴定前要赶净气泡，滴定过程中要防止产生气泡。
(2)滴定时每次要从零刻度开始，以消除滴定管刻度不均匀所产生的系统误差。
(3)用热蒸馏水溶解的邻苯二甲酸氢钾要冷却至室温后，才能转移到容量瓶中。
(4)滴定速度要均匀，适当快些，以防止 CO_2 对滴定的影响。

4.3.7 问题与思考

(1)常用的标定 NaOH 标准溶液的基准物质有哪几种？本实验选用的基准物质是什么？与其他基准物质比较，它有什么显著的优点？
(2)基准物质称取的质量是怎样计算出来的？
(3)称取 NaOH 和邻苯二甲酸氢钾各用什么天平？为什么？
(4)用邻苯二甲酸氢钾标定 NaOH，化学计量点的 pH 是多少(写出计算公式)？应选用什么指示剂？
(5)CO_2 对测定是否有影响？应如何消除？
(6)若使用的碱式滴定管滴定前未赶净气泡，会使测定结果偏高还是偏低？
(7)若使用的碱式滴定管滴定过程中产生气泡，会使测定结果偏高还是偏低？
(8)标定 NaOH 溶液时，用酚酞作指示剂，终点为淡粉色，30 s 内颜色不退净。如果经较长时间颜色会慢慢退去，为什么？

4.4 铵盐中氮含量的测定(甲醛法)

4.4.1 目的要求

(1)掌握甲醛法测定铵盐中氮含量的测定原理。
(2)进一步学习移液管和容量瓶的使用方法和注意事项。
(3)熟悉置换滴定方式的操作技术。
(4)学习用混合指示剂正确地判断滴定终点。

4.4.2 实验原理

铵盐中的氮以铵根离子(NH_4^+)的形式存在。NH_4^+ 是一元弱酸($K_a = 5.6 \times 10^{-10}$)，不能用 NaOH 标准溶液直接滴定，可以用蒸馏法或甲醛法进行测定，常用的是甲醛法。

将铵盐与甲醛作用，生成定量的酸和六次甲基四胺盐$(CH_2)_6N_4H^+$，这一定量的酸用 NaOH 标准溶液滴定。反应如下：

$$4NH_4^+ + 6HCHO \Longrightarrow (CH_2)_6N_4H^+ + 3H^+ + 6H_2O$$

$$H^+ + OH^- \Longrightarrow H_2O$$

$$(CH_2)_6N_4H^+ + OH^- \Longrightarrow (CH_2)_6N_4 + H_2O$$

六次甲基四胺$(CH_2)_6N_4$为弱碱，$K_b = 1.4 \times 10^{-9}$，化学计量点时溶液的pH约为8.9，选用酚酞作指示剂。铵盐与甲醛的反应在室温条件下进行得比较慢，所以加甲醛后需要放置几分钟使反应完全。

甲醛中常含有少量因其本身被空气氧化而生成的甲酸，使用前须以酚酞为指示剂，用稀NaOH溶液中和除去，否则将使结果偏高。

同样，如果铵盐中含有游离酸，应做空白实验，扣除空白值，否则将使结果偏高。

4.4.3 主要仪器和试剂

仪器：分析天平，50 mL或10 mL酸式与碱式滴定管，25 mL或5 mL移液管，250 mL或100 mL容量瓶，250 mL或100 mL锥形瓶，250 mL或50 mL烧杯，10 mL和50 mL量筒，滴管，洗耳球，玻棒，洗瓶等。

试剂：$0.1000 \text{ mol} \cdot L^{-1}$ NaOH溶液，1:1甲醛(A.R)(用酚酞作指示剂中和游离酸)，0.2%或0.05%甲基红指示剂，酚酞指示剂(0.2%或0.04%的酚酞乙醇溶液)。

NaOH标准溶液(浓度为$0.1 \text{ mol} \cdot L^{-1}$左右)，甲基红指示剂(0.2%)，中性甲醛溶液(1:1或20%)，$(NH_4)_2SO_4$样品。

4.4.4 实验步骤

【半微量分析法】

1. 铵盐试液的制备 准确称量$(NH_4)_2SO_4$(或其他铵盐样品)0.8 g左右，放入小烧杯中，加约20 mL蒸馏水，待溶解完全后，全部转入100 mL容量瓶中，用蒸馏水润洗烧杯内壁和玻棒3~4次，洗液全部转入容量瓶中，加蒸馏水至2/3体积时，将容量瓶拿起，向同一方向摇动几周使溶液初步混匀(切勿倒置容量瓶)。然后用蒸馏水定容至刻度，摇匀，备用。

2. $(NH_4)_2SO_4$中氮的测定 用移液管准确移取5.00 mL$(NH_4)_2SO_4$试液于100 mL锥形瓶中。加2~3滴甲基红指示剂，用NaOH标准溶液滴定至溶液由红变黄色(约1滴NaOH)，表示试液中游离酸已除掉(不记NaOH体积)。然后加入2 mL甲醛(1:1)，溶液由黄又变红(为什么)，再加入2滴酚酞指示剂，摇匀，静置1 min后，用NaOH标准溶液滴定(记录初始读数)。由于溶液中加了两种指示剂，所以滴定过程中溶液颜色的变化为

红色 → 橙色 → 黄色 → 金黄色 → 红色
pH<4.4　　5.0　　>6.2　　8.7　　>10
　　　　　　　　　　　甲基红和酚酞
甲基红色—————————→混合色　　酚酞色

金黄色(近橙色)30 s颜色不退净即为终点。记录最终读数。重复测定3~5次，选择两次所用体积相差不超过0.04 mL的NaOH的体积，计算结果。

【常量分析法】

准确称取硫酸铵样品0.6~0.7 g于烧杯中，加约50 mL蒸馏水使之溶解，定量转移到100 mL容量瓶中，加水稀释至刻度，摇匀。

移取上述溶液25.00 mL于锥形瓶中，加入5 mL 20%的中性甲醛溶液，摇匀后放置

2 min，加 2 滴酚酞指示剂，用 NaOH 标准溶液滴定至微红色，半分钟不退色为终点。平行滴定 2~3 次。计算铵盐试样中含氮量。

4.4.5 计算公式

$$w(\text{N}) = \frac{c(\text{NaOH}) \times V(\text{NaOH}) \times M(\text{N}) \times 10^{-3}}{m} \times \frac{100.0}{5.00} \times 100\%$$

$$M(\text{N}) = 14.0067 \text{ g·mol}^{-1}$$

或

$$w(\text{N}) = \frac{c(\text{NaOH}) \times V(\text{NaOH}) \times M(\text{N})}{m_s} \times \frac{100.0 \text{ mL}}{25.00 \text{ mL}}$$

4.4.6 注意事项

(1)碱滴定管滴定前要赶净气泡，滴定过程中要防止产生气泡。
(2)滴定时每次要从零刻度开始，以消除滴定管刻度不均匀所产生的系统误差。
(3)由于滴定过程中颜色变化复杂，所以终点颜色判断一定要正确。不要把第一次出现的橙色误认为终点。
(4)用酚酞和甲基红混合指示剂时，终点为金黄色，30 s 内颜色不退净。如果经较长时间颜色慢慢退去，是由于溶液吸收了空气中的 CO_2 生成 H_2CO_3 所致。

4.4.7 问题与思考

(1)铵盐中氮的测定为什么不采用 NaOH 标准溶液直接滴定？
(2)测定铵盐中氮的含量可用什么方法？各有什么优缺点？
(3)甲醛法测定铵盐中氮含量的原理是什么？用什么做标准溶液？属于什么滴定方式？
(4)甲醛法测定铵盐中氮的含量，化学计量点的 pH 是多少？应选用什么指示剂？终点的颜色是什么？
(5)甲醛法测定铵盐中氮的含量，为什么事先需要除去游离酸？怎样除掉？
(6)甲醛法测定铵盐中氮的含量，若加入甲醛后立即滴定，会使测定结果偏高还是偏低？
(7)为什么中和甲醛中的游离酸用酚酞作指示剂，而中和铵盐样品中的游离酸则用甲基红作指示剂？
(8)NH_4Cl、$CO(NH_2)_2$、NH_4HCO_3 中氮含量的测定能否用甲醛法？
(9)蒸馏法用过量 HCl 标准溶液吸收后，用 NaOH 标准溶液返滴定剩余的 HCl，属于什么滴定方式？
(10)蒸馏法用 H_3BO_3 吸收后，用 HCl 标准溶液滴定属于什么滴定方式？

4.5 食醋中总酸度的测定

4.5.1 目的要求

(1)掌握食醋总酸度的测定原理和方法。
(2)掌握强碱滴定弱酸的滴定过程、突跃范围及指示剂的选择。
(3)能够用酚酞指示剂准确地判断滴定终点。

4.5.2 实验原理

食醋的主要成分是醋酸，此外，还有少量其他有机酸，如乳酸。因醋酸的 $K_a=1.8\times10^{-5}$，乳酸的 $K_a=1.4\times10^{-5}$，都能满足 $cK_a\geqslant10^{-8}$ 的滴定条件，故均可被碱标准溶液直接滴定。所以实际测得的结果是食醋中总酸度。因醋酸含量多，故常用醋酸含量表示。滴定反应为

$$OH^- + HAc = H_2O + Ac^-$$

此滴定属于强碱滴定弱酸，化学计量点时溶液的 pH 为 8.7，故可选用酚酞作指示剂。整个操作过程中注意消除 CO_2 的影响。

4.5.3 主要仪器和试剂

仪器：分析天平，50 mL 或 10 mL 酸式与碱式滴定管，25 mL 或 5 mL 移液管，250 mL 或 100 mL 锥形瓶，250 mL 或 100 mL 容量瓶，250 mL 或 50 mL 烧杯，10 mL 和 50 mL 量筒，滴管，洗耳球，玻棒，洗瓶等。

试剂：$0.1000\ mol\cdot L^{-1}$ NaOH 标准溶液，酚酞指示剂（0.2% 或 0.04% 的酚酞乙醇溶液），食醋样品。

4.5.4 实验步骤

【半微量分析法】

用移液管准确移取稀释好的食醋试液 5.00 mL 放入锥形瓶中，加 2 滴酚酞指示剂，用 NaOH 标准溶液滴定至溶液由无色变为淡粉色，保持 30 s 内颜色不退净，示为终点。记录消耗 NaOH 溶液的体积。重复测定 3~5 次，选择两次所用体积相差不超过 0.04 mL 的 NaOH 的体积，计算结果。

【常量分析法】

用 10 mL 移液管移取 10.00 mL 食醋试液于 100 mL 容量瓶中，加水稀释至刻度，摇匀。移取上述溶液 25.00 mL 于锥形瓶中，加 2 滴酚酞指示剂，用 NaOH 标准溶液滴定至微红色，半分钟不退色为终点。计算食醋原试液中的总酸量，用 $\rho(HAc)$ 表示。

4.5.5 计算公式

$$\rho(HAc)/(g\cdot 100\ mL^{-1}) = c(NaOH)\times V(NaOH)\times M(HAc)\times 10^{-3}\times \frac{100.0}{5.00}$$

$$M(HAc) = 60.05\ g\cdot mol^{-1}$$

4.5.6 注意事项

(1) 因食醋本身有很浅的颜色而终点颜色又不够稳定，所以滴定终点要注意观察和控制。

(2) 碱式滴定管滴定前要赶净气泡，滴定过程中要防止产生气泡。

(3) NaOH 标准溶液滴定 HAc 属强碱滴定弱酸，CO_2 的影响严重，注意除去所用碱标准溶液和蒸馏水中的 CO_2。

4.5.7 问题与思考

（1）用 NaOH 标准溶液测定醋酸，化学计量点时的 pH 为多少？pH 突跃范围为多少？
（2）测定食醋含量时，为什么选用酚酞指示剂？改用甲基橙指示剂结果如何？
（3）酚酞指示剂由无色变为淡粉色时，溶液的 pH 为多少？由此产生的是正误差还是负误差？
（4）用 NaOH 标准溶液测定食醋，实际测得的结果是什么？
（5）用 NaOH 标准溶液测定食醋时，若滴定速度太慢，会使测定结果偏高还是偏低？
（6）以此实验为例说明 CO_2 对酸碱滴定的影响和消除办法。

4.6 果蔬中总酸度的测定

4.6.1 目的要求

（1）了解果蔬中总酸度的测定原理。
（2）掌握多元酸的测定方法和操作技术。

4.6.2 实验原理

果蔬及其加工品中所含的酸为有机酸（包括苹果酸、柠檬酸、酒石酸和草酸等），可用碱标准溶液直接滴定。由于滴定产物为弱碱，滴定到化学计量点时溶液呈碱性，应选用酚酞指示剂。因为 CO_2 的存在会多消耗碱标准溶液，产生正误差，故应将蒸馏水先煮沸，待冷却后立即使用，以消除 CO_2 的影响。测定出的酸为总酸度，计算时以该果蔬所含主要酸来表示。如苹果、梨、桃、杏、李子、番茄、莴苣主要含苹果酸，以苹果酸计，柑橘类以柠檬酸计，葡萄以酒石酸计等。

4.6.3 主要仪器和试剂

仪器：分析天平，50 mL 碱式滴定管，25 mL 移液管，250 mL 锥形瓶，100 mL 烧杯，滴管，洗耳球，玻棒，洗瓶，打浆机，过滤装置等。

试剂：$0.1000\ mol \cdot L^{-1}$ NaOH 标准溶液，酚酞指示剂（0.1%的酚酞乙醇溶液），果蔬样品。

4.6.4 实验步骤

1. NaOH 标准溶液的标定　见实验 4.3。
2. 果蔬总酸度的测定　在 100 mL 烧杯中称取粉碎并混合均匀的果蔬样品 20.00 g，用蒸馏水将试样移入 250 mL 容量瓶中定容，摇匀。用干滤纸滤入干燥烧杯中，用移液管移取 50.00 mL 滤液于 250 mL 锥形瓶中，加酚酞指示剂 2~3 滴，用 $0.1000\ mol \cdot L^{-1}$ NaOH 标准溶液滴定至淡粉色，30 s 内颜色不退净即为终点。记录消耗 NaOH 的体积。重复测定 2~3 次，计算结果。

4.6.5 计算公式

$$w(酸度) = \frac{c(\text{NaOH}) \times V(\text{NaOH}) \times K}{m_{样}} \times \frac{250.0}{50.00} \times 100\%$$

式中，K 为换算系数（即毫摩尔质量，$g \cdot mmol^{-1}$）：苹果酸——0.067；柠檬酸——0.064；酒石酸——0.075；乳酸——0.090。

4.6.6 注意事项

(1) 选样要有代表性。
(2) 如果试液本身有色会干扰终点观察，可用活性炭脱色。
(3) 碱式滴定管滴定前要赶净气泡，滴定过程中要防止产生气泡。
(4) NaOH 标准溶液滴定果酸属于强碱滴定弱酸，CO_2 的影响严重，注意除去所用碱标准溶液和蒸馏水中的 CO_2。

4.6.7 问题与思考

(1) 过滤时为什么要用干漏斗和干烧杯？如有水存在对测定有何影响？
(2) 为什么要用刚煮沸并冷却的蒸馏水？
(3) 如果 NaOH 标准溶液吸收了空气中的 CO_2，对测定结果有何影响？
(4) 苹果酸、柠檬酸、酒石酸和草酸等多元酸能否用 NaOH 标准溶液分步滴定？

4.7 蛋壳中碳酸钙含量的测定

4.7.1 目的要求

(1) 掌握蛋壳中碳酸钙含量的测定原理和方法。
(2) 熟悉返滴定法的操作技术。
(3) 了解实际试样的处理（粉碎、过筛）方法。

4.7.2 实验原理

蛋壳的主要成分是 $CaCO_3$，将其研碎后溶于过量的 HCl 标准溶液中，发生如下反应：

$$CaCO_3 + 2HCl = CaCl_2 + H_2CO_3$$

剩余的 HCl 用 NaOH 标准溶液回滴，根据所加入 HCl 标准溶液的浓度和体积及回滴使用的 NaOH 体积，即可测定出蛋壳中碳酸钙的含量。滴定反应为

$$HCl + NaOH = NaCl + H_2O$$

4.7.3 主要仪器和试剂

仪器：分析天平，10 mL 酸碱滴定管，5 mL 移液管，100 mL 锥形瓶，50 mL 烧杯，滴管，洗耳球，玻棒，洗瓶等。

试剂：$0.5000 \text{ mol} \cdot L^{-1}$ HCl 和 NaOH 标准溶液，0.2% 甲基橙指示剂，蛋壳。

4.7.4 实验步骤

1. HCl 标准溶液的标定 见实验 4.2。
2. NaOH 标准溶液的标定 见实验 4.3。
3. 蛋壳中碳酸钙含量的测定 取洗净烘干的蛋壳研碎，过筛（80～100 目）（蛋壳样品的

内膜必须剥去，因内膜无法研碎和过筛）。准确称取此粉末样品 0.08 g 左右 3 份，分别置于 100 mL 锥形瓶中，用滴定管逐滴加入 HCl 标准溶液 10 mL（读准至 0.01 mL），摇匀，放置 30 min（浮在泡沫中的粉末也应被酸溶解），加入 1~2 滴甲基橙指示剂，用 NaOH 标准溶液回滴至溶液由橙红色变为黄色即为终点，记录 NaOH 标准溶液的体积，重复测定 2~3 次，计算结果。

4.7.5 计算公式

$$w(CaCO_3) = \frac{[c(HCl) \times V(HCl) - c(NaOH) \times V(NaOH)] \times M(1/2\ CaCO_3) \times 10^{-3}}{m} \times 100\%$$

$$M(1/2 CaCO_3) = 50.05\ g \cdot mol^{-1}$$

4.7.6 注意事项

(1) 蛋壳粉末要溶解完全，否则会引起测量误差。
(2) 碱式滴定管滴定前要赶净气泡，滴定过程中要防止产生气泡。

4.7.7 问题与思考

(1) 如果蛋壳没有完全溶解，测定结果会产生正误差还是负误差？
(2) CO_2 对测定是否有影响？应如何消除？
(3) 为什么向试样中加入 HCl 标准溶液要用滴定管逐滴加入，加入 HCl 标准溶液后为什么要放置 30 min？

4.8 工业纯碱总碱度的测定

4.8.1 目的要求

(1) 了解基准物质碳酸钠和硼砂的化学性质。
(2) 掌握 HCl 标准溶液的配制和标定方法。
(3) 了解双指示剂法测定混合碱中各组分含量的原理和方法。

4.8.2 实验原理

工业纯碱的主要成分为碳酸钠，商品名为苏打，其中可能还含有少量 NaCl、Na_2SO_4、NaOH 及 $NaHCO_3$ 等成分。常以 HCl 标准溶液为滴定剂，采用双指示剂法（酚酞、甲基橙），测定总碱度来衡量产品的质量。滴定反应为：

$$Na_2CO_3 + HCl == NaHCO_3 + NaCl$$

$$NaHCO_3 + HCl == NaCl + H_2O + CO_2 \uparrow$$

第一化学计量点时，Na_2CO_3 被滴定至 $NaHCO_3$，溶液的 pH≈8.3，可选用酚酞作指示剂，但终点颜色由红色到无色，变化不是很敏锐，故滴定误差较大。一般滴定至微红，用 $NaHCO_3$ 溶液作对照，以减小滴定误差。

第二化学计量点时，溶液中所有的 $NaHCO_3$ 全部被中和，pH 为 3.8~3.9，可选用甲基橙作指示剂。终点颜色由黄色变为橙色。根据两步反应滴定的体积，即可计算出总碱度

$w(Na_2O)$、$w(Na_2CO_3)$ 及 $w(NaHCO_3)$。

由于试样易吸收水分和 CO_2，应在 270~300 ℃将试样烘干 2 h，以除去吸附水并使 $NaHCO_3$ 全部转化为 Na_2CO_3，工业纯碱的总碱度通常以 $w(Na_2CO_3)$ 或 $w(Na_2O)$ 表示。由于试样均匀性较差，测定的允许误差可适当放宽一些。

4.8.3 主要仪器和试剂

仪器：分析天平，50 mL 或 10 mL 酸式与碱式滴定管，25 mL 或 5 mL 移液管，250 mL 或 100 mL 容量瓶，250 mL 或 100 mL 锥形瓶，250 mL 或 50 mL 烧杯，10 mL 和 50 mL 量筒，滴管，洗耳球，玻棒，洗瓶等。

试剂：$0.1000\ mol \cdot L^{-1}$ HCl 标准溶液，甲基红指示剂（0.2%或0.05%的含60%的乙醇溶液），甲基橙指示剂（0.2%甲基橙水溶液），甲基红-溴甲酚绿混合指示剂（将 $2\ g \cdot L^{-1}$ 60%的乙醇溶液与 $1\ g \cdot L^{-1}$ 溴甲酚绿的乙醇溶液以1:3体积相混合），硼砂（A.R 或再结晶），无水 Na_2CO_3（于 180 ℃干燥 2~3 h。也可将 $NaHCO_3$ 置于瓷坩埚中，在 270~300 ℃的烘箱内干燥 1 h，使之转变为Na_2CO_3，然后放入干燥器内备用）。

4.8.4 实验步骤

【半微量分析法】

1. $0.1\ mol \cdot L^{-1}$ HCl 标准溶液的标定

(1) 用无水碳酸钠标定。在称量瓶中以差减法平行准确称取 0.15~0.20 g 无水 Na_2CO_3 3 份，分别放入 250 mL 锥形瓶中，称量瓶称样时一定要带盖，以免吸湿。然后加入 20~30 mL 蒸馏水使之溶解，再加 1~2 滴甲基橙指示剂，用待标定的 HCl 溶液滴定至溶液由黄色变为橙色时即为终点，记录消耗 HCl 溶液的体积。计算 HCl 溶液的浓度。

(2) 用硼砂标定。用差减法平行准确称取 0.4~0.6 g 硼砂 3 份，分别置于锥形瓶中，加 40~50 mL 蒸馏水溶解后，再加 1~2 滴甲基红指示剂，用待标定的 HCl 溶液滴定至溶液由黄色变为浅粉色即为终点，记录消耗 HCl 溶液的体积。根据硼砂的质量和滴定时所消耗的 HCl 溶液的体积，计算 HCl 溶液的浓度。

2. 总碱度的测定　准确称取样品 0.8 g 放入 50 mL 烧杯中，加 10~20 mL 蒸馏水溶解，必要时可稍加热促进溶解。冷却后，将溶液定量转移到 100 mL 容量瓶中定容，摇匀。

准确移取 5.00 mL 样品溶液放入 100 mL 锥形瓶中，加 1 滴甲基橙指示剂，用 HCl 标准溶液滴定至溶液由黄色变为橙色时即为终点。重复测定 3~5 次，选择两次所用体积相差不超过 0.04 mL 的数据，计算试样中 Na_2O 或 Na_2CO_3 的含量，即为总碱度。

【常量分析法】

准确称取混合碱试样约 0.6 g 于烧杯中，加蒸馏水约 30 mL 使其溶解（必要时可稍加热促进溶解，并冷却）。将溶液定量转入 100 mL 容量瓶中，用水稀释至刻度，摇匀。

移取上述试液 25.00 mL 于锥形瓶中，加酚酞指示剂 2 滴，用 HCl 标准溶液滴定至溶液由红色变为浅粉色（用 $NaHCO_3$ 溶液作对照），记下 HCl 标准溶液用量 V_1。再加入 1~2 滴甲基橙指示剂，继续用 HCl 标准溶液滴定到溶液由黄色变为橙色即为终点。注意接近终点时应剧烈摇动溶液，记下消耗 HCl 标准溶液的体积 V_2。平行测定 2~3 次。根据两终点消耗 HCl 标准溶液的总体积 $V(HCl)$ 即 (V_1+V_2) 计算混合碱总碱量（以 Na_2O 含量表示），并可由两终点的体积关系分别计算 Na_2CO_3 和 $NaHCO_3$ 含量。

4.8.5 计算公式

1. 用无水碳酸钠标定 HCl

$$c(HCl) = \frac{m \times 10^3}{M(1/2\ Na_2CO_3) \times V(HCl)}$$

$$M(1/2\ Na_2CO_3) = 53.00\ g \cdot mol^{-1}$$

式中，m 为称取无水碳酸钠的质量。

2. 用硼砂标定 HCl

$$c(HCl) = \frac{m \times 10^3}{M(1/2\ Na_2B_4O_7 \cdot 10H_2O) \times V(HCl)}$$

$$M(1/2\ Na_2B_4O_7 \cdot 10H_2O) = 190.7\ g \cdot mol^{-1}$$

式中，m 为称取硼砂的质量。

3. 总碱度

$$w(Na_2CO_3) = \frac{c(HCl) \times V(HCl) \times M(1/2Na_2CO_3) \times 10^{-3}}{m_{样}} \times \frac{250.0}{25.00} \times 100\%$$

$$w(Na_2O) = \frac{c(HCl) \times V(HCl) \times M(1/2Na_2O) \times 10^{-3}}{m_{样}} \times \frac{250.0}{25.00} \times 100\%$$

$$M(1/2Na_2O) = 30.99\ g \cdot mol^{-1}$$

4.8.6 注意事项

(1) 因试样中常含有杂质和水分，故应称取较多试样，使其更具代表性。并应预先在 270～300 ℃中处理成干燥试样。

(2) 硼砂的溶解度较小，可适量加入热蒸馏水溶解，但一定要冷却至室温后再滴定。

(3) 用甲基橙作指示剂测定总碱度时，因 CO_2 易形成过饱和溶液，酸度增大，使终点过早出现，所以在滴定接近终点时，应剧烈地摇动溶液或加热，以除去过量的 CO_2，待冷却后再滴定。

4.8.7 问题与思考

(1) 为什么配制 $0.1\ mol \cdot L^{-1}$ HCl 溶液 1 L 需要浓 HCl 溶液 9 mL？写出计算式。

(2) 无水碳酸钠保存不当，吸收了 1% 的水分，用此基准物质标定 HCl 标准溶液的浓度时，对测定结果产生何种影响？

(3) 甲基橙、甲基红及甲基红-溴甲酚绿混合指示剂的变色范围各是多少？混合指示剂的优点是什么？

(4) 标定 HCl 标准溶液的基准物质无水碳酸钠和硼砂各有哪些优缺点？

(5) 在以 HCl 溶液滴定混合碱时，怎样使用甲基橙及酚酞两种指示剂来判别试样是由 NaOH - Na_2CO_3 或 Na_2CO_3 - $NaHCO_3$ 组成的？

第5章

配位滴定实验

5.1 EDTA 标准溶液的标定（半微量分析法）

5.1.1 目的要求

(1)学习 EDTA 标准溶液的配制和标定方法。
(2)了解配位滴定法的原理及特点。
(3)学习金属指示剂指示滴定终点的方法。

5.1.2 实验原理

乙二胺四乙酸难溶于水，通常用它的二钠盐($Na_2H_2Y \cdot 2H_2O$)，也简称 EDTA，或 EDTA 二钠盐。由于蒸馏水中含有杂质(Ca^{2+}、Mg^{2+}、Pb^{2+}、Sn^{4+} 等)，EDTA 溶液常用间接法配制。即先配制成近似浓度的溶液，然后用基准物质标定。

标定 EDTA 的基准物质很多，如 Zn、Cu、ZnO、$CaCO_3$ 及 $MgSO_4 \cdot 7H_2O$ 等，所选基准物质最好与被测物一致，以减小测量误差。若用 EDTA 法测定水的硬度，常选用 $MgSO_4 \cdot 7H_2O$ 及 $CaCO_3$ 作基准物质。

以 $MgSO_4 \cdot 7H_2O$ 为基准物质标定 EDTA，可选用铬黑 T(EBT)指示剂，在 pH≈10 的氨性缓冲溶液中，用 EDTA 标准溶液滴定至溶液由酒红色变为纯蓝色即为终点。

$$HIn^{2-}（蓝色）+ Mg^{2+} \Longrightarrow MgIn^-（酒红色）+ H^+$$

滴定前溶液呈酒红色。用 EDTA 标准溶液滴定时，滴入的 EDTA 首先和 Mg^{2+} 作用：

$$Mg^{2+} + HY^{3-} \Longrightarrow MgY^{2-}（无色）+ H^+$$

当达到化学计量点时，EDTA 夺取 $MgIn^-$ 中的 Mg^{2+}，使指示剂 In^{3-} 重新游离出来：

$$MgIn^-（酒红色）+ HY^{3-} \Longrightarrow MgY^{2-} + HIn^{2-}（蓝色）$$

溶液从酒红色转变为纯蓝色，指示终点到达。

EDTA 标准溶液最好保存在聚乙烯或硬质玻璃瓶中。若在软质玻璃中存放，玻璃瓶中的 Ca^{2+} 会被 EDTA 溶解，从而使 EDTA 的浓度不断降低。通常保存了较长时间的 EDTA 标准溶液在使用前应再进行标定。

5.1.3 主要仪器和试剂

仪器：分析天平，10 mL 酸式滴定管，5 mL 移液管，100 mL 容量瓶，100 mL 锥形瓶，50 mL 烧杯，滴管，洗耳球，玻棒，洗瓶等。

试剂：乙二胺四乙酸二钠($Na_2H_2Y \cdot 2H_2O$)固体(A.R)，$MgSO_4 \cdot 7H_2O$ 固体(A.R)，pH=10 的氨性缓冲溶液(溶解 20 g NH_4Cl 于蒸馏水中，加入 100 mL 25%氨水后，再稀释至 1 L 即成)，0.1%铬黑 T 指示剂(称 0.1 g 铬黑 T 指示剂溶解于 20 mL 1:4 的三乙醇胺溶液，加入 80 mL 蒸馏水)。

5.1.4 实验步骤

1. 0.01 mol·L^{-1} EDTA 标准溶液的配制 称取约 1 g EDTA 二钠盐于 100 mL 温水中，溶解并稀释至 250 mL，摇匀，保存在聚乙烯或硬质玻璃瓶中，用下法进行标定后使用。

2. 0.01 mol·L^{-1} $MgSO_4$ 标准溶液的配制 用差减法准确称取 0.25 g 左右的 $MgSO_4 \cdot 7H_2O$，放入 50 mL 烧杯中，加约 20 mL 蒸馏水溶解后，转入 100 mL 容量瓶中，用蒸馏水冲洗烧杯内壁和玻棒 3~4 次，洗液全部转入容量瓶中，加蒸馏水至 2/3 体积时，将容量瓶拿起，向同一方向摇动几周，使溶液初步混匀(切勿倒置容量瓶)。然后用蒸馏水定容至刻度，摇匀，备用。

3. 0.01 mol·L^{-1} EDTA 溶液的标定 吸取 5.00 mL 硫酸镁溶液于 100 mL 锥形瓶中，加入 2 mL 氨性缓冲溶液和 2~3 滴铬黑 T 指示剂，用 EDTA 溶液滴定至溶液由酒红色变为纯蓝色即为终点。记录 EDTA 溶液的消耗量。重复滴定 3~5 次，选择两次所用体积相差不超过 0.04 mL 的 EDTA 的体积，计算结果。

5.1.5 计算公式

$$c(MgSO_4 \cdot 7H_2O) = \frac{m \times 10^3}{M(MgSO_4 \cdot 7H_2O) \times 100.0}$$

$$M(MgSO_4 \cdot 7H_2O) = 246.47 \text{ g·mol}^{-1}$$

式中，m 为称取 $MgSO_4 \cdot 7H_2O$ 的质量。

$$c(EDTA) = \frac{c(MgSO_4 \cdot 7H_2O) \times V(MgSO_4 \cdot 7H_2O)}{V(EDTA)}$$

5.1.6 注意事项

(1)指示剂的加入量要合适，过多颜色深，终点变色不敏锐；过少颜色太浅，不易观察终点。

(2)终点颜色不是突变，而是酒红→紫→蓝紫→纯蓝的渐变过程，而且过量后仍是纯蓝。所以近终点时一定要慢滴，注意观察以免滴过量。

5.1.7 问题与思考

(1)配位滴定常用的标准溶液是什么？用什么方法配制？

(2)若用 EDTA 测定水的总硬度，用什么基准物质标定 EDTA 较好？

(3)配位滴定中为什么需要使用缓冲溶液？本实验使用什么缓冲溶液来控制溶液的酸度？

(4)在配位滴定中，指示剂是否参加了反应？终点显示的是谁的颜色？

5.2 水的总硬度及钙镁含量的测定

5.2.1 目的要求

(1)掌握配位滴定法的基本原理及其操作技术。
(2)掌握水的硬度测定方法。
(3)能够用金属指示剂准确判断滴定终点。

5.2.2 实验原理

自然水(自来水、河水、井水等)含有较多的钙盐、镁盐,称为硬水。锅炉用水、工业和生活用水等都需要测定其硬度。水的硬度测定分为水的总硬度及钙—镁硬度两种。前者是测定 Ca^{2+}、Mg^{2+} 总量,后者是分别测定 Ca^{2+} 和 Mg^{2+} 的含量。通常采用 EDTA 为配位剂的配位滴定法,在 pH≈10 的氨性缓冲溶液中,加入少量的铬黑 T(EBT)指示剂,EBT 便和水样中的 Mg^{2+} 发生如下反应:

$$HIn^{2-}(蓝色) + Mg^{2+} \rightleftharpoons MgIn^-(酒红色) + H^+$$

滴定前溶液呈酒红色。用 EDTA 标准溶液滴定时,滴入的 EDTA 首先和水样中呈游离状态的 Ca^{2+} 及 Mg^{2+} 作用:

$$Ca^{2+} + HY^{3-} \rightleftharpoons CaY^{2-}(无色) + H^+$$
$$Mg^{2+} + HY^{3-} \rightleftharpoons MgY^{2-}(无色) + H^+$$

当达到化学计量点时,EDTA 便夺取 $MgIn^-$ 中的 Mg^{2+},使指示剂 In^{3-} 游离出来:

$$MgIn^-(酒红色) + HY^{3-} \rightleftharpoons MgY^{2-} + HIn^{2-}(蓝色)$$

当溶液从酒红色转变为纯蓝色时,滴定到达终点。根据 EDTA 标准溶液的消耗量,便可算出试样中 Ca^{2+}、Mg^{2+} 的总含量。

Fe^{3+}、Fe^{2+}、Al^{3+} 等离子对 Ca^{2+} 的测定有干扰,可用三乙醇胺掩蔽。Cu^{2+}、Pb^{2+}、Zn^{2+} 等重金属离子也会干扰,可用 KCN、Na_2S 掩蔽。

水的硬度是表示水的质量的一项重要指标。我国目前采用的表示方法主要有两种,一种是将测得的 Ca^{2+}、Mg^{2+} 折算成 $CaCO_3$ 的质量,以每升水中含有 $CaCO_3$ 的质量($mg \cdot L^{-1}$)表示硬度。另一种是将测得的 Ca^{2+}、Mg^{2+} 折算成 CaO 的质量,以每升水中含有 10 mgCaO 为 1 度(1°),此为德国度。硬度小于 8°者称为软水,大于 16°者称为硬水,介于 8°~16°者称为中硬水。

5.2.3 主要仪器和试剂

仪器:分析天平,50 mL 或 10 mL 酸式与碱式滴定管,25 mL 或 5 mL 移液管,250 mL 或 100 mL 容量瓶,250 mL 或 100 mL 锥形瓶,250 mL 或 50 mL 烧杯,10 mL 和 50 mL 量筒,滴管,洗耳球,玻棒,洗瓶等。

试剂:

$0.01 \text{ mol} \cdot L^{-1}$ EDTA 溶液:称取约 1.1 g 乙二胺四乙酸二钠盐于烧杯中,用少量水溶解后稀释至 100 mL。若溶液要保存,最好将溶液贮存于聚乙烯塑料瓶中。

$NH_3 \cdot H_2O - NH_4Cl$ 缓冲溶液(pH=10):溶解 20 g NH_4Cl 于蒸馏水中,加入 100 mL

25%氨水后,再稀释至1 L即成。

6 mol·L^{-1} NaOH 溶液,EDTA 二钠盐固体,0.01 mol·L^{-1} Mg^{2+}标准溶液或高纯金属锌,铬黑T指示剂,钙指示剂,0.2%二甲酚橙指示剂,1:2 三乙醇胺,1:1 HCl 溶液,20%六次甲基四胺。

井水或河水试液,亦可用自来水代替。

5.2.4 实验步骤

【半微量分析法】

1. EDTA 标准溶液的配制与标定 见实验 5.1。

2. 水的总硬度测定 吸取 5.00 mL 水样于锥形瓶中,加入 2 mL 氨性缓冲溶液及 2～3滴铬黑T指示剂,用 EDTA 标准溶液滴定至纯蓝色即为终点。记录 EDTA 标准溶液的消耗量 V,重复滴定 3～5 次,选择两次所用体积相差不超过 0.04 mL 的 EDTA 的体积,计算结果。

【常量分析法】

1. 水的总硬度的测定 用移液管吸取水样 100.0 mL 于 250 mL 锥形瓶中,加三乙醇胺溶液 3 mL,再加 3 mL NH$_3$-NH$_4$Cl 缓冲溶液、铬黑T少许,用 EDTA 标准溶液滴定至溶液由酒红色到纯蓝色,即达终点,记下 EDTA 标准溶液的用量 V_1。计算水的总硬度。

2. 钙和镁含量的测定 用移液管吸取水样 100.00 mL 于 250 mL 锥形瓶中,加三乙醇胺溶液 3 mL,再加 6 mol·L^{-1} NaOH 溶液 2 mL,钙指示剂少许,用 EDTA 标准溶液滴定至溶液由酒红色到纯蓝色,即达终点,记下 EDTA 标准溶液的用量 V_2。计算每升水中钙、镁的含量。

5.2.5 计算公式

根据测定数据,按下式计算 Ca^{2+} 和 Mg^{2+} 的含量。

$$总硬度/(mg \cdot L^{-1}) = \frac{c(EDTA) \times V(EDTA) \times M(CaCO_3)}{5.00} \times 10^3$$

$$总硬度/(mg \cdot L^{-1}) = \frac{c(EDTA) \times V(EDTA) \times M(CaO)}{5.00} \times 10^3$$

或

$$\rho(Ca^{2+}) = \frac{c(EDTA) \times V_2 \times M(Ca^{2+})}{V_s}$$

$$\rho(Mg^{2+}) = \frac{c(EDTA) \times (V_1 - V_2) \times M(Mg^{2+})}{V_s}$$

5.2.6 注意事项

(1) 指示剂的加入量要合适,加多颜色深,终点变色不敏锐,加少颜色太浅,不好观察终点。

(2) 终点颜色不是突变,而是酒红→紫→蓝紫→纯蓝的渐变过程,而且过量后仍是纯蓝。所以近终点时一定要慢滴,注意观察以免滴过量。

(3) 用来掩蔽 Fe^{3+} 的三乙醇胺必须在酸性溶液中加入,然后碱化,否则 Fe^{3+} 已生成 Fe(OH)$_3$ 沉淀而不易被掩蔽。

(4)KCN 是剧毒物，只允许在碱性溶液中使用，若加入酸性溶液中，则产生剧毒的 HCN 气体，对人有严重危害。

5.2.7 问题与思考

(1)测定水的总硬度是测定水中哪些离子？
(2)加入缓冲溶液的目的是什么？溶液 pH 应控制在什么范围？
(3)滴定时如果忘记了加入缓冲溶液，对测定结果有什么影响？
(4)用 EDTA 测定水的总硬度，用什么指示剂？终点是什么颜色？如何避免滴定过量？
(5)用 EDTA 测定水的总硬度时，哪些离子的存在有干扰？如何消除？
(6)为什么掩蔽 Fe^{3+}、Al^{3+} 时，要在酸性溶液中加入三乙醇胺？用 KCN 掩蔽 Cu^{2+}、Pb^{2+}、Zn^{2+} 等离子是否也可在酸性条件下进行？

5.3 铝合金中铝含量的测定

5.3.1 目的要求

(1)了解返滴定法和置换滴定法的操作技术。
(2)能够使用金属指示剂准确判断滴定终点。
(3)学习复杂试样的分解办法。

5.3.2 实验原理

由于 Al^{3+} 易形成一系列多核羟基配合物，这些配合物与 EDTA 配位缓慢，故通常采用返滴定法进行测定。在含有 Al^{3+} 的试液中加入一定量且过量的 EDTA，在 pH＝3.5 的条件下煮沸几分钟，使 Al^{3+} 与 EDTA 配位完全，然后调至 pH＝5～6，以二甲酚橙为指示剂，用 Zn^{2+} 标准溶液返滴剩余的 EDTA，即可测得 Al^{3+} 的含量。反应如下：

$$Al^{3+}+H_2Y^{2-}\Longrightarrow AlY^-+2H^+$$
$$Zn^{2+}+H_2Y^{2-}(剩余)\Longrightarrow ZnY^{2-}+2H^+$$

但是返滴定法测定铝缺乏选择性，所有能与 EDTA 形成稳定配合物的金属离子都干扰测定。对于像合金、硅酸盐、水泥和炉渣等复杂试样中的铝，往往采用置换滴定法来提高测定的选择性。即在用 Zn^{2+} 返滴剩余的 EDTA 后，加入 NH_4F，加热至微沸，使 AlY^- 与 F^- 之间发生置换反应，释放出与 Al^{3+} 物质的量相等的 H_2Y^{2-}：

$$AlY^-+6F^-+2H^+\Longrightarrow AlF_6^{3-}+H_2Y^{2-}$$

再用 Zn^{2+} 标准溶液滴定释放出的 EDTA，进而得到 Al^{3+} 的含量。滴定反应为

$$Zn^{2+}+H_2Y^{2-}\Longrightarrow ZnY^{2-}+2H^+$$

用置换滴定法测定铝，若试样中含有 Ti^{4+}、Zr^{2+}、Sn^{4+} 等离子，也会发生与 Al^{3+} 相同的置换反应而干扰 Al^{3+} 的测定，需加入掩蔽剂掩蔽。

铝合金中有 Si、Mg、Cu、Mn、Fe、Zn，个别还有 Ti、Ni、Ca 等，通常用 HNO_3-HCl 混合酸溶解，也可在银坩埚或塑料烧杯中以 NaOH-H_2O_2 分解后再用 HNO_3 酸化。

5.3.3 主要仪器和试剂

仪器：分析天平，50 mL 酸式滴定管，25 mL 移液管，250 mL 容量瓶，250 mL 锥形

瓶，100 mL 烧杯，滴管，洗耳球，玻棒，洗瓶等。

试剂：0.01 mol·L^{-1}EDTA 标准溶液，0.02％二甲酚橙指示剂，1:1 氨水，20％六次甲基四胺溶液，Zn（基准试剂），20％NaOH 溶液，1:1HCl 溶液，1:3HCl 溶液，20％NH$_4$F，铝合金试样。

5.3.4 实验步骤

1. 0.01 mol·L^{-1} Zn^{2+} 标准溶液的配制 用差减法准确称取 0.16 g 左右基准锌于烧杯中，加入 6 mL 1:1 HCl 溶液，立即盖上表面皿，待锌溶解完全，用少量水冲洗表面皿和烧杯内壁，定量转移 Zn^{2+} 到 250 mL 容量瓶中，用水稀释至刻度，摇匀，备用。

2. 铝合金试液的制备 准确称取 0.10～0.11 g 铝合金于 50 mL 塑料烧杯中，加入 20％ NaOH 溶液 10 mL，在沸水浴中使其完全溶解，稍冷后加入 1:1HCl 溶液至有絮状沉淀产生，再多加 10 mL 1:1 HCl 溶液。定量转移试液到 250 mL 容量瓶中，用水稀释至刻度，摇匀，备用。

3. 铝合金含量的测定 准确移取上述试液 25.00 mL 于 250 mL 锥形瓶中，加入 30 mL EDTA 及 2 滴 0.02％二甲酚橙指示剂，此时溶液为黄色，加氨水至溶液呈紫红色，再滴加 1:3HCl 溶液，使溶液变为黄色。煮沸 3 min，冷却。加入 20％六次甲基四胺 20 mL，此时溶液应为黄色，如果溶液呈现红色，还需滴加 1:3HCl 溶液，使其变黄。用 Zn^{2+} 标准溶液滴定剩余的 EDTA，当溶液由黄色变为紫红色时停止滴定。

于上述溶液中加 10 mL 20％ NH$_4$F，加热至微沸，流水冷却，再补加 2 滴 0.02％二甲酚橙指示剂，此时溶液应为黄色，若为红色，应滴加 1:3HCl 溶液使其变黄色。再用 Zn^{2+} 标准溶液滴定，当溶液由黄色转变为紫红色时即为终点，根据这次 Zn^{2+} 标准溶液消耗的体积计算 Al 的质量分数。

5.3.5 计算公式

$$w(\mathrm{Al}) = \frac{c(\mathrm{Zn}) \times V(\mathrm{Zn}) \times M(\mathrm{Al})}{m} \times \frac{250.0}{25.00} \times 100\%$$

$$M(\mathrm{Al}) = 26.981\,54 \text{ g·mol}^{-1}$$

5.3.6 注意事项

第一次滴加 Zn^{2+} 标准溶液的体积一定要很准确。

5.3.7 问题与思考

(1) 试述返滴定法和置换滴定法各适用于哪些含 Al^{3+} 试样的测定。

(2) 对复杂的铝合金试样，不用置换滴定法，而用返滴定法，所测得的结果偏高还是偏低？

(3) 返滴定法与置换滴定法所使用的 EDTA 有什么不同？

(4) 加入六次甲基四胺和 HCl 溶液的目的是什么？

(5) 第一次滴加 Zn^{2+} 标准溶液的体积是否需要很准确？需要记录 Zn^{2+} 标准溶液的体积吗？

第6章

氧化还原滴定实验

6.1 高锰酸钾标准溶液的标定

6.1.1 目的要求

(1) 了解 $KMnO_4$ 标准溶液的配制方法和保存条件。
(2) 掌握用 $Na_2C_2O_4$ 作基准物质标定 $KMnO_4$ 标准溶液浓度的原理和方法。
(3) 了解自动催化反应的特点。
(4) 学习用 $KMnO_4$ 自身指示剂指示滴定终点的方法。

6.1.2 实验原理

市售的 $KMnO_4$ 中含有少量 MnO_2 和其他杂质,如硫酸盐、氯化物及硝酸盐等。蒸馏水中也含有微量的还原性物质,它们可与 MnO_4^- 反应而析出 $MnO(OH)_2$(MnO_2 的水合物),产生的 MnO_2 和 $MnO(OH)_2$ 又能进一步促进 $KMnO_4$ 分解。光线也能促进其分解。因此,$KMnO_4$ 标准溶液不能用直接法配制。

标定 $KMnO_4$ 溶液的基准物质有 $Na_2C_2O_4$、$H_2C_2O_4\cdot 2H_2O$、$(NH_4)_2Fe(SO_4)_2\cdot 6H_2O$（俗称摩尔盐）、$As_2O_3$ 和纯铁丝等,其中 $Na_2C_2O_4$ 不含结晶水,容易提纯,不吸湿,所以最常用。

在酸性溶液中,$C_2O_4^{2-}$ 与 MnO_4^- 的滴定反应为:

$$2MnO_4^- + 5C_2O_4^{2-} + 16H^+ =\!=\!= 2Mn^{2+} + 10CO_2\uparrow + 8H_2O$$

此反应在室温下进行很慢,必须加热至 75~85 ℃来加快反应的进行。但温度也不宜过高,否则容易引起部分草酸分解:

$$H_2C_2O_4 =\!=\!= CO_2\uparrow + CO\uparrow + H_2O$$

滴定中,最初几滴 $KMnO_4$ 即使在加热情况下,与 $C_2O_4^{2-}$ 反应仍然很慢,当溶液中产生 Mn^{2+} 以后,反应速度才逐渐加快,因为 Mn^{2+} 对反应有催化作用。这种作用叫做自动催化作用。

在滴定过程中,必须保持溶液一定的酸度,否则容易产生 MnO_2 沉淀,引起测量误差。调节酸度必须用硫酸,因盐酸中 Cl^- 有还原性,硝酸中 NO_3^- 又有氧化性,醋酸酸性太弱,达不到所需要的酸度,所以都不适用。滴定时适宜的酸度约为 $c(H^+) = 1\ mol\cdot L^{-1}$。由于 $KMnO_4$ 溶液本身具有特殊的紫红色,滴定时 $KMnO_4$ 溶液稍微过量,即可看到溶液呈淡粉色表示终点已到，故称 $KMnO_4$ 为自身指示剂。

6.1.3 主要仪器和试剂

仪器：分析天平，50 mL 或 10 mL 酸式与碱式滴定管，25 mL 和 5 mL 移液管，100 mL 容量瓶，250 mL 或 100 mL 锥形瓶，250 mL 或 50 mL 烧杯，10 mL 和 50 mL 量筒，滴管，洗耳球，玻棒，洗瓶等。

试剂：$KMnO_4$ 固体，$c(1/2H_2SO_4)=3\ mol\cdot L^{-1}\ H_2SO_4$ 溶液，$Na_2C_2O_4$（A.R，在 105～110 ℃ 烘干 2 h 备用）。

6.1.4 实验步骤

【半微量分析法】

1. $Na_2C_2O_4$ 标准溶液的配制　用差减法准确称取 0.4 g 左右的 $Na_2C_2O_4$，放入 50 mL 烧杯中，加约 20 mL 热蒸馏水溶解，待溶液冷却至室温后，转入 100 mL 容量瓶中，用蒸馏水冲洗烧杯内壁和玻棒 3～4 次，洗液全部转入容量瓶中，经初混后，定容，摇匀，备用。

2. $c(1/5KMnO_4)=0.05\ mol\cdot L^{-1}$ 的 $KMnO_4$ 溶液的标定　准确移取 5.00 mL $Na_2C_2O_4$ 溶液于 100 mL 锥形瓶中，加入 3 $mol\cdot L^{-1}$ 的 H_2SO_4 溶液 2 mL 混匀，加热至 75～85 ℃，趁热用 $KMnO_4$ 标准溶液滴定。刚开始反应较慢，滴入一滴 $KMnO_4$ 标准溶液，摇动，等溶液退色后，再滴加第二滴（此时反应生成了 Mn^{2+} 起催化剂作用）。随着反应速度的加快，滴定速度也可逐渐加快，但滴定中始终不能过快，尤其近化学计量点时，更要小心滴加，不断摇动。滴定至溶液呈现淡粉色并持续 30 s 颜色不退净，即为终点。重复操作 3～5 次，选择两次所用体积相差不超过 0.04 mL 的 $KMnO_4$ 的体积，计算结果。

【常量分析法】

用分析天平准确称取 0.15～0.20 g $Na_2C_2O_4$ 基准物质 2 份，分别置于 250 mL 锥形瓶中，加 30 mL 水使之溶解。加入 10 mL 3 $mol\cdot L^{-1}\ H_2SO_4$，加热至 75～85 ℃（即开始冒蒸气时的温度）。趁热用 $KMnO_4$ 溶液滴定，加入第一滴 $KMnO_4$ 溶液时红色退去较慢，再加第二滴时，随着 Mn^{2+} 的产生，反应速度不断加快，此时可逐渐增加滴定速度，但仍须逐滴加入，滴定至溶液呈微红色在半分钟内不退色即为终点（注意滴定速度不能过快，滴定结束时的温度不低于 60 ℃）。根据每份 $Na_2C_2O_4$ 的质量和消耗的 $KMnO_4$ 溶液的体积，计算 $KMnO_4$ 溶液的物质的量浓度。

6.1.5 计算公式

$$c(1/2Na_2C_2O_4)=\frac{m\times 10^3}{M(1/2Na_2C_2O_4)\times 100.0}$$

式中，m 为称取 $Na_2C_2O_4$ 的质量，$M(1/2Na_2C_2O_4)=67.00\ g\cdot mol^{-1}$。

$$c(1/5KMnO_4)=\frac{c(1/2Na_2C_2O_4)\times V(Na_2C_2O_4)}{V(KMnO_4)}$$

或

$$c(KMnO_4)=\frac{\frac{2}{5}m(Na_2C_2O_4)}{M(Na_2C_2O_4)\times V(KMnO_4)}$$

6.1.6 注意事项

(1)用热蒸馏水溶解的 $Na_2C_2O_4$ 要冷却至室温后,才能转移到容量瓶中。
(2)在酸性、加热情况下 $KMnO_4$ 溶液容易分解,滴定速度不得过快。
(3)滴定近化学计量点时,溶液温度应不低于 55 ℃,否则因反应速度慢而影响终点的观察和准确度。
(4)滴定速度要和反应速度相一致,开始慢,逐渐加快,近终点时滴定速度逐渐放慢。
(5)加热时,锥形瓶外面要擦干,以防炸裂。

6.1.7 问题与思考

(1)用 $Na_2C_2O_4$ 标定 $KMnO_4$ 溶液时,应注意哪些反应条件?
(2)用来标定 $KMnO_4$ 溶液的基准物质有哪些?最常用的基准物质是什么?
(3)若溶解 $Na_2C_2O_4$ 的溶液未冷却至室温就定容,则标定结果偏高还是偏低?
(4)滴定时若把 $Na_2C_2O_4$ 溶液加热到 90 ℃以上,则标定结果偏高还是偏低?
(5)标定 $KMnO_4$ 溶液时,为什么第一滴 $KMnO_4$ 溶液的颜色退得很慢,而以后会逐渐加快?
(6)标定 $KMnO_4$ 溶液时,若酸度不够,会发生什么反应?使标定结果偏高还是偏低?
(7)若滴定速度过快,会发生什么反应?使标定结果偏高还是偏低?

6.2 过氧化氢含量的测定

6.2.1 目的要求

(1)掌握 $KMnO_4$ 法测定过氧化氢(H_2O_2)的原理和操作技术。
(2)通过测定 H_2O_2 含量进一步了解 $KMnO_4$ 法的特点。
(3)能够用 $KMnO_4$ 自身指示剂准确地判断滴定终点。

6.2.2 实验原理

过氧化氢在纺织、印染、电镀、化工、水泥生产等方面具有广泛的应用。在医药、食品加工等方面常用于消毒、杀菌,通常用作清洗耳部、鼻内及口腔的消毒剂,并用于扁桃体炎、口腔炎、白喉等的含漱。生物学上利用 H_2O_2 分解所释放出的氧来测定过氧化氢酶的活性。由于 H_2O_2 有着广泛的用途,所以常需要测定它的含量。在稀 H_2SO_4 溶液中,室温条件下,$KMnO_4$ 标准溶液可直接滴定 H_2O_2,滴定反应如下:

$$2MnO_4^- + 5H_2O_2 + 6H^+ =\!=\!= 2Mn^{2+} + 5O_2 + 8H_2O$$

滴定开始时反应速度较慢,随着 Mn^{2+} 的生成,在自动催化作用下,反应速度会加快。必要时,也可以加入 Mn^{2+} 促进反应速度快速地进行。

H_2O_2 中若含有机物质及作为稳定剂而加入的乙酰苯胺、尿素、丙乙酰胺等,也会消耗标准溶液,使测定结果偏高,此时应改用碘量法测定。市售 H_2O_2 的浓度过高(30%),应稀释约 150 倍后才能进行测定。

6.2.3 主要仪器和试剂

仪器：分析天平，50 mL 或 10 mL 酸式与碱式滴定管，25 mL 和 5 mL 移液管，100 mL 容量瓶，250 mL 或 100 mL 锥形瓶，250 mL 或 50 mL 烧杯，10 mL 和 50 mL 量筒，滴管，洗耳球，玻棒，洗瓶等。

试剂：$c(1/5KMnO_4)=0.05$ mol·L^{-1} 的 $KMnO_4$ 标准溶液。$c(1/2H_2SO_4)=3$ mol·L^{-1} 的 H_2SO_4 溶液，H_2O_2 试液。

6.2.4 实验步骤

【半微量分析法】

准确移取 5.00 mL H_2O_2 试液于 100 mL 锥形瓶中，加入 2 mL 3 mol·L^{-1} 的 H_2SO_4 溶液混匀，用 $KMnO_4$ 标准溶液滴定。刚开始反应较慢，滴入一滴 $KMnO_4$ 标准溶液，摇动，等溶液退色后，再滴加第二滴（此时反应生成的 Mn^{2+} 起催化作用）。随着反应速度的加快，滴定速度也可逐渐加快，但不能过快，尤其近化学计量点时，更要小心滴加，不断摇动。至溶液呈现淡粉色并持续 30 s 颜色不退净，即为终点。重复操作 3~5 次，选择两次所用体积相差不超过 0.04 mL 的 $KMnO_4$ 的体积，计算结果。

【常量分析法】

准确吸取 H_2O_2 稀释试液 5.00 mL 于 100 mL 容量瓶中，加水稀释至刻度，充分摇匀。用 25.00 mL 移液管移取到 250 mL 锥形瓶中，加入 5 mL 3 mol·L^{-1} H_2SO_4，再加入 30 mL 水稀释，然后用 $KMnO_4$ 标准溶液滴定，缓慢滴定至溶液呈浅红色在半分钟内不退即为终点。重复滴定 2~3 次。记录每份 $KMnO_4$ 溶液所消耗的体积。计算 H_2O_2 含量（以 g·mL^{-1} 为单位表示）。

6.2.5 计算公式

$$\rho(H_2O_2)/(g \cdot 100\ mL^{-1}) = c(1/5KMnO_4) \times V(KMnO_4) \times M(1/2 H_2O_2) \times 10^{-3} \times \frac{100.0}{5.00}$$

或

$$\rho(H_2O_2) = \frac{\frac{5}{2}c(KMnO_4) \times V(KMnO_4) \times M(H_2O_2) \times 10^{-3}}{V_s} \times \frac{100.0\ mL}{25.00\ mL}$$

6.2.6 注意事项

(1) 滴定速度不能太快，否则产生 MnO_2，促进 H_2O_2 分解，增加测量误差。

(2) 滴定速度要和反应速度相一致，开始慢，逐渐加快，近终点时滴定速度逐渐放慢。

6.2.7 问题与思考

(1) 用 $KMnO_4$ 标准溶液测定 H_2O_2 含量时，应注意哪些测定条件？

(2) 用 $KMnO_4$ 法测定 H_2O_2 含量时，能否用 HNO_3、HCl、HAc 调节酸度？

(3) 用 $KMnO_4$ 标准溶液测定 H_2O_2 含量时，若滴定速度太快，对测定结果有何影响？

(4) 用 $KMnO_4$ 标准溶液测定 H_2O_2 含量时，为什么第一滴 $KMnO_4$ 溶液的颜色退得很慢，而以后会逐渐加快？

(5) 用 $KMnO_4$ 标准溶液测定 H_2O_2 时，能否用加热的办法来加快反应速度？

6.3 水样中化学耗氧量的测定

6.3.1 目的要求

(1) 初步了解环境分析的重要性及水样的采集和保存方法。
(2) 掌握 $KMnO_4$ 法测定水中化学耗氧量的原理和操作技术。
(3) 通过测定水中耗氧量进一步了解 $KMnO_4$ 法的重要应用。

6.3.2 实验原理

水中化学耗氧量(简称 COD)是指在一定条件下，每升水体中易被强氧化剂氧化的还原性物质所消耗的氧化剂的量。水体中还原性物质除有机物外，还有亚硝酸盐、亚铁盐、硫化物等。有机物影响水的颜色、味道，并有利于细菌的繁殖，容易引起疾病传播。所以水中化学耗氧量是环境水质标准及废水排放标准的控制项目之一，是衡量水体被有机物等还原性物质污染程度的综合指标。

化学耗氧量的测定常采用酸性高锰酸钾法，该法简便快速，适合于测定河水、地表水等污染不十分严重的水体。工业污水和生活污水中含有成分复杂的污染物，则宜用重铬酸钾法。

本实验介绍酸性高锰酸钾法。

在酸性条件下，向水样中加入一定量 $KMnO_4$ 标准溶液，使其还原性物质被氧化，待反应完全后，加一定量过量的 $Na_2C_2O_4$ 标准溶液，还原剩余的 $KMnO_4$，再用 $KMnO_4$ 回滴剩余的 $Na_2C_2O_4$。以实际消耗的 $KMnO_4$ 量计算相当于每升水样消耗氧的质量，以 $O_2 \ mg \cdot L^{-1}$ 表示。反应如下：

$$4MnO_4^- + 5C + 12H^+ = 4Mn^{2+} + 5CO_2\uparrow + 6H_2O$$
$$2MnO_4^- + 5C_2O_4^{2-} + 16H^+ = 2Mn^{2+} + 10CO_2\uparrow + 8H_2O$$

地表水质分级标准见表 6-1。

表 6-1 地表水质分级标准

分 级	Ⅰ	Ⅱ	Ⅲ	Ⅳ	Ⅴ	Ⅵ
COD($O_2 \ mg \cdot L^{-1}$)	2	5	8	15	30	730
水质状况	清洁	较清洁	尚清洁	污染	重污染	严重污染
表面状况	表面无油沫、泡沫			无大面积油沫、泡沫		
生活用水	+	+	±	—		
渔业用水	+	+	+	±	—	
游泳用水						
一般工农业用水	+	+	+	+	±	—

6.3.3 主要仪器和试剂

仪器：分析天平，50 mL 酸式滴定管，25 mL 移液管，250 mL 锥形瓶，100 mL 烧杯，滴管，洗耳球，玻棒，洗瓶等。

试剂：1:3 H_2SO_4，$c(1/5KMnO_4)=0.002\ mol\cdot L^{-1}$ 的 $KMnO_4$ 标准溶液，$c(1/2Na_2C_2O_4)=0.005\ mol\cdot L^{-1}$ 的 $Na_2C_2O_4$ 标准溶液。

6.3.4 实验步骤

1. $c(1/5KMnO_4)=0.002\ mol\cdot L^{-1}\ KMnO_4$ 标准溶液的配制与标定　见实验 6.1。

2. $c(1/2Na_2C_2O_4)=0.005\ mol\cdot L^{-1}\ Na_2C_2O_4$ 标准溶液的配制　见实验 6.1。

3. 水样测定　移取水样 25.00 mL 于 250 mL 锥形瓶中，加 1:3 H_2SO_4 溶液 5 mL，混合均匀，加蒸馏水 25 mL。由滴定管准确加入 0.002 mol·L^{-1} 的 $KMnO_4$ 标准溶液 10.00 mL，在电炉上立即加热至沸，若此时紫红色退去，说明水样中有机物较多，应补加适量 $KMnO_4$ 标准溶液至试液呈现稳定的紫红色。从冒出第一个大气泡开始计时，煮沸 10 min。取下锥形瓶，冷却 1 min 后，用移液管加入 0.005 mol·L^{-1} $Na_2C_2O_4$ 标准溶液 10.00 mL，摇匀。待 $KMnO_4$ 紫色退去后，用 0.002 mol·L^{-1} $KMnO_4$ 标准溶液滴定至溶液呈现淡粉色并持续 30 s 颜色不退净，即为终点。重复操作 2~3 次，计算耗氧量 COD(O_2 mg·L^{-1})。

6.3.5 计算公式

$$COD(O_2\ mg\cdot L^{-1})=\frac{[c(1/5KMnO_4)\times V(KMnO_4)-c(1/2Na_2C_2O_4)\times V(Na_2C_2O_4)]\times M(1/2O_2)}{V(水样)}\times 10^3$$

$$M(1/2O_2)=31.998\ 8\ g\cdot mol^{-1}$$

6.3.6 注意事项

(1) 取水样后应立即进行分析，如需放置，可加少量硫酸铜固体抑制微生物对有机物的分解。

(2) 实验证明，控制加热时间很重要，煮沸 10 min，要从冒出第一个大气泡开始计时，否则精密度低。

6.3.7 问题与思考

(1) 河水、地面水等污染不十分严重水体的化学耗氧量应用什么方法测定？工业污水和生活污水中化学耗氧量应用什么方法测定？

(2) 水样的采集及保存应注意哪些事项？

(3) 水样加入 $KMnO_4$ 煮沸后，若紫红色消失说明什么？应采取什么措施？

(4) 加热煮沸时间过长对测定结果有何影响？

(5) 测定水样中化学耗氧量采用何种滴定方式？

6.4　饲料中钙含量的测定

6.4.1 目的要求

(1) 掌握用 $KMnO_4$ 法测定钙的原理和操作技术。

(2) 了解用沉淀分离法消除杂质干扰的方法。

(3) 学习沉淀、过滤、洗涤和消化法处理样品的操作技术。

6.4.2 实验原理

将样品用酸处理成溶液，使 Ca^{2+} 溶解在溶液中。Ca^{2+} 在一定条件下与 $C_2O_4^{2-}$ 作用，形成白色沉淀，其反应式如下：

$$Ca^{2+} + C_2O_4^{2-} = CaC_2O_4 \downarrow$$

将沉淀进行过滤、洗涤后，加稀 H_2SO_4 将 CaC_2O_4 沉淀溶解，用 $KMnO_4$ 标准溶液滴定与钙结合的 $C_2O_4^{2-}$，由所消耗的 $KMnO_4$ 标准溶液的体积，间接求得样品中 Ca^{2+} 含量。其反应式如下：

$$CaC_2O_4 + 2H^+ = Ca^{2+} + H_2C_2O_4$$
$$2MnO_4^- + 5H_2C_2O_4 + 6H^+ = 2Mn^{2+} + 10CO_2 \uparrow + 8H_2O$$

沉淀 Ca^{2+} 时，为了得到易于过滤和洗涤的粗晶形沉淀，必须很好地控制沉淀的条件。如果用 $(NH_4)_2C_2O_4$ 作沉淀剂，加到中性或氨性的 Ca^{2+} 溶液中，此时生成的 CaC_2O_4 沉淀颗粒细小，难于过滤，并含有碱式草酸钙和氢氧化钙。要想获得粗大的晶形沉淀，通常是在含 Ca^{2+} 的酸性溶液中加入 $(NH_4)_2C_2O_4$ 沉淀剂。由于酸性溶液中 $C_2O_4^{2-}$ 大部分是以 $HC_2O_4^-$ 形式存在，这样会影响 CaC_2O_4 沉淀的生成。所以在加入沉淀剂后必须慢慢滴加氨水，使溶液中 H^+ 逐渐被中和，$C_2O_4^{2-}$ 浓度缓慢地增加，这样就容易得到 CaC_2O_4 粗晶形沉淀。沉淀完毕，pH 还在 3.5~4.5，既可防止其他难溶性钙盐的生成，又不会使 CaC_2O_4 溶解度太大。加热 30 min 使沉淀陈化，然后过滤、洗涤以除去过量的 $(NH_4)_2C_2O_4$。将洗涤的 CaC_2O_4 沉淀溶于稀 H_2SO_4 中，加热至 75~85 ℃，用 $KMnO_4$ 标准溶液滴定。

此法也适用于牲畜畜体、畜产品、粪、尿、血液中钙的测定。

6.4.3 主要仪器和试剂

仪器：分析天平，50 mL 酸式滴定管，25 mL 移液管，250 mL 容量瓶，250 mL 锥形瓶，100 mL 烧杯，滴管，洗耳球，玻棒，洗瓶等。

试剂：浓 H_2SO_4（A.R），30% H_2O_2，1:1 $NH_3 \cdot H_2O$ 溶液，1:50 $NH_3 \cdot H_2O$ 溶液，1:3 HCl 溶液，1:3 H_2SO_4 溶液，4.2% $(NH_4)_2C_2O_4$ 溶液，甲基红指示剂，风干饲料样品，$c(1/5KMnO_4) = 0.1$ mol·L^{-1} 的 $KMnO_4$ 标准溶液，10% $BaCl_2$ 溶液。

6.4.4 实验步骤

1. 饲料样品预处理 样品预处理常用消化法和灰化法两种。凡样品中含钙量高时用消化法为宜，含钙量低时用灰化法为宜。两种方法制备的溶液均可测定钙、磷、锰等元素。

本实验只对消化法做一介绍：

准确称取风干饲料样品 2 g 左右，放入 250 mL 凯氏瓶底部，加入浓 H_2SO_4 16 mL，混匀浸润后慢慢加热至开始冒大量白烟，微沸约 5 min，取下冷却（约 0.5 min），逐滴加入 30% H_2O_2 约 1 mL，继续加热微沸 2~5 min，取下稍冷后，添加几滴 H_2O_2，再加热煮几分钟，稍冷。必要时再加少量 H_2O_2（用量逐次减少）消煮，直到消煮液完全清亮为止。最后要微沸

5 min,以除尽H_2O_2,冷却后转移到 250 mL 容量瓶中,用蒸馏水多次冲洗凯氏瓶,一并放入容量瓶中,在室温下定容,放置澄清后使用。

2. 沉淀草酸钙 用移液管准确吸取上述处理过的溶液 25~50 mL(吸取的体积决定于样品中钙的含量,一般以消耗 0.1 mol·L^{-1}KMnO$_4$标准溶液25 mL左右为宜),放入 250 mL 锥形瓶中,滴加 2 滴甲基红指示剂。然后一滴滴加入 1:1NH$_3$·H$_2$O 溶液,调节溶液 pH 至 5.6(溶液由红变为橘黄色即可)。加入数滴 1:3HCl 溶液,直至溶液又呈红色(此时 pH 为 2.5~3.0)。加蒸馏水稀释溶液,使总体积约为 150 mL,加热煮沸。在热溶液中徐徐滴入 4.2%(NH$_4$)$_2$C$_2$O$_4$溶液 10 mL,若溶液由红色转变为黄色或橘色,应再滴入 1:3HCl 溶液直至溶液又转变成红色为止。将溶液煮沸 3~4 min,使之形成 CaC$_2$O$_4$粗晶形沉淀,放置过夜。

如果不需放置过夜,可以加热 30 min,使沉淀陈化,冷却。

3. 过滤和洗涤 用倾注法过滤及洗涤沉淀,先把沉淀与溶液放置一段时间,再将上层清液倾入漏斗中,让沉淀尽可能地留在烧杯内,以免沉淀堵塞滤纸小孔。清液倾注完毕后进行洗涤,先用 1:50NH$_3$·H$_2$O 溶液 10~20 mL 沿杯壁加入,使黏附在锥形瓶壁上的沉淀洗下,用玻棒充分搅拌,放置澄清,再倾泻过滤。如此重复洗涤 3~5 次,再用蒸馏水洗涤 4~5次,直至溶液中无 C$_2$O$_4^{2-}$存在为止(用 10%BaCl$_2$溶液检查)。

4. 沉淀的溶解和滴定 将带有沉淀的原锥形瓶放在上述过滤时用的漏斗下面,从漏斗上取下带有沉淀的滤纸放在锥形瓶内,加入 1:3H$_2$SO$_4$溶液10 mL使 CaC$_2$O$_4$沉淀溶解,将溶液稀释至约 100 mL,把溶液加热到 75~85 ℃,用 KMnO$_4$标准溶液滴定至溶液呈现淡粉色并持续 30 s 颜色不退净,即为终点。记录消耗 KMnO$_4$的体积,计算出饲料中 Ca 的质量分数。

6.4.5 计算公式

$$w(Ca) = \frac{c(1/5KMnO_4) \times V(KMnO_4) \times M(1/2Ca) \times 10^{-3}}{m_{样}} \times \frac{V_1}{V_2} \times 100\%$$

$$M(1/2Ca) = 20.04 \text{ g·mol}^{-1}$$

式中,V_1为样品消化液的稀释体积,V_2为测定钙时吸取的样品溶液体积,$m_{样}$为风干饲料样品质量。

6.4.6 注意事项

(1)过滤时,尽量将沉淀留在器皿中,否则沉淀移到滤纸上会把滤孔堵塞,影响过滤速度。

(2)KMnO$_4$标准溶液不稳定,使用时注意浓度的变化。

(3)其他注意事项同实验 6.1。

6.4.7 问题与思考

(1)用 KMnO$_4$滴定草酸的过程中,加酸和加热对控制滴定速度有何意义?

(2)样品溶液中为什么需先加 NH$_3$·H$_2$O,后又加盐酸?

(3)为什么要用 NH$_3$·H$_2$O 溶液冲洗草酸钙沉淀直至剩余的(NH$_4$)$_2$C$_2$O$_4$洗净为止?

(4)导致本实验结果偏高或偏低的主要因素有哪些?

6.5 亚铁盐中铁含量的测定

6.5.1 目的要求

(1)掌握 $K_2Cr_2O_7$ 标准溶液的配制方法。
(2)掌握 $K_2Cr_2O_7$ 法测定铁的原理和测定条件。
(3)能够用二苯胺磺酸钠指示剂准确地判断滴定终点。

6.5.2 实验原理

以二苯胺磺酸钠为指示剂,用 $K_2Cr_2O_7$ 标准溶液测定亚铁盐中铁的含量,是在酸性条件下进行的,其滴定反应为

$$Cr_2O_7^{2-} + 6Fe^{2+} + 14H^+ = 2Cr^{3+} + 6Fe^{3+} + 7H_2O$$

随着滴定的进行,生成的黄色 Fe^{3+} 越来越多,不利于终点观察。加入 H_3PO_4 与 Fe^{3+} 生成无色的 $Fe(HPO_4)_2^-$ 配离子,可以消除 Fe^{3+} 的黄色,有利于观察滴定终点的颜色变化。同时,由于 $Fe(HPO_4)_2^-$ 的生成,降低了 Fe^{3+}/Fe^{2+} 电对的电极电势,增加了滴定电势突跃范围,使二苯胺磺酸钠变色点的电势落在滴定的电势突跃范围之内,避免了指示剂提前变色,提高了测定的准确度。

Fe^{2+} 为测定形式,故不论何种含铁试样,均应制备成 Fe^{2+} 后才可进行测定。在 $H_2SO_4 + H_3PO_4$ 混合酸介质中,用 $K_2Cr_2O_7$ 标准溶液滴定至溶液由浅绿(Cr^{3+} 色)变为蓝紫色即为终点。

$K_2Cr_2O_7$ 纯度高,容易提纯,可以直接配制成标准溶液。$K_2Cr_2O_7$ 标准溶液非常稳定,可以长期保存。

6.5.3 主要仪器和试剂

仪器:分析天平,50 mL 或 10 mL 酸式与碱式滴定管,25 mL 和 5 mL 移液管,100 mL 容量瓶,250 mL 或 100 mL 锥形瓶,250 mL 或 50 mL 烧杯,10 mL 和 50 mL 量筒,滴管,洗耳球,玻棒,洗瓶等。

试剂:$K_2Cr_2O_7$(A.R),0.2% 或 0.05% 二苯胺磺酸钠溶液,硫酸亚铁铵或硫酸亚铁固体。

$H_2SO_4 + H_3PO_4$ 混合酸:$c(1/2H_2SO_4) = 3$ mol·L^{-1} H_2SO_4 与 $w(H_3PO_4) = 0.85$ 的磷酸(市售)按 4:1 混合。

6.5.4 实验步骤

【半微量分析法】

1. $c(1/6K_2Cr_2O_7) = 0.05$ mol·L^{-1} $K_2Cr_2O_7$ 标准溶液的配制 用减量法准确称取 $K_2Cr_2O_7$ 基准物质 0.24 g 左右,放入 50 mL 烧杯中,加约 20 mL 蒸馏水溶解后,转入 100 mL 容量瓶中,用蒸馏水润洗烧杯内壁和玻棒 3 次,溶液全部转入容量瓶中,经初混后,

定容，摇匀，备用。

2. 亚铁盐中铁的测定　准确移取含铁试液 5.00 mL 于 100 mL 锥形瓶中，加入 $H_2SO_4+H_3PO_4$ 混合酸 2 mL，加入 2~3 滴二苯胺磺酸钠指示剂，立即用 $K_2Cr_2O_7$ 标准溶液滴定至溶液由绿色变为稳定的紫蓝色（或紫色），即为终点。重复操作 3~5 次，选择两次所用体积相差不超过 0.04 mL 的 $K_2Cr_2O_7$ 的体积，计算试液中 Fe 的含量。

【常量分析法】

1. $K_2Cr_2O_7$ 标准溶液的配制　用差减法准确称取分析纯 $K_2Cr_2O_7$ 1.200 0 g 左右，置于 250 mL 烧杯中，加入少量蒸馏水使其溶解。必要时可稍微加热。冷却后转入 250 mL 容量瓶中，加蒸馏水定容至刻度，摇匀待用。计算 $K_2Cr_2O_7$ 的准确浓度。

2. 铁含量的测定　准确称取硫酸亚铁铵 3.8~4.2 g，置于 100 mL 烧杯中，加 10 mL 3 mol·L^{-1} H_2SO_4，再加蒸馏水 30 mL，搅动使之完全溶解，定量转入 100 mL 容量瓶中，加蒸馏水定容至刻度，摇匀待测。

用移液管吸取上述待测液 25.00 mL 于 250 mL 锥形瓶中，加蒸馏水 30 mL，加 5 mL 3 mol·L^{-1} H_2SO_4，3 mL 85%磷酸，加二苯胺磺酸钠指示剂 5~6 滴，以 $K_2Cr_2O_7$ 标准溶液滴定至溶液由绿色突变为紫色或紫蓝色即为终点。记录 $K_2Cr_2O_7$ 标准溶液所消耗的体积。平行滴定 2~3 份，计算铁的质量分数。

6.5.5　计算公式

$$c(1/6K_2Cr_2O_7)=\frac{m\times 10^3}{M(1/6K_2Cr_2O_7)\times V(K_2Cr_2O_7)}$$

或

$$c(K_2Cr_2O_7)=\frac{m(K_2Cr_2O_7)}{M(K_2Cr_2O_7)\times 0.250\ L}$$

式中，m 为称取 $K_2Cr_2O_7$ 的质量，$M(1/6K_2Cr_2O_7)=49.03\ g·mol^{-1}$。

$$\rho(Fe)/(g·100\ mL^{-1})=c(1/6K_2Cr_2O_7)\times V(K_2Cr_2O_7)\times M(Fe)\times 10^{-3}\times \frac{100.0}{5.00}$$

$$M(Fe)=55.85\ g·mol^{-1}$$

6.5.6　注意事项

(1) $K_2Cr_2O_7$ 溶解速度较慢，一定待 $K_2Cr_2O_7$ 完全溶解后，再将其转入容量瓶中。

(2) 在加入 $H_2SO_4+H_3PO_4$ 混合酸后，Fe^{2+} 更易被氧化，故应马上滴定。

(3) 滴定终点由绿色变为紫色。如果绿色太深对终点观察有影响，可加蒸馏水稀释，但 $H_2SO_4+H_3PO_4$ 混合酸也应适当多加。

(4) 二苯胺磺酸钠指示剂也消耗一定量的 $K_2Cr_2O_7$，所以不能加入太多。

(5) 二苯胺磺酸钠指示剂容易变质，颜色变为深绿色时，已经失效，不能使用。

6.5.7　问题与思考

(1) $K_2Cr_2O_7$ 为什么能用直接法配制标准溶液？

(2) 用 $K_2Cr_2O_7$ 法测定铁时，加入磷酸所起的作用是什么？

(3) 反应是否可以在 HCl 介质中进行？

(4) 用 $K_2Cr_2O_7$ 法能否测定 Fe^{3+} 或 Fe？

(5) 滴定过程中，若忘记加入 H_3PO_4，对测定结果有何影响？

6.6 土壤有机质含量的测定（重铬酸钾法）

6.6.1 目的要求

(1) 掌握 $K_2Cr_2O_7$ 法测定土壤有机质的原理。

(2) 学习返滴定法操作技术。

6.6.2 实验原理

土壤有机质含量是衡量土壤肥力的重要指标之一。有机质会影响土壤的物理性质和耕作性能，所以测定土壤有机质含量对农业生产和农业科学研究有着重要意义。

由于有机质组成复杂，为简便起见，通常以碳含量折算为有机质含量。测定采用返滴定法，即在试样中加入一定量过量的 $K_2Cr_2O_7$ 标准溶液，在浓 H_2SO_4 存在下，加热至 170～180 ℃，使有机质中的 C 被氧化为 CO_2，剩余的 $K_2Cr_2O_7$ 用 $FeSO_4$ 标准溶液回滴。以二苯胺磺酸钠为指示剂，滴定终点时指示剂的蓝紫色刚好退去，溶液呈 Cr^{3+} 的深绿色。测定时主要反应如下：

$$2Cr_2O_7^{2-}(\text{过量}) + 3C + 16H^+ =\!=\!= 4Cr^{3+} + 3CO_2\uparrow + 8H_2O$$
$$Cr_2O_7^{2-}(\text{剩余量}) + 6Fe^{2+} + 14H^+ =\!=\!= 2Cr^{3+} + 6Fe^{3+} + 7H_2O$$

为加速有机质的氧化，可加入 Ag_2SO_4 为催化剂。Ag_2SO_4 还可使土壤中 Cl^- 生成 AgCl 沉淀，以排除 Cl^- 的干扰。

6.6.3 主要仪器和试剂

仪器：分析天平，50 mL 酸式滴定管，25 mL 移液管，500 mL 容量瓶，250 mL 锥形瓶，250 mL 烧杯，滴管，洗耳球，玻棒，洗瓶等。

试剂：$K_2Cr_2O_7$(A.R)，$FeSO_4$(A.R)，浓 H_2SO_4，浓 H_3PO_4，0.5% 二苯胺磺酸钠指示剂，$c(1/2H_2SO_4) = 6$ mol·L^{-1} H_2SO_4 溶液。

$H_2SO_4 + H_3PO_4$ 混合酸：$c(1/2H_2SO_4) = 3$ mol·L^{-1} H_2SO_4 与 $w(H_3PO_4) = 0.85$ 的磷酸（市售）按 4:1 混合。

6.6.4 实验步骤

1. $c(1/6K_2Cr_2O_7) = 0.5$ mol·L^{-1} $K_2Cr_2O_7$ 标准溶液的配制 准确称取约 12 g $K_2Cr_2O_7$，置于 250 mL 烧杯中，加 100 mL 蒸馏水溶解，定量转移至 500 mL 容量瓶中，定容，摇匀，备用。

2. $c(FeSO_4) = 0.2$ mol·L^{-1} $FeSO_4$ 标准溶液的配制 准确称取 $FeSO_4·7H_2O$ 约 14g，或 $(NH_4)_2SO_4·FeSO_4·6H_2O$ 20 g 置于 250 mL 烧杯中，加 6 mol·L^{-1} H_2SO_4 溶液 8 mL，并加适量蒸馏水溶解，然后定量地转移到 250 mL 容量瓶中，定容，摇匀，备用。

3. $FeSO_4$ 标准溶液的标定 准确移取 $FeSO_4$ 溶液 25.00 mL 于 250 mL 锥形瓶中，加入 $H_2SO_4 + H_3PO_4$ 混合酸 10 mL，加入 2～3 滴二苯胺磺酸钠指示剂，立即用 $K_2Cr_2O_7$ 标准溶

液滴定至溶液由绿色变为稳定的紫蓝色(或紫色),即为终点。重复操作 2～3 次,选择两次所用体积相差不超过 0.04 mL 的 $K_2Cr_2O_7$ 的体积,计算 $FeSO_4$ 的浓度。

4. 有机质的测定 准确称取风干土样约 0.2 g 放入 15 mm×100 mm 的硬质试管中,加入约 0.1 g Ag_2SO_4,由滴定管准确加入 10 mL $K_2Cr_2O_7$ 标准溶液,再用量筒加入浓 H_2SO_4 10 mL,摇匀,然后置试管于事先预热为 170～180 ℃的石蜡浴中,此时试管中先有细小的 CO_2 气泡逸出,随着气泡的增多,溶液开始沸腾,当试管内温度升至 170～180 ℃时,开始计算时间,约 5 min 后,取出试管,冷却至室温,把试液无损地转入 250 mL 锥形瓶中,用水洗净试管,洗液倒入锥形瓶中,全部试液的体积控制在 100～150 mL,加入浓 H_3PO_4 3 mL,加二苯胺磺酸钠指示剂 4～5 滴,用 $FeSO_4$ 标准溶液滴定至溶液突变到亮绿色(Cr^{3+} 的颜色)即为终点。

同时作空白试验。扣除空白值算出有机质的质量分数。

6.6.5 计算公式

实验证明,有机质平均含碳量为 58%,若换算为有机质含量时,应乘以换算系数 100/58=1.724。在 Ag_2SO_4 存在下,有机质的平均氧化率可达 92.6%,所以,有机质的氧化校正系数为 100/92.6=1.08。与此同时,尚需做空白测定。有机质含量可按下式计算:

$$w(有机质) = \frac{c(FeSO_4) \times [V(FeSO_4) - V_0(FeSO_4)] \times M(1/4C) \times 1.724 \times 1.08 \times 10^{-3}}{m_{样}} \times 100\%$$

$$M(C) = 12.011 \text{ g} \cdot \text{mol}^{-1}$$

式中,$m_{样}$ 为风干土样的质量,V_0 是空白试验所消耗 $FeSO_4$ 的体积,V 是测定土样时所消耗 $FeSO_4$ 的体积。

6.6.6 注意事项

(1) $K_2Cr_2O_7$ 标准溶液配制的浓度应根据土样中有机质含量的多少而定。

(2) $FeSO_4$ 标准溶液浓度易改变,临用前必须标定。

(3) 加入少量 Ag_2SO_4(0.1 g)能加快此氧化还原反应,同时它也能和 Cl^- 离子生成 AgCl 沉淀,防止高温下 Cl^- 被氧化成 Cl_2 而造成误差。

(4) 热消煮时,要十分小心,应保持溶液呈微沸状态,在 170～180 ℃范围内不会引起 $K_2Cr_2O_7$ 的分解。否则,若温度过高,引起剧烈沸腾,水蒸气大量蒸发,将增加溶液的酸度,从而造成 $K_2Cr_2O_7$ 自身分解,将影响测定结果的准确度。

(5) 土壤中常有 Fe^{2+},也会影响测定结果的准确度。因此测定有机质时,一定要用风干土样(土样在风干过程中 Fe^{2+} 会被空气氧化为 Fe^{3+},对测定就没有影响了)。

6.6.7 问题与思考

(1) 测定过程中比较关键的操作步骤有哪些?

(2) 实验中加入 Ag_2SO_4 和 H_3PO_4 的目的是什么?若加量不足,对测定结果有何影响?

(3) 若加热温度过高,会引起什么反应,使测定结果偏高还是偏低?

(4) 若用湿土样测定,对测定结果有何影响?

6.7 硫代硫酸钠标准溶液的配制与标定

6.7.1 目的要求

(1) 掌握 $Na_2S_2O_3$ 标准溶液的配制和标定方法。
(2) 掌握间接碘量法的原理与方法。
(3) 学习淀粉指示剂的使用方法。

6.7.2 实验原理

结晶的硫代硫酸钠($Na_2S_2O_3 \cdot 5H_2O$)含有少量的 S、Na_2SO_3、Na_2SO_4 等杂质，易风化、潮解，所以不能直接配制成标准溶液，且溶液中若有溶解氧、二氧化碳或微生物时，$Na_2S_2O_3$ 会分解析出单质硫。同时，$Na_2S_2O_3$ 溶液也很不稳定，容易与水中的 H_2CO_3、空气中的氧作用以及被微生物分解而使浓度发生变化。反应式如下：

$$Na_2S_2O_3 + H_2CO_3 =\!=\!= NaHCO_3 + NaHSO_3 + S\downarrow$$

$$2Na_2S_2O_3 + O_2 =\!=\!= 2Na_2SO_4 + 2S\downarrow$$

$$Na_2S_2O_3 \xrightarrow{\text{微生物}} Na_2SO_3 + S\downarrow$$

为此，配制 $Na_2S_2O_3$ 溶液时，需用新煮沸并冷却了的蒸馏水，以除去氧、二氧化碳和杀死细菌，并加入少量 Na_2CO_3 使溶液呈弱碱性，保持 pH9~10，以防止 $Na_2S_2O_3$ 的分解；光照会促进 $Na_2S_2O_3$ 分解，因此应将溶液贮存于棕色瓶中，放置暗处 7~10 天，待其浓度稳定后，再进行标定，但 $Na_2S_2O_3$ 不宜长期保存。

标定 $Na_2S_2O_3$ 的基准物质有 $KBrO_3$、KIO_3、$K_2Cr_2O_7$ 等，用 $K_2Cr_2O_7$ 最为方便，结果也很准确。标定时，准确称取一定质量的 $K_2Cr_2O_7$ 溶解后，加入过量的 KI(超过理论值 2~3 倍)，在酸性溶液中定量地析出 I_2：

$$6I^- + Cr_2O_7^{2-} + 14H^+ =\!=\!= 2Cr^{3+} + 3I_2 + 7H_2O$$

生成的游离 I_2 立即用 $Na_2S_2O_3$ 标准溶液滴定：

$$I_2 + 2S_2O_3^{2-} =\!=\!= 2I^- + S_4O_6^{2-}$$

从反应式中可以看出，实际上相当于 $K_2Cr_2O_7$ 氧化了 $Na_2S_2O_3$，I^- 并未发生变化。$K_2Cr_2O_7$ 的基本单元是 $1/6K_2Cr_2O_7$，$Na_2S_2O_3$ 的基本单元是 $Na_2S_2O_3$。

为防止 I^- 的氧化，基准物质与 KI 反应时，酸度应控制在 0.2~0.4 mol·L^{-1}，且加入 KI 的量应超过理论用量的 3 倍，以保证反应进行完全。

滴定过程中，应先用 $Na_2S_2O_3$ 溶液将生成的碘大部分滴定后，溶液呈淡黄色时，再加入淀粉指示剂，用 $Na_2S_2O_3$ 溶液继续滴定至蓝色刚好消失即为终点。

6.7.3 主要仪器和试剂

仪器：分析天平，50 mL 或 10 mL 酸式与碱式滴定管，25 mL 和 5 mL 移液管，100 mL 容量瓶，250 mL 或 100 mL 锥形瓶，250 mL 或 50 mL 烧杯，10 mL 和 50 mL 量筒，滴管，洗耳球，玻棒，洗瓶等。

试剂：$K_2Cr_2O_7$(A.R)(或浓度约为 0.017 mol·L^{-1} $K_2Cr_2O_7$ 标准溶液)，$Na_2S_2O_3 \cdot 5H_2O$(A.R)，

10%KI 溶液，$c(1/2H_2SO_4) = 3 \text{ mol} \cdot \text{L}^{-1}$ H_2SO_4 溶液，0.5%淀粉溶液（新配的），Na_2CO_3 (A.R)。

6.7.4 实验步骤

【半微量分析法】

1. $c(Na_2S_2O_3) = 0.05 \text{ mol} \cdot \text{L}^{-1}$ $Na_2S_2O_3$ 溶液的配制 用台秤称取 $Na_2S_2O_3 \cdot 5H_2O$ 约 6 g，溶于适量的刚煮沸并冷却的蒸馏水中，加入 Na_2CO_3 约 0.05 g，稀释至 500 mL，倒入细口试剂瓶中，放置 6~10 天后标定。

2. $c(1/6K_2Cr_2O_7) = 0.05 \text{ mol} \cdot \text{L}^{-1}$ $K_2Cr_2O_7$ 标准溶液的配制 用减量法准确称取 $K_2Cr_2O_7$ 基准物质约 0.24 g，放入 50 mL 烧杯中，加约 20 mL 蒸馏水溶解后，转入 100 mL 容量瓶中，用蒸馏水润洗烧杯内壁和玻棒 3 次，全部转入容量瓶中，经初混后，定容，摇匀，备用。

3. $0.05 \text{ mol} \cdot \text{L}^{-1}$ $Na_2S_2O_3$ 溶液的标定 准确移取 5.00 mL $K_2Cr_2O_7$ 溶液于 100 mL 锥形瓶中（最好用碘量瓶），加入 3 mol·L^{-1} H_2SO_4 2 mL 和 2 mL（约 2 滴管）10%KI 溶液，充分混合后，用小表面皿盖好以防止 I_2 挥发损失，在暗处放置 3 min。用 $Na_2S_2O_3$ 溶液滴定到溶液呈浅黄色时，加 5 滴 0.5%淀粉指示剂（如过早加入淀粉指示剂，大量碘和淀粉结合，会妨碍 $Na_2S_2O_3$ 对 I_2 的还原作用，碘-淀粉的蓝色很难退去，增加滴定误差）。继续滴定至蓝色刚好消失而出现浅蓝色为终点。重复操作 3~5 次，选择两次所用体积相差不超过 0.04 mL 的 $Na_2S_2O_3$ 的体积，计算结果。

【常量分析法】

$Na_2S_2O_3$ 标准溶液的配制与标定：

(1) $0.1 \text{ mol} \cdot \text{L}^{-1}$ $Na_2S_2O_3$ 溶液的配制。称取 $Na_2S_2O_3 \cdot 5H_2O$ 7.5 g 置于烧杯中，加入 300 mL 新煮沸并冷却至室温的蒸馏水，溶解后，加 0.1 g Na_2CO_3，搅拌均匀，盛装于棕色试剂瓶中，放置暗处 7~10 d 后标定。

(2) $0.1 \text{ mol} \cdot \text{L}^{-1}$ $Na_2S_2O_3$ 溶液的标定。准确移取 25.00 mL $K_2Cr_2O_7$ 标准溶液于 250 mL 锥形瓶中，加 5 mL 6 mol·L^{-1} HCl，10 mL 10% KI 溶液，充分摇匀后，盖上小表面皿，放在暗处 5 min，加 80 mL 水稀释。用 $Na_2S_2O_3$ 溶液滴定至浅黄色，加 3 mL 0.5%淀粉指示剂，继续滴定至溶液蓝色刚刚消失而呈 Cr^{3+} 的亮绿色即为终点。记录 $Na_2S_2O_3$ 溶液的用量。计算 $Na_2S_2O_3$ 溶液的浓度。

6.7.5 计算公式

$$c(1/6K_2Cr_2O_7) = \frac{m \times 10^3}{M(1/6K_2Cr_2O_7) \times V(K_2Cr_2O_7)}$$

$$c(Na_2S_2O_3) = \frac{c(1/6K_2Cr_2O_7) \times V(K_2Cr_2O_7)}{V(Na_2S_2O_3)}$$

或

$$c(Na_2S_2O_3) = \frac{6m(K_2Cr_2O_7)}{M(K_2Cr_2O_7) \times V(Na_2S_2O_3)}$$

式中，m 为称取 $K_2Cr_2O_7$ 的质量，$M(1/6K_2Cr_2O_7) = 49.03 \text{ g} \cdot \text{mol}^{-1}$。

6.7.6 注意事项

(1) $K_2Cr_2O_7$ 与 KI 反应进行较慢,尤其在稀溶液中更慢,故滴定前,放置 3 min,使反应进行完全。

(2) KI 要过量,但浓度不能超过 2%~4%,因为如果 I^- 浓度太高,淀粉指示剂颜色变化不灵敏。

(3) 析出 I_2 后,要立即用 $Na_2S_2O_3$ 滴定,滴定速度宜快不宜慢。

(4) 淀粉指示剂不能过早加入,只能在近终点时加入。

(5) 终点有回蓝现象。空气氧化造成的回蓝较慢,不影响测定结果,如果回蓝很快,说明 $K_2Cr_2O_7$ 与 KI 反应不完全。

6.7.7 问题与思考

(1) 标定 $Na_2S_2O_3$ 溶液时,加入 KI 溶液的体积要很准确吗? KI 的作用是什么?

(2) 用 $Na_2S_2O_3$ 滴定 I_2 溶液时,为什么在接近化学计量点时加入淀粉指示剂?

(3) $Na_2S_2O_3$ 标准溶液应用什么方法配制?配制后为何要放置数日后才能进行标定?

(4) 配制 $Na_2S_2O_3$ 标准溶液时,为什么要用刚煮沸放冷的蒸馏水?加入少量 Na_2CO_3 的目的是什么?

(5) 标定 $Na_2S_2O_3$ 溶液时,应在什么介质中进行?为什么?酸度大小对测定结果有何影响?

(6) 标定 $Na_2S_2O_3$ 溶液的基准物质有哪些?以 $K_2Cr_2O_7$ 标定 $Na_2S_2O_3$ 时,终点的浅蓝色是什么物质的颜色?

6.8 胆矾中铜含量的测定(间接碘量法)

6.8.1 目的要求

(1) 掌握间接碘量法测定铜的原理和操作技术。

(2) 能用淀粉指示剂正确地判断滴定终点。

6.8.2 实验原理

胆矾($CuSO_4 \cdot 5H_2O$)是农药波尔多液的主要原料,胆矾中的铜常用间接碘量法进行测定。样品在酸性溶液中,加入过量的 KI,使 KI 与 Cu^{2+} 作用生成难溶性的 CuI,并析出 I_2,再用 $Na_2S_2O_3$ 标准溶液滴定析出的 I_2:

$$2Cu^{2+} + 4I^- = 2CuI\downarrow + I_2$$

$$I_2 + 2S_2O_3^{2-} = S_4O_6^{2-} + 2I^-$$

CuI 沉淀溶解度较大,上述反应进行不完全。又由于 CuI 沉淀强烈吸附一些碘,使测定结果偏低,滴定终点不明显。如果在滴定过程中加入 KSCN,使 CuI($K_{sp}=1.1\times10^{-12}$)沉淀转化为更难溶的 CuSCN($K_{sp}=4.8\times10^{-15}$)沉淀:

$$CuI + SCN^- = CuSCN\downarrow + I^-$$

CuSCN 沉淀吸附 I_2 的倾向性较小,提高了分析结果的准确度,同时,使反应的终点比较明显。KSCN 只能在接近终点时加入，否则，SCN^- 可直接还原 Cu^{2+} 而使结果偏低。

$$6Cu^{2+}+7SCN^-+4H_2O \Longrightarrow 6CuSCN\downarrow+SO_4^{2-}+HCN+7H^+$$

前一反应中 I^- 不仅是还原剂、配位剂，更重要的还是沉淀剂。正是由于 CuI 难溶于水，才使 Cu^{2+}/Cu^+ 的电极电势升至大于 I_2/I^- 的电极电势，使反应得以定量完成。

为了防止 Cu^{2+} 水解，反应必须在微酸性(pH＝3～4)溶液中进行。由于 Cu^{2+} 容易和 Cl^- 形成配离子，所以酸化时要用 H_2SO_4 或 HAc 而不能用 HCl。酸度过低，反应速度慢；但酸度也不可过高，以避免在 Cu^{2+} 催化下加快 I^- 被空气中的氧氧化，使结果偏高。

样品中若含 Fe^{3+}，对测定有干扰(Fe^{3+} 能氧化 I^- 生成 I_2，使测得结果偏高)，可加入 NaF 掩蔽。

6.8.3 主要仪器和试剂

仪器：分析天平，50 mL 或 10 mL 酸式与碱式滴定管，25 mL 和 5 mL 移液管，100 mL 容量瓶，250 mL 或 100 mL 锥形瓶，250 mL 或 50 mL 烧杯，10 mL 和 50 mL 量筒，滴管，洗耳球，玻棒，洗瓶等。

试剂：$c(HAc)=6\ mol\cdot L^{-1}$ HAc 溶液，$c(Na_2S_2O_3)=0.05\ mol\cdot L^{-1}\ Na_2S_2O_3$ 标准溶液，10％KI 溶液，4％KSCN 溶液，0.5％淀粉指示剂，含铜试液，$Na_2S_2O_3$ 固体，Na_2CO_3 固体(A.R)，饱和 NaF 溶液，$CuSO_4\cdot 5H_2O$ 试样。

6.8.4 实验步骤

【半微量分析法】

准确移取含铜试液 5.00 mL 于 100 mL 锥形瓶中，加入 6 $mol\cdot L^{-1}$ HAc 2 mL 和 2 mL(约 2 滴管)10％KI 溶液，立即用 $Na_2S_2O_3$ 标准溶液滴定至浅黄色，加入 2 mL(约 2 滴管)4％KSCN 溶液和 5 滴淀粉指示剂，混合后继续用 $Na_2S_2O_3$ 标准溶液滴定到蓝色刚好消失即为终点。此时，溶液为米粉色 CuSCN 悬浮液。记录使用 $Na_2S_2O_3$ 的体积。重复测定 3～5 次，选择两次所用体积相差不超过 0.04 mL 的 $Na_2S_2O_3$ 的体积，计算结果。

【常量分析法】

准确称取 2.2～2.6 g 胆矾试样，置于 250 mL 烧杯中，加入 10 mL 1 $mol\cdot L^{-1}\ H_2SO_4$ 溶液，25 mL 水溶解后，定量地转入 100 mL 容量瓶中定容，摇匀。吸取 25.00 mL 上述溶液于锥形瓶中，加 30 mL 水，10 mL 饱和 NaF 溶液及 10 mL 10％ KI 溶液，用 $Na_2S_2O_3$ 标准溶液滴定至浅黄色，加 5 mL 淀粉指示剂继续滴定至浅蓝色，再加 10 mL 10％ KSCN 溶液，继续滴定至蓝色刚刚消失即为终点。记录 $Na_2S_2O_3$ 标准溶液的体积，平行滴定 2～3 份。计算试样中铜的质量分数。

6.8.5 计算公式

$$\rho(Cu)/(g\cdot 100\ mL^{-1})=c(Na_2S_2O_3)\times V(Na_2S_2O_3)\times M(Cu)\times 10^{-3}\times \frac{100.0}{5.00}$$

$$M(Cu)=63.55\ g\cdot mol^{-1}$$

6.8.6 注意事项

(1)滴定要在避光、快速、勿剧烈摇动下进行。

(2)淀粉指示剂不能早加,因滴定反应中产生大量的CuI沉淀,若淀粉与I_2过早地生成蓝色配合物,大量的I_3^-被CuI吸附,终点呈较深的灰黑色,不易于终点观察。

(3)加入KSCN不能过早,且加入后要剧烈摇动溶液,以利于沉淀转化和释放出被吸附的I_3^-。

(4)滴定至终点后若很快变蓝,表示Cu^{2+}与I^-反应不完全,该份样品应弃去重做。若30 s之后又恢复蓝色,是空气氧化I^-生成I_2造成的,不影响测定结果。

6.8.7 问题与思考

(1)用$K_2Cr_2O_7$标定$Na_2S_2O_3$溶液时,加KI有哪些作用?滴定过程中误差来源主要有哪些?如何避免?

(2)为什么淀粉指示剂和KSCN都要在接近终点时加入?

(3)溶解试样为什么要加酸酸化?测定时为什么要在微酸性条件下进行?

(4)碘量法测Cu^{2+},需要在什么介质中进行?应用什么酸调节溶液的pH?

(5)碘量法测Cu^{2+},若pH≤3,会发生什么反应?使测定结果偏高还是偏低?

(6)碘量法测Cu^{2+},若pH≥6会发生什么反应?使测定结果偏高还是偏低?

(7)碘量法测Cu^{2+},若过早加入KSCN,会发生什么反应?使测定结果偏高还是偏低?

(8)用碘量法测Cu^{2+}时,若忘记加KSCN,使测定结果偏高还是偏低?

(9)用碘量法测Cu^{2+}时,若样品中含Fe^{3+},对测定结果有什么影响?

(10)在胆矾测定中既加NaF又加KI,这两个物质各起什么作用?有无先后顺序关系?先加KI后加NaF可以吗?为什么?

(11)写出碘量法测定铜时的有关反应方程式。说明在测定中加入KSCN的理由。

6.9 维生素C含量的测定(直接碘量法)
(半微量分析法)

6.9.1 目的要求

(1)掌握碘量法测定维生素C含量的原理和操作技术。

(2)学会I_2标准溶液的配制和标定方法。

6.9.2 实验原理

维生素C在医药和化学上应用广泛。维生素C广泛存在于植物组织中,新鲜的水果、蔬菜,特别是枣、辣椒、苦瓜、柿子叶、猕猴桃、柑橘等食品中含量尤为丰富。维生素C分子中的二烯醇基可被I_2氧化成二酮基:

$$\underset{\underset{OHO\ OHH\ OHH}{|\ \ \ |\ \ \ \ |\ \ |}}{C-C=C-C-C-CH} + I_2 \Longrightarrow \underset{\underset{O\ \ O\ \ OHH}{|\ \ \ \ \ \ \ \ |\ \ |}}{\overset{\overset{H\ OH}{|\ \ |}}{C-C-C-C-C-CH}} + 2HI$$

此反应不必加碱即可进行完全。由于维生素C的还原能力强而易被空气氧化,特别是在碱性溶液中更容易被氧化,所以,在测定中需加稀HAc,使溶液保持足够的酸度,以减少副反应的发生。

配制I_2标准溶液时,如果碘试剂很纯,可用升华法直接配制成标准溶液。但商品碘含有杂质,需用间接法配制。

6.9.3 主要仪器和试剂

仪器:分析天平,10 mL酸式滴定管,5 mL移液管,100 mL容量瓶,100 mL锥形瓶,50 mL烧杯,滴管,洗耳球,玻棒,洗瓶等。

试剂:I_2(A.R),KI(A.R),$NaHCO_3$(A.R),$c(HAc)=2\ mol \cdot L^{-1}$的HAc溶液,$c(HAc)=6\ mol \cdot L^{-1}$的HAc溶液,$c(NaOH)=6\ mol \cdot L^{-1}$的NaOH溶液,0.5%淀粉溶液。

6.9.4 实验步骤

1. $c(1/2I_2)=0.05\ mol \cdot L^{-1}$的$I_2$标准溶液的配制 称取$0.65\ gI_2$和$1\ gKI$,置于研钵中,加少量蒸馏水,研磨至完全溶解后,将溶液转入棕色试剂瓶中。加蒸馏水稀释至100 mL,充分摇匀,放暗处保存。

2. I_2标准溶液的标定 采用比较标定法,用$Na_2S_2O_3$标准溶液标定I_2溶液。用移液管准确移取$5.00\ mL I_2$溶液于100 mL锥形瓶(或碘量瓶)中,用$Na_2S_2O_3$标准溶液滴定至溶液呈浅黄色时,加0.5%淀粉指示剂5~6滴,继续用$Na_2S_2O_3$溶液滴定至蓝色恰好消失,即为终点。重复测定3~5次,选择两次所用体积相差不超过0.04 mL的$Na_2S_2O_3$的体积,计算I_2标准溶液的浓度。

3. $Na_2S_2O_3$标准溶液的标定 见实验6.7。

4. 维生素C含量的测定 准确称取维生素C药片0.1 g(或经过处理的果蔬样品),置于100 mL锥形瓶中,加入新煮沸的冷却蒸馏水40 mL和$2\ mol \cdot L^{-1}$ HAc溶液2 mL,完全溶解后,再加0.5%淀粉指示剂5~6滴,立即用I_2标准溶液滴定至出现稳定的蓝色即为终点。平行测定3次,要求相对偏差≤0.5%,然后计算维生素C的质量分数。

6.9.5 计算公式

$$c(1/2I_2)=\frac{c(Na_2S_2O_3) \times V(Na_2S_2O_3)}{V(I_2)}$$

$$w(维生素C)=\frac{c(1/2I_2) \times V(I_2) \times M(1/2C_6H_8O_6) \times 10^{-3}}{m_{样}} \times \frac{100.0}{5.00} \times 100\%$$

式中,$m_{样}$为维生素C的质量,$M(1/2C_6H_8O_6)=88.06\ g \cdot mol^{-1}$。

6.9.6 注意事项

(1)配制I_2液时应加入少许HAc,使KI中可能存在的少量KIO_3与KI作用生成I_2,以消除KIO_3对滴定的影响。

(2)维生素C容易被空气中的氧所氧化,所以在处理样品和测定过程中要注意与空气的隔绝。

6.9.7 问题与思考

(1) 配制 I_2 标准溶液时，加入 KI 的目的是什么？
(2) 溶解维生素 C 样品为什么要用新煮沸的冷蒸馏水？
(3) 测定维生素 C 的溶液中为什么要加入稀 HAc？
(4) 若反应在碱性溶液中进行，对测定结果有何影响？
(5) 若样品中含有 Fe^{2+}、Cu^{2+}、Sn^{2+} 等还原性杂质，对测定结果有何影响？

第7章 沉淀滴定和重量分析实验

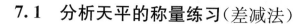

7.1 分析天平的称量练习(差减法)

7.1.1 目的要求

1. 学会正确使用电子分析天平。
2. 掌握差减称量法的操作及注意事项。

7.1.2 主要仪器和试剂

仪器：电子分析天平，瓷坩埚，称量瓶。
试剂：固体试样。

7.1.3 实验步骤

1. 直接称量法 取一只洁净、干燥的瓷坩埚，按"直接法"的称量方法和步骤，称取瓷坩埚的准确质量为 m_0，记录有关数据。

2. 差减称量法 取一个装有固体试样的称量瓶，按"差减法"的称量方法和步骤，称取 0.4~0.5 g 的试样置于坩埚内。

3. 称量结果的误差 称量装有 0.4~0.5 g 样品的坩埚质量，与前面所称样品质量与空坩埚质量进行比较，即可得称量误差。

7.1.4 问题与思考

(1)读数时，如果没有把天平门关好，会引起什么后果？
(2)称量时，为什么不能用手直接拿取称量瓶？应该怎样正确拿取称量瓶？倾倒样品时，称量瓶盖子能否放在实验台上，为什么？
(3)提高称量结果的准确度，应采取哪些措施？

7.2 氯化钡中结晶水含量的测定

7.2.1 目的要求

(1)学习分析天平的使用方法。
(2)掌握汽化法测定挥发性成分的方法和操作技术。

(3) 学会干燥器、烘箱的使用方法。

7.2.2 实验原理

在农业生产和科学试验中，常对分析样品进行含水量的测定。因为只有在测定含水量的基础上，才能计算样品中各被测成分的含量。另外在粮食、种子、饲料等贮藏过程中也经常测定其含水量，以确保贮藏安全。物质的水分一般有两种形式：一种是吸湿水，其含量随空气的湿度而变化，在加热到 105~110 ℃时就能失去；另一种是内部水，如细胞水和结晶水等，当加热到 120~125 ℃时就可逸出。通过控制加热的温度，把试样烘至恒重，根据减轻的质量就可计算出样品中水分的含量。

7.2.3 主要仪器和试剂

仪器：烘箱（带鼓风），干燥器，称量瓶，分析天平，台秤。

试剂：$BaCl_2 \cdot 2H_2O$ 试样。

7.2.4 实验步骤

1. 称空称量瓶的质量 取两只洁净的称量瓶（低型），在烘箱中于 125 ℃烘 1 h，取出，在干燥器中冷却至室温（约 30 min），在分析天平上准确称量，然后再放回烘箱中烘 30 min，冷却、称量，直至恒重为止。

2. 称称量瓶＋$BaCl_2 \cdot 2H_2O$ 的质量 取 $BaCl_2 \cdot 2H_2O$ 样品两份各 1.4~1.5 g，分别放在上述已恒重的称量瓶中，准确称量，从所得质量中减去空称量瓶的质量，即得 $BaCl_2 \cdot 2H_2O$ 样品的质量。

3. 称称量瓶＋$BaCl_2$ 的质量 将盛有 $BaCl_2 \cdot 2H_2O$ 的称量瓶放在烘箱内，于 125 ℃烘 1 h，取出，在干燥器中冷却 30 min，称量，如此重复操作直到恒重为止。

由烘前称量瓶和 $BaCl_2 \cdot 2H_2O$ 的质量（m_1），减去烘至恒重后称量瓶和无水 $BaCl_2$ 的质量（m_2），即得失去水分的质量。由失去水分的质量和试样的质量，可计算出氯化钡中结晶水的质量分数。

7.2.5 计算公式

$$w(结晶水) = \frac{m_1 - m_2}{m_{样}} \times 100\%$$

7.2.6 注意事项

(1) 实验结果与 $BaCl_2 \cdot 2H_2O$ 颗粒大小以及在烘箱内放的位置有一定关系。
(2) 温度不要超过 125 ℃，否则 $BaCl_2$ 会部分挥发。
(3) 加热时称量瓶不要盖严，以免冷却后盖子不易打开。
(4) 烘后的称量瓶必须冷却至室温称量，而且称量速度要快。

7.2.7 问题与思考

(1) 什么叫恒重？

(2)为什么称量瓶在装样前要烘至恒重？
(3)烘完后，为什么要冷却至室温时才能称量？温度高时称重，对结果有何影响？

7.3　二水合氯化钡含量的测定
（硫酸钡晶形沉淀重量分析法）

7.3.1　目的要求

(1)了解测定 $BaCl_2 \cdot 2H_2O$ 中钡含量的测定原理和方法。
(2)掌握晶形沉淀的制备、过滤、洗涤、灼烧及恒重等基本操作技术。

7.3.2　实验原理

$BaSO_4$ 重量法既可用于测定 Ba^{2+}，也可用于测定 SO_4^{2-} 的含量。

称取一定量 $BaCl_2 \cdot 2H_2O$，用水溶解，加稀 HCl 溶液酸化，加热至微沸，在不断搅动下，慢慢地加入稀热的 H_2SO_4，Ba^{2+} 与 SO_4^{2-} 反应，形成晶形沉淀。沉淀经陈化、过滤、洗涤、烘干、炭化、灰化、灼烧后，以 $BaSO_4$ 形式称量，可求出 $BaCl_2 \cdot 2H_2O$ 中 Ba 的含量。

Ba^{2+} 可生成一系列微溶化合物，如 $BaCO_3$、BaC_2O_4、$BaCrO_4$、$BaHPO_4$、$BaSO_4$ 等，其中以 $BaSO_4$ 溶解度最小，100 mL 溶液中，100 ℃时溶解 0.4 mg，25 ℃时仅溶解 0.25 mg。当过量沉淀剂存在时，溶解度大为减小，一般可以忽略不计。

硫酸钡重量法一般在 $0.05\ mol \cdot L^{-1}$ 左右盐酸介质中进行沉淀，是为了防止产生 $BaCO_3$、$BaHPO_4$、$BaHAsO_4$ 沉淀以及防止生成 $Ba(OH)_2$ 共沉淀。同时，适当提高酸度，增加 $BaSO_4$ 在沉淀过程中的溶解度，以降低其相对过饱和度，有利于获得较好的晶形沉淀。

用 $BaSO_4$ 重量法测定 Ba^{2+} 时，一般用稀 H_2SO_4 作沉淀剂。为了使 $BaSO_4$ 沉淀完全，H_2SO_4 必须过量。由于 H_2SO_4 在高温下可挥发除去，故沉淀带入的 H_2SO_4 不致引起误差，因此沉淀剂可过量 50%～100%。如果用 $BaSO_4$ 重量法测定 SO_4^{2-}，沉淀剂 $BaCl_2$ 只允许过量 20%～30%，因为 $BaCl_2$ 灼烧时不易挥发除去。

$PbSO_4$、$SrSO_4$ 的溶解度均较小，Pb^{2+}、Sr^{2+} 对钡的测定有干扰。NO_3^-、ClO_3^-、Cl^- 等阴离子和 K^+、Na^+、Ca^{2+}、Fe^{3+} 等阳离子均可以引起共沉淀现象，故应严格掌握沉淀条件，减少共沉淀，以获得纯净的 $BaSO_4$ 晶形沉淀。

7.3.3　主要仪器和试剂

仪器：25 mL 瓷坩埚，定量滤纸(慢速或中速)，沉淀帚，玻璃漏斗。
试剂：$1\ mol \cdot L^{-1}\ H_2SO_4$，$0.1\ mol \cdot L^{-1}\ H_2SO_4$，$2\ mol \cdot L^{-1}\ HCl$，$2\ mol \cdot L^{-1}\ HNO_3$，$0.1\ mol \cdot L^{-1}\ AgNO_3$，$BaCl_2 \cdot 2H_2O(A.R)$。

7.3.4　实验步骤

1. 称样及沉淀的制备　准确称取两份 $0.4\sim0.6\ g\ BaCl_2 \cdot 2H_2O$ 试样($m_{样}$)，分别置于 250 mL 烧杯中，加入约 100 mL 蒸馏水及 $2\ mol \cdot L^{-1}$ HCl 溶液 3 mL，搅拌溶解，加热至

近沸。

另取 1 mol·L^{-1} H$_2$SO$_4$ 4 mL 两份于两个 100 mL 烧杯中，加蒸馏水 30 mL，加热至近沸，趁热将两份 H$_2$SO$_4$ 溶液分别用小滴管逐滴加入到两份热的钡盐溶液中，并用玻棒不断搅拌，直至两份 H$_2$SO$_4$ 溶液加完为止。待 BaSO$_4$ 沉淀下沉后，于上层清液中加入 1~2 滴 0.1 mol·L^{-1} H$_2$SO$_4$ 溶液，仔细观察沉淀是否完全。沉淀完全后，盖上表面皿（切勿将玻棒拿出杯外），放置过夜陈化。也可将沉淀放在水浴或沙浴上，保温 40 min，陈化。

2. 沉淀的过滤和洗涤　按前述操作，用慢速或中速滤纸倾注法过滤。用稀 H$_2$SO$_4$（用 1 mL 1 mol·L^{-1} H$_2$SO$_4$ 加 100 mL 水配成）洗涤沉淀 3~4 次，每次约 10 mL。然后，将沉淀定量转移到滤纸上，用沉淀帚由上到下擦拭烧杯内壁，并用折叠滤纸时撕下的小片滤纸擦拭杯壁，并将此小片滤纸放于漏斗中，再用稀 H$_2$SO$_4$ 洗涤 4~6 次，直至洗涤液中不含 Cl$^-$ 为止（检查方法：用试管收集 2 mL 滤液，加 1 滴 2 mol·L^{-1} HNO$_3$ 酸化，加入 2 滴 AgNO$_3$，若无白色浑浊产生，表示 Cl$^-$ 已洗净）。

3. 空坩埚的恒重　将两个洁净的瓷坩埚放在 (800±20)℃ 的马弗炉中灼烧至恒重。第一次灼烧 40 min，第二次后每次只灼烧 20 min。灼烧也可在煤气灯上进行。

4. 沉淀的灼烧和恒重　将折叠好的沉淀滤纸包置于已恒重的瓷坩埚中，经烘干、炭化、灰化后，在 (800±20)℃ 的马弗炉中灼烧至恒重 [m(BaSO$_4$)]。计算 BaCl$_2$·2H$_2$O 中 Ba 的含量。

7.3.5　计算公式

$$w(\text{Ba}) = \frac{m(\text{BaSO}_4)}{m_{样}} \times \frac{M(\text{Ba})}{M(\text{BaSO}_4)} \times 100\%$$

7.3.6　注意事项

(1) 为使沉淀完全，必须加入过量的 H$_2$SO$_4$，以利用同离子效应来降低沉淀的溶解度。但也应避免沉淀剂过量太多，否则会因盐效应使沉淀的溶解度增大。沉淀剂以过量 50%~100% 为宜。

(2) 为减少杂质的吸附，沉淀反应宜在热溶液中进行。但需冷却后再过滤，以避免沉淀损失。

(3) 沉淀完毕后，需经陈化，以使小晶粒转化为大晶粒。

(4) 滤纸灰化时空气要充足，否则 BaSO$_4$ 易被滤纸中的碳还原为灰黑色的 BaS：

$$\text{BaSO}_4 + 4\text{C} =\!=\!= \text{BaS} + 4\text{CO}\uparrow$$
$$\text{BaSO}_4 + 4\text{CO} =\!=\!= \text{BaS} + 4\text{CO}_2\uparrow$$

如遇此情况，可用 2~3 滴 (1+1) H$_2$SO$_4$，小心加热，冒烟后重新灼烧。

(5) 灼烧温度不能太高，如超过 950 ℃，可能有部分 BaSO$_4$ 分解：BaSO$_4$ =\!=\!= BaS+SO$_3$↑。

7.3.7　问题与思考

(1) 为什么要在稀热 HCl 溶液中且不断搅拌下逐滴加入沉淀剂沉淀 BaSO$_4$？HCl 加入太多有何影响？

(2) 为什么要在热溶液中沉淀 BaSO$_4$，但要在冷却后过滤？晶形沉淀为何要陈化？

(3) 为什么用倾注法过滤？洗涤沉淀时，为什么洗涤液或水都要少量、多次？
(4) 什么叫灼烧至恒重？

7.4 钢铁中镍含量的测定
（丁二酮肟有机试剂沉淀重量分析法）

7.4.1 目的要求

(1) 了解丁二酮肟镍重量法测定镍的原理和方法。
(2) 掌握有机沉淀的制备、过滤、洗涤及烘干等基本操作技术。

7.4.2 实验原理

丁二酮肟是二元弱酸（以 H_2D 表示），离解平衡为

$$H_2D \xrightleftharpoons[+H^+]{-H^+} HD^- \xrightleftharpoons[+H^+]{-H^+} D^{2-}$$

其分子式为 $C_4H_8O_2N_2$，摩尔质量 $116.2\ g \cdot mol^{-1}$。研究表明，只有 HD^- 状态才能在氨性溶液中与 Ni^{2+} 发生沉淀反应：

$$Ni^{2+} + \begin{array}{c} CH_3-C=NOH \\ | \\ CH_3-C=NOH \end{array} + 2NH_3 \cdot H_2O \Longrightarrow \text{红色沉淀} Ni(HD)_2 \downarrow + 2NH_4^+ + 2H_2O$$

经过滤、洗涤、在 120 ℃下烘干至恒重，称得丁二酮肟镍沉淀的质量 $m[Ni(HD)_2]$，计算试样中镍的含量。

本法沉淀介质的酸度为 pH＝8～9 的氨性溶液。酸度大，生成 H_2D，使沉淀溶解度增大，酸度小，则由于生成 D^{2-}，同样将增加沉淀的溶解度。氨浓度太高会生成 Ni^{2+} 氨配合物。

丁二酮肟是一种高选择性的有机沉淀剂，它只与 Ni^{2+}、Pd^{2+}、Fe^{2+} 生成沉淀。Co^{2+}、Cu^{2+} 与其生成水溶性配合物，不仅会消耗 H_2D，而且会引起共沉淀现象。当 Co^{2+}、Cu^{2+} 含量高时，最好进行二次沉淀或预先分离。

由于 Fe^{3+}、Al^{3+}、Ti^{4+} 等离子在氨性溶液中生成氢氧化物沉淀，干扰测定，故在溶液加氨水前，需加入柠檬酸或酒石酸等配位剂，使其生成水溶性的配合物。

7.4.3 主要仪器和试剂

仪器：分析天平，500 mL 烧杯，表面皿，G_4 微孔玻璃坩埚，钢铁试样。
试剂：$HCl + HNO_3 + H_2O$（3∶1∶2）混合酸，$500\ g \cdot L^{-1}$ 酒石酸或柠檬酸溶液，$10\ g \cdot L^{-1}$ 丁二酮肟乙醇溶液，1∶1 氨水，1∶1HCl，$2\ mol \cdot L^{-1}$ HNO_3，$0.1\ mol \cdot L^{-1}$ $AgNO_3$，

氨-氯化铵洗涤液(每 100 mL 水中加 1 mL 氨水和 1 g NH_4Cl)。

7.4.4 实验步骤

准确称取试样(含 Ni 30～80 mg)两份,分别置于 500 mL 烧杯中,加入 20～40 mL 混合酸,盖上表面皿,低温加热溶解后,煮沸除去氮的氧化物,加入 5～10 mL 酒石酸溶液(每克试样加入 10 mL),然后,在不断搅动下,滴加 1∶1 氨水至溶液 pH 为 8～9,此时溶液转变为蓝绿色。如有不溶物,应将沉淀过滤,并用热的 NH_3-NH_4Cl 洗涤液洗涤沉淀数次(洗涤液与滤液合并)。滤液用 1∶1 HCl 酸化,用热水稀释至约 300 mL,加热至 70～80 ℃,在不断搅拌下,加入 10 g·L^{-1} 丁二酮肟乙醇溶液沉淀 Ni^{2+}(每毫克 Ni^{2+} 约需 10 g·L^{-1} 的丁二酮肟溶液 1 mL),最后再多加 20～30 mL。但所加试剂的总量不要超过试液体积的 1/3,以免增大沉淀的溶解度。然后在不断搅拌下,滴加 1∶1 氨水,使溶液的 pH 为 8～9。在 60～70 ℃下保温 30～40 min。取下,稍冷后,用已恒重的 G_4 微孔玻璃坩埚进行减压过滤,用微氨性的 20 g·L^{-1} 酒石酸溶液洗涤烧杯和沉淀 8～10 次,再用温热水洗涤沉淀至无 Cl^- 为止(检查 Cl^- 时,可将滤液以稀 HNO_3 酸化,用 $AgNO_3$ 检查)。将带有沉淀的微孔玻璃坩埚置于 130～150 ℃烘箱中烘 1 h,冷却,称量,再烘干,称量,直至恒重为止。根据丁二酮肟镍的质量,计算试样中镍的含量。

实验完毕,微孔玻璃坩埚以稀盐酸洗涤干净。

7.4.5 计算公式

$$w(Ni) = \frac{m[Ni(HD)_2] \times \dfrac{M(Ni)}{M[Ni(HD)_2]}}{m_{样}} \times 100\%$$

7.4.6 注意事项

(1)Ni 量要适当,不能过多,否则沉淀过多,操作不便。

(2)原冶金部标准方法溶解试样时,先用 HCl 溶解,滴加 HNO_3 氧化,再加 $HClO_4$ 冒烟,以破坏难溶的碳化物。国际标准法(ISO)则用王水溶解,操作方法更详细。本实验略去 $HClO_4$ 冒烟操作。

(3)在酸性溶液中加入沉淀剂,再滴加氨水使溶液的 pH 逐渐升高,沉淀随之慢慢析出,这样能得到颗粒较大的沉淀。

(4)溶液温度不宜过高,否则乙醇挥发太多,引起丁二酮肟本身的沉淀,且高温下柠檬酸或酒石酸能部分还原 Fe^{3+} 为 Fe^{2+},对测定有干扰。

(5)对丁二酮肟镍沉淀的恒重,可视两次质量之差不大于 0.4 mg 时为符合要求。

7.4.7 问题与思考

(1)溶解试样时加入 HNO_3 的作用是什么?

(2)为了得到纯净的丁二酮肟镍沉淀,应选择和控制好哪些实验条件?

(3)重量法测定镍,也可将丁二酮肟镍灼烧成氧化镍称量(至恒重)。这与本方法相比较,哪种方法较为优越?为什么?

7.5 味精中氯化钠含量的测定(莫尔法)

7.5.1 目的要求

(1) 学习 $AgNO_3$ 标准溶液的配制和标定方法。
(2) 掌握莫尔法的测定原理、滴定条件和操作技术。
(3) 学会用 K_2CrO_4 指示剂正确判断滴定终点。

7.5.2 实验原理

莫尔法是在中性或弱碱性溶液中,以 K_2CrO_4 为指示剂,用 $AgNO_3$ 标准溶液进行滴定。以测定 Cl^- 为例,因为 Ag_2CrO_4 溶解度大于 $AgCl$,所以氯化物与铬酸钾共存时,根据分步沉淀原理,氯化物首先反应析出 $AgCl$ 沉淀,当 $AgCl$ 沉淀完全后,过量一滴 $AgNO_3$ 溶液立即与 CrO_4^{2-} 反应生成砖红色 Ag_2CrO_4 沉淀,指示到达终点。其反应如下:

化学计量点前:$Ag^+ + Cl^- \rightleftharpoons AgCl\downarrow$(白色) $K_{sp}=1.77\times10^{-10}$
化学计量点时:$2Ag^+ + CrO_4^{2-} \rightleftharpoons Ag_2CrO_4\downarrow$(砖红色) $K_{sp}=1.12\times10^{-12}$

含量在 99% 以上的味精中 $NaCl$ 的测定采用比浊法。氯化物含量以 Cl 的质量分数 $w(Cl)$ 表示。

某些可溶性氯化物和含量在 99% 以下的味精中氯化物含量的测定采用莫尔法,氯化物含量以 $NaCl$ 的质量分数 $w(NaCl)$ 表示。

7.5.3 主要仪器和试剂

仪器:分析天平,50 mL 酸式滴定管,25 mL 移液管,250 mL 容量瓶,250 mL 锥形瓶,100 mL 烧杯,滴管,洗耳球,玻棒,洗瓶等。

试剂:$NaCl$ 固体(A.R),$AgNO_3$ 固体(A.R),5% K_2CrO_4 溶液,味精样品。

7.5.4 实验步骤

1. 0.1 mol·L^{-1} $AgNO_3$ 标准溶液的配制   称取 $AgNO_3$ 3.4 g,溶于 500 mL 蒸馏水中,摇匀后,贮存于带玻璃塞的棕色试剂瓶中。

2. 0.1 mol·L^{-1} $AgNO_3$ 标准溶液的标定   把 $NaCl$ 置于蒸发皿中灼烧后,冷却,准确称取 0.45~0.50 g 于烧杯中,用少量水溶解后定量转移到 100 mL 容量瓶中定容,摇匀。用移液管移取 25.00 mL $NaCl$ 溶液放入 250 mL 锥形瓶中,加入 25 mL 蒸馏水,用吸量管加入 1 mL 5% K_2CrO_4 溶液,在不断摇动下,用 $AgNO_3$ 标准溶液滴定至白色沉淀中出现少量的肉色 Ag_2CrO_4,即为终点。平行标定 3 份。根据所消耗 $AgNO_3$ 的体积和 $NaCl$ 的质量,计算 $AgNO_3$ 的浓度。

3. 取样   根据样品的含量不同,可酌情增减取样量。含量在 95% 以上的味精可准确称取 2.5 g 左右,置于锥形瓶中,用蒸馏水溶解后滴定;含量在 89%~90% 的味精可准确称取 1 g 左右,溶解后滴定。

4. 滴定   在样品溶液中加 1 mL 5% K_2CrO_4 指示剂,用 0.1 mol·L^{-1} $AgNO_3$ 标准溶液滴定至溶液呈现肉色沉淀,即为终点。记录消耗 $AgNO_3$ 标准溶液的体积 V。重复测定 2~3

次,取平均值,计算结果。

5. 空白试验 取同体积蒸馏水(25 mL),按上述滴定过程进行滴定。记录消耗 $AgNO_3$ 标准溶液的体积为 V'。

7.5.5 计算公式

$$w(\text{NaCl}) = \frac{c(\text{AgNO}_3)(V - V') \times M(\text{NaCl}) \times 10^{-3}}{m_{样}} \times 100\%$$

$$M(\text{NaCl}) = 58.44 \text{ g·mol}^{-1}$$

7.5.6 注意事项

(1)滴定终点要仔细观察和严格控制。当局部形成的 Ag_2CrO_4 肉色沉淀消失缓慢时,表示快到终点,要逐滴加入 $AgNO_3$。

(2)滴定过程中需不断摇动,因为 AgCl 沉淀吸附 Cl^-,被吸附的 Cl^- 又较难和 Ag^+ 反应完全,如果振摇不充分可使终点提前。

7.5.7 问题与思考

(1)$AgNO_3$ 溶液应装在酸式滴定管中还是装在碱式滴定管中?为什么?

(2)莫尔法测定 Cl^- 时,为什么溶液的 pH 应控制在 6.5~10.5,过高或过低对测定结果有何影响?

(3)K_2CrO_4 指示剂用量过多或过少对测定结果有何影响?

(4)何谓分步沉淀?如果向含有相同浓度的 Cl^-、Br^-、I^- 混合液中滴入 $AgNO_3$,沉淀顺序如何?

7.6 氯化物中氯含量的测定(佛尔哈德法)

7.6.1 目的要求

(1)学习 NH_4SCN 标准溶液的配制和标定方法。

(2)掌握佛尔哈德法返滴定法测定氯化物中氯含量的原理及其操作技术。

(3)了解佛尔哈德法判断终点的方法。

7.6.2 实验原理

在含 Cl^- 的酸性试液中,加入一定量过量的 Ag^+ 标准溶液,定量生成 AgCl 沉淀后,过量 Ag^+ 以铁铵矾为指示剂,用 NH_4SCN 标准溶液回滴,由 $Fe(SCN)^{2+}$ 配离子的红色出现,指示滴定终点的到达。主要反应如下:

Ag^+(过量)$+ Cl^- \Longrightarrow AgCl\downarrow$(白色)$+ Ag^+$(剩余) $K_{sp} = 1.77 \times 10^{-10}$

Ag^+(剩余)$+ SCN^- \Longrightarrow AgSCN\downarrow$(白色) $K_{sp} = 1.07 \times 10^{-12}$

$Fe^{3+} + SCN^- \Longrightarrow Fe(SCN)^{2+}$(红色) $K = 138$

佛尔哈德法只适用于在酸性溶液中测定,一方面可防止 Fe^{3+} 水解,以便于终点观察,另一方面,溶液中若共存有 Zn^{2+}、Ba^{2+} 及 CO_3^{2-} 等离子,也不会干扰测定。这是此法的最大优点。

由于 AgCl 和 AgSCN 沉淀都易吸附 Ag^+，所以在终点前需剧烈振摇，以减少 Ag^+ 被吸附。但近终点时，要轻轻摇动，因为 AgSCN 沉淀的溶解度比 AgCl 小，剧烈的摇动又易使 AgCl 转化为 AgSCN，从而引入误差。

7.6.3 主要仪器和试剂

仪器：分析天平，50 mL 酸式滴定管，25 mL 移液管，250 mL 容量瓶，250 mL 锥形瓶，100 mL 烧杯，滴管，洗耳球，玻棒，洗瓶等。

试剂：$0.1\ mol·L^{-1}\ AgNO_3$，$0.05\ mol·L^{-1}\ NH_4SCN$，$6\ mol·L^{-1}\ HNO_3$，40%硫酸铁铵(亦称铁铵矾)溶液。

7.6.4 实验步骤

1. $0.1\ mol·L^{-1}\ AgNO_3$ 标准溶液的标定 见实验 7.5。

2. $0.05\ mol·L^{-1}\ NH_4SCN$ 标准溶液的配制 在台秤上称取 3.8 g NH_4SCN 溶于少量水中并稀释至 500 mL，贮于玻璃细口瓶中。

3. $0.05\ mol·L^{-1}\ NH_4SCN$ 标准溶液的标定 用移液管准确移取 25.00 mL $AgNO_3$ 标准溶液于 250 mL 锥形瓶中，加入 5 mL 新煮沸并经冷却的 $6\ mol·L^{-1}\ HNO_3$，1.0 mL 铁铵矾指示剂，然后用 NH_4SCN 溶液滴定。滴定时，剧烈振荡溶液，当滴至溶液颜色为淡红色且稳定不变时即为终点。平行标定 3 份。计算 NH_4SCN 溶液浓度。废液回收。

4. 氯含量的测定 准确称取氯化物试样 1.4～1.8 g 于 100 mL 烧杯中，加水溶解，然后定量转移至 250 mL 容量瓶中配制成 250 mL 溶液。用移液管移取 25.00 mL 试液放入锥形瓶中，加入 5 mL 新煮沸并经冷却的 $6\ mol·L^{-1}\ HNO_3$ 溶液，在不断摇动下，从滴定管中逐滴滴入约 30 mL(精确地量度) $AgNO_3$ 标准溶液，再加 4 mL 铁铵矾指示剂，在用力振摇下，以 NH_4SCN 溶液滴定至溶液呈淡红棕色且轻轻摇动后也不消失为止。重复操作 2～3 次，计算 Cl 的含量。

7.6.5 计算公式

$$w(Cl) = \frac{[c(AgNO_3)V(AgNO_3) - c(NH_4SCN)V(NH_4SCN)] \times M(Cl) \times 10^{-3}}{m_{样} \times \dfrac{25.00}{250.00}} \times 100\%$$

$$M(Cl) = 35.45\ g·mol^{-1}$$

7.6.6 注意事项

(1) 由于 AgSCN 会吸附 Ag^+，故滴定时要剧烈振摇，直至淡红棕色不消失时，才算到达了终点。

(2) 因为银的化合物很贵，所以用过的银盐溶液及沉淀不要任意弃去，必须倒在特备的容器内。

7.6.7 问题与思考

(1) 佛尔哈德法测定可溶性氯化物中氯含量的主要误差来源是什么？用哪些方法可加以

防止？本实验中如何防止？

(2)佛尔哈德法测定可溶性氯化物中氯含量的条件是什么？

(3)佛尔哈德法测定 Cl^- 时，为什么要用 HNO_3 溶液酸化溶液？HCl 或 H_2SO_4 溶液可以用吗？为什么？

(4)用佛尔哈德法测定 Br^- 或 I^- 的含量，临近滴定终点时，用力振摇溶液，AgBr、AgI 能否转化为 AgSCN 沉淀？为什么？

第8章 仪器分析实验

8.1 分光光度法的基本条件试验

8.1.1 目的要求

(1) 了解有色溶液对光的选择吸收情况，找出有利于光度测定的单色光（光源）波长。
(2) 了解显色剂浓度对显色反应完全程度的影响，确定显色剂的最佳浓度范围。
(3) 了解介质的 pH 对显色反应完全程度的影响，确定有利于显色反应进行的 pH 范围。
(4) 了解显色反应达到平衡状态所需的时间和显色产物的稳定性，以确定显色时间和完成光度测量的时间区间。
(5) 学习、掌握特定的实验条件下如何控制吸光度在 0.2~0.8 范围的可行办法。
(6) 学习分光光度计的使用方法。

8.1.2 实验原理

邻二氮菲是测定微量铁的较好显色剂。在 pH=2~9 的介质中，邻二氮菲能与 Fe^{2+} 反应，生成稳定的红色配合物：

其 $\lg K_f = 21.3$，摩尔吸光系数 $\varepsilon = 1.1 \times 10^4$ L·mol^{-1}·cm^{-1}，$\lambda_{max} = 510$ nm。该显色反应的选择性很高，相当于铁含量 40 倍的 Sn^{2+}、Al^{3+}、Ca^{2+}、Mg^{2+}、Zn^{2+}、SiO_3^{2-}，20 倍的 Cr^{3+}、Mn^{2+}、$V(V)$、PO_4^{3-}，5 倍的 Co^{2+}、Cu^{2+} 等阳离子和阴离子均不发生干扰。

邻二氮菲既能与 Fe^{2+} 也能与 Fe^{3+} 发生上述反应。如果试液是 Fe^{3+} 和 Fe^{2+} 的混合物，则应事先以盐酸羟胺把 Fe^{3+} 还原为 Fe^{2+}：

$$2NH_3OH^+ + 2Fe^{3+} = N_2 + 2H_2O + 4H^+ + 2Fe^{2+} \text{（在酸性介质中）}$$
$$2NH_2OH + 2Fe^{3+} + 2OH^- = N_2 + 4H_2O + 2Fe^{2+} \text{（在碱性介质中）}$$

8.1.3 主要仪器和试剂

仪器：722S 型分光光度计或 721 型分光光度计。

试剂：0.15% 邻二氮菲水溶液，10% 盐酸羟胺水溶液（应临用前配制），1 mol·L^{-1} NaAc 溶液，0.1 mol·L^{-1} NaOH 溶液，6 mol·L^{-1} HCl(1∶1)溶液，1.00×10^{-3} mol·L^{-1} Fe^{3+} 标准溶液。

8.1.4 实验步骤

1. 1.00×10^{-3} mol·L^{-1} Fe^{3+} 标准溶液配制 准确称取 A.R 级的 NH$_4$Fe(SO$_4$)$_2$·12H$_2$O 试剂 0.241 1 g 于 100 mL 烧杯中，加入 1∶1 HCl 溶液 40 mL 和少量水溶解后，定量地转移至 500 mL 容量瓶中，以蒸馏水定容，摇匀，备用。

2. 吸收曲线的制作与吸收波长的选择 用移液管吸取 1.00×10^{-3} mol·L^{-1} Fe^{3+} 标准溶液 2.00 mL 于 50 mL 容量瓶中，加入 10% 盐酸羟胺 1.0 mL，摇匀。加入 0.15% 邻二氮菲 2.0 mL，1 mol·L^{-1} NaAc 5.0 mL，以水定容，摇匀。在 721 型分光光度计上，用 1 cm 比色皿，试剂空白作参比，在 440~560 nm，每隔 10 nm（在最大吸收波长附近应每隔 5 nm）测定一次吸光度值。把测得的数据列入下表：

1.00×10^{-3} mol·L^{-1} Fe^{3+}	2.00 mL						
10%盐酸羟胺	1.00 mL						
0.15%邻二氮菲	2.00 mL						
1 mol·L^{-1} NaAc	5.00 mL						
H$_2$O							
波长/nm	440	450	460	470	480	490	500	505
吸光度 A								
波长/nm	510	515	520	525	530	540	550	560
吸光度 A								

以波长为横坐标、吸光度为纵坐标绘制吸收曲线，从吸收曲线上找出最佳吸收波长。一般选用最大吸收波长作为测量波长。

3. 显色剂浓度对显色反应的影响与最佳显色剂浓度范围的确定和比色皿厚度的选择 在 7 个 50 mL 容量瓶中，分别加入 1.00×10^{-3} mol·L^{-1} Fe^{3+} 标准溶液 2.00 mL，10% 盐酸羟胺 1.00 mL，摇匀。再依次加入 0.15% 邻二氮菲溶液 0.10 mL、0.30 mL、0.50 mL、0.80 mL、1.00 mL、2.00 mL、4.00 mL，1 mol·L^{-1} NaAc 5.00 mL，以水定容后，摇匀。

(1)比色皿厚度的选择。以上述试验中所选择到的最佳波长为波长，以试剂空白为参比，先以 1 cm 比色皿分别测定加入 0.10 mL 和 4.00 mL 0.15% 邻二氮菲的显色溶液的吸光度值；然后再以 2 cm 厚比色皿分别测定该两显色溶液的吸光度值。根据测定数据和吸光度值应控制在 0.2~0.8 范围内的原则，确定该项实验应选用 1 cm 还是 2 cm 的比色皿。

(2)显色剂浓度对显色反应的影响与最佳显色剂浓度的确定。以选定的波长为测定波长，以试剂空白作参比，以适宜的比色皿分别测定各显色试液的吸光度，并把测定结果记入下列表格中。

编号	0	1	2	3	4	5	6	7
Fe^{3+}标准溶液	2.00 mL							
10%$NH_2OH \cdot HCl$	1.00 mL							
0.15%邻二氮菲	0.00	0.10	0.30	0.50	0.80	1.00	2.00	4.00
1 mol·L^{-1} NaAc	5.00 mL							
H_2O	定容至50.00 mL							
显色剂浓度/%	0.00	3.0×10^{-4}	9.0×10^{-4}	15×10^{-4}	24×10^{-4}	30×10^{-4}	60×10^{-4}	120×10^{-4}
吸光度 A								

以显色剂浓度为横坐标,以吸光度为纵坐标作图。从图中找出最佳的显色剂浓度范围。

(3)显色时间与显色产物的稳定性。在50 mL容量瓶中,加入1.00×10^{-3} mol·L^{-1} Fe^{3+}标准溶液2.00 mL,10%$NH_2OH \cdot HCl$溶液1.00 mL,摇匀。再依次加入1 mol·L^{-1} NaAc 5.00 mL,1.5%邻二氮菲2.00 mL并立即开始记录反应时间,以水定容,摇匀后,立即以选定波长为吸收波长,以1 cm比色皿,试剂空白为参比,测定其吸光度值,记下从反应开始到测得第一次吸光度值的时间。然后,以加入显色剂为显色反应开始的时间起到下列时间:1 min、5 min、10 min、20 min、30 min、40 min、60 min和120 min,分别测定第二次、第三次……的吸光度值,将测得的结果分别记入下表。

Fe^{3+}标准溶液	2.00 mL							
10%盐酸羟胺	1.00 mL							
0.15%邻二氮菲	2.00 mL							
1 mol·L^{-1} NaAc	5.00 mL							
H_2O	定容至50.00 mL							
反应时间/min	0.0	1	5	10	20	30	60	120
吸光度 A	0.000							

以反应时间为横坐标,吸光度为纵坐标作时间—吸光度图。从时间—吸光度图判断显色反应到达平衡时所需的时间和显色反应产物的稳定性,从而确定该测定应在什么时间完成。

8.1.5 注意事项

(1)为了尽量缩短从反应开始至测得第一次吸光度的时间,应在加入显色剂之前做好测量吸光度的一切准备工作——预热好仪器、调好波长和调整好仪器等。当这些准备工作做好之后,才把显色剂加入到试液中,定容、混合后,立即进行吸光度的测定。

(2)吸光度在0.2~0.8范围之内,仪器对显色产物浓度的测量误差才比较小。为了尽量减少测量误差,以提高分析结果的准确度,在实际工作中,应尽量设法使所测得的吸光度控制在这一范围之内。

8.1.6 问题与思考

(1)加入各种试剂的顺序是任意的吗?为什么?

(2)实验结果应保留几位有效数字?
(3)为了减小测量误差,吸光度应控制在什么范围?如何控制?
(4)根据实验结果,计算最大吸收波长下的摩尔吸光系数。

8.2 分光光度法测定铁

8.2.1 目的要求

(1)熟悉分光光度法测定铁的原理、方法和基本操作技术。
(2)掌握分光光度计的使用方法。
(3)掌握实验数据处理方法。

8.2.2 实验原理

用分光光度法测定样品中的微量铁,可选用的显色剂有邻二氮菲、磺基水杨酸、硫氰酸盐等。

方法一(以磺基水杨酸为显色剂):

其中磺基水杨酸因其组成恒定,测量准确,符合定量关系,在试剂用量及溶液 pH 略有变动时也不受妨碍,所以常被采用。在 pH=8~11.5 的氨性缓冲溶液中 Fe^{3+} 与磺基水杨酸生成黄色的三磺基水杨酸铁配离子。

$$Fe^{3+} + 3 \underset{SO_3H}{\underset{|}{HO}} \underset{}{\overset{COOH}{\bigcirc}} = [Fe(\underset{SO_3H}{\underset{|}{O^-}} \underset{}{\overset{COO^-}{\bigcirc}})_3]^{3-} + 6H^+$$

该配离子很稳定,试剂用量及溶液的酸度略有变化均无影响。F^-、NO_3^-、PO_4^{3-} 等阴离子对测定无妨碍,Al^{3+}、Ca^{2+}、Mg^{2+} 等阳离子和磺基水杨酸生成无色配合物,也无干扰。Cu^{2+}、Co^{2+}、Ni^{2+}、Cr^{3+} 等阳离子大量存在时会影响测定,应分离除掉。因为 Fe^{2+} 在碱性溶液中易被氧化,所以本法所测定的实际上是铁的总含量。

此法灵敏度较高,$\varepsilon_{420}^{Fe^{3+}}=5.6\times10^3$。铁含量在 0.5~10 mg·$L^{-1}$ 时服从比尔定律,且准确度较高。

三磺基水杨酸铁配合物的最大吸收波长为 420 nm,选用 1 cm 比色皿,用试剂空白作参比液。

方法二(以邻菲罗啉为显色剂):

1,10-邻二氮菲(又称邻菲罗啉)是测定铁的一种较好的显色剂。在 pH=2~9 的溶液中,它与 Fe^{2+} 生成极稳定的橙红色[$Fe(C_{12}H_8N_2)_3$]$^{2+}$ 配离子($\lg K_f=21.3$)。配合物的摩尔吸光系数 $\varepsilon=1.1\times10^4$ L·mol^{-1}·cm^{-1},最大吸收峰在 510 nm 波长处。pH=2~9,颜色深度与酸度无关。但为了尽量减少其他离子的影响,通常在微酸性(pH≈5)溶液中显色。本实验一般用盐酸羟胺作为还原剂,显色前将 Fe^{3+} 全部还原为 Fe^{2+}。本实验采用比较法测定铁含量。

本法选择性很高,相当于含铁量 40 倍的 Sn^{2+}、Al^{3+}、Ca^{2+}、Mg^{2+}、Zn^{2+}、SiO_3^{2-},20 倍的 Cr^{3+}、Mn^{2+}、$V(V)$、PO_4^{3-},5 倍的 Co^{2+}、Cu^{2+} 等均不干扰测定。

8.2.3 主要仪器和试剂

仪器：722S 型分光光度计。50 mL 容量瓶，1 mL、2 mL、5 mL 吸量管，250 mL 烧杯。

方法一试剂（以磺基水杨酸为显色剂）：

10%NH_4Cl 溶液，20%磺基水杨酸溶液，1:10$NH_3 \cdot H_2O$，$c(1/2H_2SO_4) = 3 \text{ mol} \cdot L^{-1}$ H_2SO_4 溶液，$0.1 \text{g} \cdot L^{-1}$ $NH_4Fe(SO_4)_2$ 标准溶液。

方法二试剂（以邻菲罗啉为显色剂）：

$10 \text{ mg} \cdot L^{-1}$ 铁标准溶液：称取 0.863 6 g 分析纯 $(NH_4)_2Fe(SO_4)_2 \cdot 12H_2O$ 于 250 mL 烧杯中，加入 50 mL 6 $\text{mol} \cdot L^{-1}$ HCl 使之溶解后，移入 1 L 容量瓶中，用蒸馏水稀释至标线，摇匀。所得溶液含铁为 100.0 $\text{mg} \cdot L^{-1}$。吸取此溶液 25 mL 于 250 mL 容量瓶中，用蒸馏水稀释至标线，摇匀，此溶液浓度为 10.00 $\text{mg} \cdot L^{-1}$。

10%盐酸羟胺水溶液（此溶液只能稳定数日，用时现配），0.15%邻菲罗啉（先用少许酒精溶解，再用水稀释），1 $\text{mol} \cdot L^{-1}$ NaAc 溶液，6 $\text{mol} \cdot L^{-1}$ HCl 溶液。

8.2.4 实验步骤

方法一（以磺基水杨酸为显色剂）：

1. $NH_4Fe(SO_4)_2$ 标准溶液的配制　准确称取 0.215 9 g 分析纯的硫酸高铁铵$[NH_4Fe(SO_4)_2 \cdot 12H_2O]$ 溶于 20～30 mL 水中，加入 $c(1/2H_2SO_4) = 3 \text{ mol} \cdot L^{-1}$ H_2SO_4 溶液 8 mL 酸化，定量地转移到 250 mL 容量瓶中定容，摇匀。所得溶液含 Fe^{3+} 的浓度 $c(Fe^{3+}) = 0.1 \text{ g} \cdot L^{-1}$。

2. 系列标准曲线的配制　准备 8 个 50 mL 容量瓶，洗干净写上顺序号，按下表操作步骤各加入一定体积的标准溶液，在适宜的酸碱度条件下进行显色并定容。

加入试剂	标准溶液序号						
	0	1	2	3	4	5	6
Fe^{3+} 标准溶液体积/mL	0.00	0.50	1.00	2.00	3.00	4.00	5.00
10%NH_4Cl 体积/mL	4	4	4	4	4	4	4
20%磺基水杨酸体积/mL	2	2	2	2	2	2	2
1:10$NH_3 \cdot H_2O$ 滴加	1～2 滴管	至黄	至黄	至黄	至黄	至黄	至黄
1:10$NH_3 \cdot H_2O$ 体积/mL	4	4	4	4	4	4	4
蒸馏水	加至刻度，摇匀，放置 10 min						

注：按此表配制好的溶液为标准溶液。

3. 吸光度的测定　仪器预热 10～20 min，选择 420 nm 波长，1 cm 比色皿，用零号溶液作参比液调仪器工作零点（即 $A = 0$，$T = 100\%$），然后测定标准溶液的吸光度 A，数据记入下表。

标准溶液	1	2	3	4	5	6	未知液
溶液浓度 $c/\text{mg} \cdot L^{-1}$	1	2	4	6	8	10	
吸光度 A							

以吸光度 A 为纵坐标，以铁含量 c 为横坐标，绘制标准曲线。

4. 未知样的测定　样品经称重、预处理、定容和稀释后按上表步骤显色定容，放置 10 min，在相同条件下测定未知液的吸光度 A 值，就可在标准曲线上查得铁的含量，然后按下式计算样品中铁的质量分数。

方法二（以邻菲罗啉为显色剂）：

在 2 只 25 mL 容量瓶中，分别用吸量管加入 3.5 mL 10.00 mg·L^{-1} 铁标准溶液、4.00 mL 铁未知溶液，然后分别加入 0.5 mL 10%盐酸羟胺和 1.0 mL 0.15%邻菲罗啉溶液，再分别加入 2.5 mL 1 mol·L^{-1} NaAc 溶液，用蒸馏水稀释至刻度，摇匀。10 min 后，在 510 nm 波长下，用 1 cm 比色皿，以溶剂空白为参比溶液，依次测量标准溶液和未知溶液的吸光度。

8.2.5　计算公式

$$w(\text{Fe}) = \frac{c(\text{Fe}) \times 稀释倍数}{m}$$

式中，$c(\text{Fe})$ 为从标准曲线上查到的 Fe 的浓度（mg·L^{-1}），m 为试样的质量。

计算出 a、b 值，列出回归方程 $c=a+bA$，将未知液吸光度代入方程式即可算出未知液浓度，此浓度相当于从标准曲线上查得的铁含量。然后再用上式计算出样品中铁含量。

8.2.6　注意事项

本实验注意事项见分光光度计使用注意事项。

8.2.7　问题与思考

(1) 为什么要用参比溶液来调节透光度为 100%？
(2) 本实验可能产生的操作和仪器误差有哪些？如何去克服？
(3) 吸光度 A 与浓度 c 之间线性关系好坏的标志是什么？哪些因素影响它们之间的关系？
(4) 显色反应时，先调节溶液的 pH 8～11.5，后加显色剂磺基水杨酸行不行？
(5) 本实验量取各种试剂时，应分别采用何种量器？为什么？
(6) 怎样用光度分析法测定试样中全铁和亚铁的含量？

8.3　分光光度法测定磷

8.3.1　目的要求

(1) 熟悉分光光度法测定磷的原理、方法和操作技术。
(2) 掌握分光光度计的使用方法。

8.3.2　实验原理

在工农业生产中，测定试样中磷的含量是非常重要的。就农业样品来说，其中的磷多数都以有机化合物或难溶于水的含磷化合物的形式存在。所以，试样都必须事先经过消煮或用其他方法处理，把试样中的磷转变为易溶于水的无机磷酸盐，然后再按本方法测定。

本实验由于受学时数的限制，为简化操作，缩短学时，我们采用易溶于水的磷酸盐为样品进行测定。

样品中微量磷的分光光度法测定，一般都采用钼蓝法。此法是试液在 $c(H^+)=0.7\sim1.5\ mol\cdot L^{-1}$ 的酸性介质中，加入钼酸铵显色剂，生成黄色的磷钼杂多酸盐。再加入适当的还原剂抗坏血酸或 $SnCl_2$ 等，并以铋盐作催化剂，使磷钼黄杂多酸盐中的六价钼部分还原为五价钼，形成深蓝色的磷钼杂多酸盐，简称磷钼蓝，反应式如下：

$$KH_2PO_4 + 12(NH_4)_2MoO_4 + 22HNO_3 =\!=\!= (NH_4)_3[PO_4(MoO_3)]_{12} + 21NH_4NO_3 + KNO_3 + 12H_2O$$

$$(NH_4)_3[PO_4(MoO_3)]_{12} + \underset{\text{(L-抗坏血酸)}}{2C_6H_8O_6} =\!=\!=$$

$$\underset{\text{(磷钼蓝)}}{(NH_4)_3[PO_4\cdot 2Mo_2O_5\cdot 8MoO_3]} + \underset{\text{(L-脱氢抗坏血酸)}}{2C_6H_6O_6} + 2H_2O$$

蓝色的深浅与磷的含量成正比。磷含量在 $0.05\sim2.0\ mg\cdot mL^{-1}$ 内符合朗伯-比尔定律。在 690 nm 处测量其吸光度，即可在标准曲线上查得显色液中磷的含量，进而求出试样中磷的含量。

8.3.3 主要仪器和试剂

仪器：722S 型分光光度计。

方法一试剂：

(1) 5% $(NH_4)_2MoO_4$ 溶液：称取 5 g A.R 级钼酸铵试剂溶于 95 mL 水中。

(2) HNO_3-$Bi(NO_3)_3$ 溶液：称取 0.2 g A.R 级 $Bi(NO_3)_3\cdot 5H_2O$ 试剂溶于 1 L 6 mol·L^{-1} HNO_3 中。

(3) 3% 抗坏血酸溶液：称取 3 g A.R 级抗坏血酸试剂溶于 97 mL 水中，贮存于棕色试剂瓶中(要临用时配制。若配好后保存于冰箱中，可保存 7 天不变质)。

(4) 磷标准溶液：准确称取于 105 ℃下烘干 4 h 的一级纯 KH_2PO_4 试剂 0.219 7 g，先以少量水溶解，再定量地转移至 500 mL 容量瓶中定容，摇匀。此溶液为含磷 0.1 g·L^{-1} 的贮备液。

临用时，将贮备液稀释至含磷量为 10 mg·L^{-1} 的标准磷操作液。

方法二试剂：

盐酸-钼酸铵溶液(4%，称取 40 g A.R 级钼酸铵溶于 600 mL 浓盐酸中，用蒸馏水稀释至 1 L，混匀此溶液，盐酸浓度为 7.2 mol·L^{-1})，抗坏血酸溶液(2%，称取 0.5 g A.R 级抗坏血酸溶于 250 mL 蒸馏水中，用前新配)，$SnCl_2$ 溶液(0.5%，称取 5 g $SnCl_2$，用浓盐酸溶解，加蒸馏水稀释至 1 L，用前新配)，磷标准溶液(10 mg·L^{-1}，配制方法同上)。

8.3.4 实验步骤

方法一：

1. 工作曲线的绘制

(1) 系列标准溶液的配制。依次吸取含磷 10 mg·L^{-1} 的操作液 0.00、0.50、1.00、

2.00、3.00、4.00、5.00、6.00 mL 分别置于 50 mL 容量瓶中，加 HNO_3-$Bi(NO_3)_3$ 溶液 10.0 mL，5％$(NH_4)_2MoO_4$ 溶液 5.0 mL，3％的抗坏血酸溶液 10 mL，以蒸馏水稀释至刻度，摇匀，显色 15 min。

(2)吸光度的测量。以不加磷标准溶液的试剂空白作参比，以 2 cm 比色皿在 690 nm 处分别测定各显色液的吸光度。把测得的数据记入下表：

编 号	标 准 色 阶								未知试液	
	0	1	2	3	4	5	6	7	8	9
含磷溶液体积/mL	0.00	0.50	1.00	2.00	3.00	4.00	5.00	6.00	2.00	4.00
磷的浓度/(mg·L^{-1})	0.00	0.10	0.20	0.40	0.60	0.80	1.00	1.20		
A										

(3)标准曲线的绘制。以磷含量(mg·L^{-1})为横坐标，吸光度为纵坐标，在方格坐标纸上作图，即得工作曲线或标准曲线。

2. 待测试液中含磷量(mg·L^{-1})的测定　分别吸取 2.00 mL 和 4.00 mL 待测试液于 50 mL 容量瓶中，加入 HNO_3-$Bi(NO_3)_3$ 10.0 mL，5％$(NH_4)_2MoO_4$ 5.0 mL，3％抗坏血酸 10.0 mL，以蒸馏水定容，显色 15 min，以测标准溶液的吸光度相同的条件分别测定其吸光度。把测得的数据填入上表中。

方法二：

1. 标准曲线的绘制　分别吸取 10 mg·L^{-1} 标准溶液 0.00、0.50、1.00、1.50、2.00、2.50 mL 于 6 个编号为 0、1、2、3、4、5 的 25 mL 容量瓶中，各加入蒸馏水 15 mL 左右、4％盐酸-钼酸铵混合溶液 2 mL、2％抗坏血酸溶液 5 滴，放置 5 min 后，加入 3 滴 0.5％ $SnCl_2$ 溶液，并稀释至刻度，摇匀。然后用 1 cm 比色皿，以试剂空白(0 号)为参比溶液，在 650 nm 波长下分别测定各标准溶液的吸光度值。

2. 磷含量的测定　用吸量管移取待测液 1.50 mL 于编号为 6 的 25 mL 容量瓶中，按上述同样步骤显色，测定吸光度值。

8.3.5　计算公式

以磷的质量分数 $\rho(P)$ 为横坐标，对应的吸光度值为纵坐标，绘制标准曲线。根据待测试液的吸光度值，在标准曲线上分别查出显色试液的浓度(mg·L^{-1})，然后计算原待测试液的浓度(mg·L^{-1})：

原待测液中磷的浓度 = 从标准曲线查得的浓度 × 稀释倍数

8.3.6　问题与思考

(1)影响本实验准确度的因素有哪些？

(2)本实验量取各种试剂时，应分别采用何种量器？为什么？

(3)722S 型分光光度计的操作要领和注意事项有哪些？

(4)实验中为什么要用新配制的抗坏血酸和 $SnCl_2$ 溶液？配制时间过长对磷的测定有何影响？

(5)本实验使用的钼酸铵显色剂的用量是否要准确加入？过多、过少对测定结果是否有影响？

8.4 植物组织中氮的微量测定

8.4.1 目的要求

(1)学习植物组织中氮的微量测定原理和方法。
(2)进一步熟练分光光度计的使用。

8.4.2 实验原理

样品以硫酸铜为催化剂,于浓硫酸中进行消化。在碱性介质中,以亚硝酰铁氰化钠作催化剂,试液与苯酚及次氯酸反应显色。

$$NH_4^+ + 2\,C_6H_5OH + 3ClO^- \xrightarrow{OH^-} O=C_6H_4=N-C_6H_4-O^- + 3Cl^- + H^+ + 4H_2O$$

用 625 nm 波长的单色光进行光度测定,测量其吸光度,即可在标准曲线上查得该显色试液中氮的含量,并计算出待测试样中氮的含量。

8.4.3 主要仪器和试剂

仪器:722S 型分光光度计或 721 型分光光度计。
试剂:
(1)溶液 A:溶解 4.8 g NaOH 于蒸馏水中,稀释至 1 L。
(2)溶液 B:溶解 5 g 苯酚和 25 mg 亚硝酰铁氰化钠于蒸馏水中,稀释至 500 mL,装入棕色试剂瓶中保存。
(3)溶液 C:溶解 2.5 g NaOH,1.87 g 无水磷酸氢二钠(或 5.07 g $Na_2HPO_4 \cdot 12H_2O$),15.9 g $Na_3PO_4 \cdot 12H_2O$ 和 5 mL 次氯酸钠(含有效氯 5%)于蒸馏水中,稀释至 500 mL,装入棕色试剂瓶中保存。
将上述溶液 C 和 B 配好后,置于冰箱中保存,临用前温热至室温后使用。
(4)EDTA 溶液:溶解 $Na_2H_2Y \cdot 2H_2O$ 1.3 g 于 100 mL 蒸馏水中。
(5)消化催化剂:取 2.0 g $CuSO_4 \cdot 5H_2O$ 和 30.0 g K_2SO_4,在研钵中充分研磨碎。
(6)氮标准溶液:溶解经干燥处理的 A.R 级 $(NH_4)_2SO_4$ 试剂 0.472 0 g 于少量蒸馏水中,定量地转移至 1 L 容量瓶中定容,摇匀,此为含氮 $0.1\,g \cdot L^{-1}$ 的氮标准贮备液。
临用前吸取该贮备液 10.00 mL 于 100 mL 容量瓶中,以蒸馏水定容,摇匀,此为含氮 $10\,mg \cdot L^{-1}$ 的氮标准操作液。

8.4.4 实验步骤

1. 试样的消化处理 称取 50.0 mg 经烘干、粉碎的试样于 250 mL 凯氏瓶中,加入 1.0 g 消化催化剂和 1.0 mL 浓硫酸,在电炉上小火加热进行消化。至清澈透明后,定量地转移至 250 mL 容量瓶中,以蒸馏水定容,摇匀。每毫升该试液中含试样 0.2 mg(0.2 mg $\cdot mL^{-1}$)。

2. 滤纸消化液的制作 称取 50.0 mg 定量滤纸,以试样的消化处理方法进行消化处理好后,定量地转移至 250 mL 容量瓶中,以蒸馏水定容,摇匀。

3. 系列标准溶液的配制 在 7 只洁净的 50 mL 容量瓶中，分别移入 5.00 mL 滤纸消化液，并分别加入氮标准操作液：0.00、1.00、5.00、10.00、15.00、20.00、25.00 mL，然后再分别依次（注意：加入下列试剂的先后次序不能颠倒！而且每加入一种试剂后，均应摇匀后再加入下一种试剂。）加入 1.0 mLEDTA 溶液，2.5 mL 溶液 A，5.0 mL 溶液 B，5.0 mL 溶液 C。以蒸馏水定容，摇匀，显色 45 min。

4. 试液的显色 分别吸取 5.00、10.00 mL 试液于两只洁净的 50 mL 容量瓶中，再按标准溶液制作的方法，先后加入 1.0 mLEDTA 溶液，2.5 mL 溶液 A，5.0 mL 溶液 B，5.0 mL 溶液 C，以蒸馏水定容，摇匀，显色 45 min。

5. 吸光度测量 用 1 cm 或 2 cm 比色皿，在 625 nm 处，分别测定系列标准溶液和试液的显色液的吸光度。将测量结果填入下表：

		标 准 溶 液							试 液	
编 号		0	1	2	3	4	5	6	7	8
试液量/mL		0.00	1.00	5.00	10.00	15.00	20.00	25.00	5.00	10.00
含氮量/[mg·(50 mL)$^{-1}$]										
吸光度 A										

6. 绘制工作曲线 以标准溶液的含氮量[mg·(50 mL)$^{-1}$]为横坐标，其相应的吸光度值为纵坐标，在方格计算纸上作图，即得工作曲线。

8.4.5 计算公式

试样中含氮量(%)的计算

首先根据试液的吸光度，在标准曲线图上查得其氮的含量[mg·(50 mL)$^{-1}$]。令其值为 B。

由于每毫升试剂中所含的试样量为 0.2 mg·mL^{-1}，故在两个显色试液中，所含的试样量分别为 1.0 mg·(50 mL)$^{-1}$ 和 2.0 mg·(50 mL)$^{-1}$，现令显色试液中所含的试样量为 C[mg·(50 mL)$^{-1}$]，因此，试样中氮的含量可按下式进行计算：

$$w(N) = \frac{B}{C} \times 100\%$$

8.4.6 注意事项

加入试剂的先后次序不能颠倒！而且每加入一种试剂后，均应摇匀后再加入下一种试剂。

8.4.7 问题与思考

(1) 滤纸消化液的作用是什么？为什么要加滤纸消化液？
(2) 如何控制吸光度范围？

8.5 直接电势法测定土壤酸度

8.5.1 目的要求

(1) 了解酸度计的使用方法。

(2)掌握土壤酸度的测定方法和操作技术。

8.5.2 实验原理

土壤酸度对土壤的形成过程、土壤的理化性质、植物的生长发育、土壤中养分的存在形态和有效性以及微生物的活动等，都有不同程度的影响。

用酸度计测定土壤酸度不受被测溶液颜色深浅的影响，能够直接测定土壤胶体中的pH，这对农业生产和农业科研具有重大意义。

测量土壤酸度时，将玻璃电极和饱和甘汞电极(或 Ag - AgCl 电极)插入土壤悬浊液之中，组成如下一组电池：

$$\text{Ag, AgCl} \mid \text{HCl} \mid \text{玻璃} \mid \text{试液} \parallel \text{KCl(饱和)} \mid \text{Hg}_2\text{Cl}_2, \text{Hg}$$

在一定条件下，电池电动势 E 是 pH 的直线函数：

$$E = K + 0.059\,2\text{pH}_{试}(25\ ℃)$$

测得电动势 E 就可计算 pH，但因式中的 K 包含难以求得的不对称电势和液接电势，其值难以确定，所以实际工作中用酸度计测量溶液 pH 时，必须先用与试液 pH 相近的标准缓冲溶液加以校正。将此操作称为定位。

定位时，选用与待测试液的 pH 相近的 pH 标准缓冲溶液来校正酸度计，这样可减小测量误差。1975 年国家计量局颁布了《酸度计检定规程》，制定出 6 种标准缓冲溶液。附录 8 列举的是 6 种标准缓冲溶液在 0~90 ℃ 下的 pH，供参考。

校正后的酸度计可直接用于测定溶液的 pH。

8.5.3 主要仪器和试剂

仪器：pH - 25 型酸度计或 pHS - 25 型酸度计及相应配套的电极。

试剂：

(1)pH=4.00(20 ℃)的 0.05 mol·L^{-1}邻苯二甲酸氢钾溶液：称取在 110 ℃ 烘干的分析纯 KHC$_8$H$_4$O$_4$ 10.21 g，溶于蒸馏水后，定容至 1 000 mL。

(2)pH=6.88(20 ℃)的 0.025 mol·L^{-1}磷酸二氢钾和 0.025 mol·L^{-1}磷酸氢二钠溶液：称取在 110 ℃ 烘干的分析纯 KH$_2$PO$_4$ 3.39 g 和 Na$_2$HPO$_4$ 3.53 g 溶于蒸馏水后，定容至 1 000 mL。

(3)pH=9.23(20 ℃)的 0.01 mol·L^{-1}四硼酸钠溶液：称取分析纯 Na$_2$B$_4$O$_7$·10H$_2$O(硼砂不能烘)3.81 g，溶于蒸馏水后，定容至 1 000 mL。

8.5.4 实验步骤

1. 1∶5 土壤悬浊液的制备 称取通过 2 mm 筛孔的风干土样 10 g，放在 100 mL 烧杯中，加 50 mL 蒸馏水，用玻棒间歇搅拌 15 min，放置平衡 15 min(或放在电磁搅拌器上搅动 1 min，放置 30 min)。

2. 仪器准备 按照 pH - 25 型酸度计使用方法，进行仪器准备，将电极和烧杯用蒸馏水洗涤后，用相应标准缓冲溶液淋洗 1~2 次。

3. 用标准缓冲溶液校正仪器 校正时标准缓冲溶液的选择：如果是酸性土壤，可用 pH=4.00 的标准缓冲溶液，如果是中性或石灰性土壤，则用 pH=6.88 的标准缓冲溶液。

4. 测量土壤悬浊液的 pH 先用蒸馏水冲洗电极，以滤纸吸去残留水分，然后将两电极浸入待测的土壤悬浊液中,轻轻摇动烧杯2~3 min,使土壤悬浊液和电极密切接触。稍停片刻等达到平衡后,按下读数开关,从电表上读出试液的pH。

5. 收尾工作 测量完毕,将电极和烧杯洗净,按要求妥善保存。

8.5.5 注意事项

(1)玻璃电极使用前要用蒸馏水浸泡24 h。使用时保护好玻璃膜球,勿使损坏。

(2)饱和甘汞电极使用前要检查内充液(饱和KCl溶液)是否添加好。用完要从溶液中取出存放,不要长时间浸在溶液中,以免饱和KCl溶液浓度改变。

8.5.6 问题与思考

(1)请叙述电势法测定溶液pH的原理。
(2)玻璃电极使用前应如何处理?为什么?
(3)为什么在测量之前要用标准缓冲溶液定位?定位时要注意哪些问题?

8.6 离子选择性电极法测定水中氟含量

8.6.1 目的要求

(1)了解离子选择性电极分析法和操作技术。
(2)掌握水中氟离子的测定方法。

8.6.2 实验原理

水中存在过量的氟对人体健康是有害的,尤其是对发育期的儿童会引起斑齿和骨骼变质等。因而要注意防止含氟废水污染饮用水源。

各种水质允许含氟量:地面水,氟的无机化合物最高允许浓度为$1.0 \text{ mg} \cdot \text{L}^{-1}$;农田灌溉水,氟化物最高允许排放浓度为$10 \text{ mg} \cdot \text{L}^{-1}$(均按$F^-$计)。

氟离子浓度在$10^{-1} \sim 10^{-6} \text{ mol} \cdot \text{L}^{-1}$范围内时,氟离子选择电极的电势与$-\lg c(F^-)$值成良好的线性关系,可用标准曲线法测定氟含量。

关于干扰离子要看具体情况,用LaF_3电极测F^-时,一般阳离子和阴离子均不干扰。主要的干扰就是与F^-形成配离子的Fe^{3+}、Al^{3+}等离子,而电极对配离子没有响应。其次,是以OH^-为主的干扰阴离子,因此应控制pH在5.0~6.0范围内。

用电势分析法所测得的是离子的活度,它受溶液的离子强度的影响,所以在实际测量中,必须加入一定量的离子强度调节剂,保持标准溶液和待测溶液都具有大致相同的离子强度。在氟离子测定中,一般用"总离子强度调节缓冲剂(简称TISAB)"来满足测量条件的要求。TISAB由NaCl、柠檬酸钠、HAc及NaAc组成。其中,NaCl的作用是固定一定的离子强度,使标准溶液和未知溶液维持相同的总离子强度;柠檬酸钠作为一种掩蔽剂,使铁氟配合物或铝氟配合物中的氟离子释放成为可检测的游离状态;HAc - NaAc缓冲溶液维持溶液的pH大约在5.5,从而避免OH^-对氟电极的干扰。

由LaF_3单晶制成的氟离子选择性电极在测量时组成如下电池:

$$Hg \mid Hg_2Cl_2 \mid KCl(饱和) \mid 试液(F^-) \parallel 氟离子电极$$

氟离子电极用于天然水、废水、饮料、牛乳、尿、唾液、血清、牙膏、骨头、食品、植株及土壤氟化物的测定。测定用的仪器种类较多，例如，DD-2型或DD-2B型电极电势仪；DW-210型氟离子专用分析仪或PXD-Z型通用离子计等离子活度计；pHS-2型酸度计等。

8.6.3 主要仪器和试剂

仪器：pHS-2型酸度计或pHS-3C型数字酸度计，氟离子电极，饱和甘汞电极，电磁搅拌装置，100 mL容量瓶，50 mL容量瓶，10 mL移液管，2 mL移液管，100 mL烧杯。

试剂：

(1) 氟离子贮备液：称取在120 ℃干燥2 h的分析纯NaF 0.211 g于烧杯中，用去离子水溶解后定容于1 L容量瓶中，贮于聚乙烯瓶中备用，该溶液$c(F^-)=100$ mg·L^{-1}。

(2) 氟离子标准溶液：准确吸取上述氟离子贮备液10.00 mL移入100 mL容量瓶中，定容。此液$c(F^-)=10$ mg·L^{-1}。

(3) TISAB溶液：取57 mL冰醋酸、58 g氯化钠及10 g柠檬酸钠置于1 L烧杯中，加入500 mL去离子水溶解，然后插入pH玻璃电极和饱和甘汞电极，慢慢加入6 mol·L^{-1} NaOH溶液，调至pH为5.0～5.5(约125 mL)，冷却至室温后稀释至1 L。

8.6.4 实验步骤

1. 离子电极的准备 氟离子电极使用前应在10 mg·L^{-1} F$^-$溶液中浸泡1 h，使之活化。然后，再用去离子水反复清洗，直至其电势稳定并达到它的纯水电势（或称空白电势）为止。所谓纯水电势是指将离子选择性电极浸在纯水中时，电极所具有的电势值。LaF$_3$单晶电极纯水电势值约为+230 mV，其值与氟电极的内参比电极的组成、LaF$_3$单晶的质量及所用纯水的质量等有关。若氟电极暂不使用宜干放。

2. 氟标准系列溶液的配制 取7只50 mL容量瓶，分别加10 mg·L^{-1} F$^-$标准溶液0.00、1.00、2.00、4.00、6.00、8.00及10.00 mL，再用移液管各加10 mL TISAB溶液，然后都用去离子水稀释至刻度，摇匀。得0.00、0.20、0.40、0.80、1.20、1.60、2.00 mg·L^{-1}的标准系列溶液。

3. 水样的处理 吸取水样25.00 mL置于50 mL容量瓶中，再用移液管吸取TISAB溶液10 mL，用去离子水稀释至刻度，摇匀。

4. 标准曲线的绘制 按pHS-2型酸度计的-mV测量方法安装好仪器，完成校正操作。将标准系列溶液分别移入塑料小烧杯中，按由稀到浓的顺序依次测量它们的电势值，并记录。每次更换溶液时，必须用滤纸吸干电极上吸附着的溶液，最好用待测溶液清洗电极。由所得实验数据绘制标准曲线。

5. 氟含量的测定 首先将氟电极洗至纯水电势值。将处理好的水样置于塑料小烧杯中，浸入电极，开动电磁搅拌器，测量电势值，待稳定后读数并记录。实验结束后清洗氟离子电极至纯水电势，取下保存。

8.6.5 计算公式

由标准曲线查得所测水样中的F$^-$的含量(mg·L^{-1})，再计算原始水样中F$^-$的含量。

$$c(\mathrm{F}^-) = c_\mathrm{S} \times \frac{50}{25}$$

式中，c_S 为由标准曲线上查得的 F^- 含量 $(\mathrm{mg \cdot L^{-1}})$。

8.6.6 注意事项

(1)氟电极在使用前一定要处理好。
(2)等电极响应稳定后再读取数据。
(3)每次更换溶液时，必须用滤纸吸干电极上吸附着的溶液，再用待测溶液清洗电极。

8.6.7 问题与思考

(1)试述 pHS-2 型酸度计的+mV 测量与-mV 测量在操作上的不同点。
(2)氟离子电极在使用前应如何处理？为什么？
(3)在实验中，为什么加入 TISAB 溶液？

8.7 HCl 和 HAc 混合液的电势滴定

8.7.1 目的要求

(1)学习电势滴定法的测定原理及操作技术。
(2)掌握电势滴定法确定化学计量点的方法。

8.7.2 实验原理

在酸碱滴定过程中，随着滴定剂的不断加入，溶液的 pH 不断变化。在 HCl 与 HAc 混合液中，因 HCl 是强酸而首先被 NaOH 标准溶液滴定，到达化学计量点时，即出现第一个"突跃"时，溶液中还含有未被中和的 HAc 和滴定产物 NaCl。继续用 NaOH 滴定，HAc 被定量中和滴定，到达化学计量点时，出现第二个"突跃"，溶液中存在着的滴定产物是 NaCl 和 NaAc。由滴加的 NaOH 标准溶液体积 V 和测得的 pH，绘制 pH-V 滴定曲线，可以分别确定滴定 HCl 和 HAc 的化学计量点，根据相应的 V_e，计算 HCl 和 HAc 的含量。

8.7.3 主要仪器和试剂

仪器：pH-25 型酸度计或 pHS-2 型酸度计及配套的电极，电磁搅拌器。
试剂：0.1000 mol·L^{-1} NaOH 标准溶液，0.2% 酚酞指示剂和甲基橙指示剂，0.1 mol·L^{-1} HCl 和 0.01 mol·L^{-1} HAc 等体积混合作试液用。
pH=6.88(20 ℃)的 0.025 mol·L^{-1} 混合磷酸盐标准缓冲溶液：称取在 110 ℃烘干的分析纯 $\mathrm{KH_2PO_4}$ 3.39 g 和 $\mathrm{Na_2HPO_4}$ 3.53 g 溶于蒸馏水后，定容至 1 000 mL。

8.7.4 实验步骤

1. 接通电源　接通酸度计的电源，预热 10 min。
2. 调节仪器零点　校正仪器指针指示 pH 满刻度处。

3. 定位 用 pH=6.88 的标准缓冲溶液定位。

4. 检查仪器是否正常 反复进行第 2 和第 3 步操作 1～2 次,检查仪器是否正常,再测定试液。

5. 测定 吸取试液 25.00 mL 于 150 mL 烧杯中,加 1～2 滴甲基橙指示剂,放入电极(加适当蒸馏水使电极浸入溶液中)。在电磁搅拌下用 NaOH 标准溶液滴定,开始时滴入 5.00 mL 测定一次 pH,以后每隔 2.00 mL 测一次 pH,测定 3 次后,因临近第一个突跃范围,每滴入 0.2 mL NaOH 测定一次相应的 pH。测 10 次左右。加入 1～2 滴酚酞指示剂,继续用 NaOH 标准溶液滴定,先每隔 0.2 mL 测一次 pH,测 5 次后每隔 2 mL 测一次 pH。溶液呈微红色后再多测几次即可终止实验。

6. 化学计量点的确定 电势滴定终点的确定有三种方法:①$\Delta pH/\Delta V - V$(或 $\Delta E/\Delta V - V$)曲线法。②$\Delta^2 pH/\Delta V^2 - V$(或 $\Delta^2 E/\Delta V^2 - V$)曲线法。③pH-V 曲线法。第三种方法是常用的方法,以 NaOH 消耗的体积 V 为横坐标,以测得的相应的 pH 为纵坐标,绘制 pH-V 曲线。在曲线的第一个突跃范围内找出第一个化学计量点时 NaOH 所消耗的体积为 V_{e_1},在第二个突跃范围内找出第二个化学计量点时所消耗 NaOH 的体积为 V_{e_2}。

化学计量点的确定可采用"三切线法"(图 8-1)。

在滴定曲线两端平坦转折处作 $\overline{AB}$、$\overline{CD}$ 两条切线,在曲线"突跃部分"作 $\overline{EF}$ 与 $\overline{AB}$ 及 $\overline{CD}$ 二线相交于 P、Q 两点,通过 P、Q 两点作 $\overline{PG}$、$\overline{QH}$ 两条平行于横坐标的直线,然后在此两条直线之间作垂直线,在垂直线之半的 O 点处,作 OO' 线平行于横坐标,此 O' 点称为拐点,即化学计量点,从 O' 点作垂直线相交于横坐标处即为消耗 NaOH 的体积 V_e。

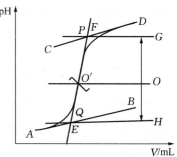

图 8-1 三切线作图法

8.7.5 计算公式

$$c(HCl)/(mg \cdot L^{-1}) = \frac{c(NaOH)V_{e_1}M(HCl)}{25.00} \times 1\,000$$

$$c(HAc)/(mg \cdot L^{-1}) = \frac{c(NaOH)(V_{e_2} - V_{e_1})M(HAc)}{25.00} \times 1\,000$$

$$M(HCl) = 36.46 \text{ g} \cdot mol^{-1} \quad M(HAc) = 60.05 \text{ g} \cdot mol^{-1}$$

式中,V_{e_1} 为滴定 HCl 时所消耗的 NaOH 溶液的体积,$V_{e_2} - V_{e_1}$ 为滴定 HAc 时所消耗 NaOH 的体积。

8.7.6 问题与思考

(1) 0.01 mol·L^{-1} HAc 和 0.1 mol·L^{-1} HCl 混合液的 pH 为多少?实际测得的为多少?

[提示:根据质子条件,计算 $c(H^+)$ 的公式为 $c(H^+) = \frac{c(HAc)K_a}{K_a + c(H^+)} + c(HCl)$]

(2) 滴定至 pH=4.0 和 7.0 时,问各有多少 HAc 参加反应?

(3) HAc 和 HCl 在混合液中的浓度各为多少?

8.8 电势滴定法测定铜(Ⅱ)-磺基水杨酸配合物的稳定常数

8.8.1 目的要求

(1) 了解用电势滴定法测定金属离子与弱碱性配位体形成的配合物的稳定常数的原理。
(2) 掌握配合物稳定常数的测定技术和实验数据的处理方法。

8.8.2 实验原理

Cu^{2+} 与磺基水杨酸(以 H_3L 表示)可分步配位生成两种配合物形式：CuL^-、CuL_2^{4-}，它们的形成常数分别为

$$K_1 = \frac{c(CuL^-)}{c(Cu^{2+})c(L^{3-})}$$

$$K_2 = \frac{c(CuL_2^{4-})}{c(CuL^-)c(L^{3-})}$$

若 K_1 和 K_2 相差较大($K_1/K_2 \geqslant 10^{2.8}$)，则当 $c(CuL^-)=c(Cu^{2+})$，即平均配位体数 $\bar{n}$ 为 0.5 时，有

$$\lg K_1 = -\lg c(L^{3-})_{\bar{n}=0.5}$$

当 $c(CuL_2^{4-})=c(CuL^-)$，即平均配位体数 $\bar{n}$ 为 1.5 时，有

$$\lg K_2 = -\lg c(L^{3-})_{\bar{n}=1.5}$$

若根据实验数据作 $\bar{n} - \lg c(L^{3-})$ 曲线，可直接从图上得到 $\bar{n}=0.5$、$\bar{n}=1.5$ 的 $-\lg c(L^{3-})$ 值，即得 $\lg K_1$ 和 $\lg K_2$。

本实验采用 pH 电势滴定法测定平均配位体数 $\bar{n}$，方法如下：

磺基水杨酸的离解常数 $pK_{a_2}=2.6$，$pK_{a_3}=11.6$。在酸碱滴定中，它作为二元酸被碱中和：

$$H_3L + 2OH^- = HL^{2-} + 2H_2O$$

若溶液中有 Cu^{2+} 存在时，由于 Cu^{2+} 与磺基水杨酸形成配合物而使磺基水杨酸得到强化，它可以作为三元酸被碱中和：

$$2H_3L + Cu^{2+} = CuL_2^{4-} + 6H^+$$

取同量磺基水杨酸两份：一份以 NaOH 标准溶液滴定得滴定曲线 1(图 8-2)；另一份中加入一定量 Cu^{2+} (Cu^{2+} 的加入量少于磺基水杨酸的量)，再用 NaOH 标准溶液滴定，得滴定曲线 2(图 8-2)。

本实验以玻璃电极与甘汞电极组成电池，用 pHS-2 型酸度计(或其他型号的 pH/mV 计)测量滴定过程的 pH。溶液的离子强度以 $NaClO_4$ 调节为 0.1。

以 pH 电势法测定配合物形成常数的方法适用于配位体是弱酸根(或弱碱)的情况。若配位体质子化倾向太强或配合物太稳定，则不能使用此法。配位反应速度太慢也不宜采用此法。

8.8.3 主要仪器和试剂

仪器：pHS-2型酸度计或其他型号的pH/mV计，10 mL碱式滴定管，5 mL移液管，10 mL移液管。

试剂：0.1 mol·L^{-1}磺基水杨酸溶液，0.1 mol·L^{-1} NaOH标准溶液，0.2 mol·L^{-1} NaClO$_4$溶液，0.1 mol·L^{-1} Cu^{2+}标准溶液（用CuSO$_4$·5H$_2$O配制）。

8.8.4 实验步骤

1. 调整仪器 按pH计的使用说明调整好仪器，按下pH键，装上玻璃电极（接"—"极）和饱和甘汞电极（接"+"极），使仪器预热0.5 h以上，用pH6.86(20℃)的标准缓冲溶液校准pH计。

2. 测定 用移液管移取5.00 mL磺基水杨酸溶液于100 mL烧杯中，加入20 mL NaClO$_4$、25 mL去离子水，再加入搅拌磁子，在电磁搅拌器上使溶液搅拌均匀，测量pH。用10 mL滴定管装入NaOH标准溶液，进行滴定。开始时，每加1 mL NaOH测一次pH，以后逐渐减少每次滴加的NaOH体积，近终点时，每滴加0.05 mL NaOH测定一次pH。以pH对V(NaOH)作图得曲线1（图8-2），确定磺基水杨酸的准确浓度。

用移液管移取5.00 mL磺基水杨酸溶液于100 mL烧杯中，加入20 mL NaClO$_4$、10.00 mL CuSO$_4$标准溶液、15 mL去离子水，按上述方法以NaOH标准溶液滴定。在同一图上作滴定曲线2（图8-2）。

3. 按下表格式处理实验数据

pH	V_2-V_1	$c(L)$(配合剂)	$\bar{n}$	lg $\alpha_{L(H)}$	$-\lg c(L^{3-})$

4. 以 $\bar{n}$ 对 $-\lg c(L^{3-})$ 作图 以不同pH下的 $\bar{n}$ 对 $-\lg c(L^{3-})$ 作图，从曲线上查出 $\bar{n}$ 为0.5和1.5时所对应的 $-\lg c(L^{3-})$ 值，即得到 $\lg K_1$ 和 $\lg K_2$，与手册上查得的数据进行比较。

8.8.5 计算公式

1. 计算在不同pH下与Cu^{2+}配合的磺基水杨酸的浓度 $c(L)_{配位}$ 从图8-2上分别读出在同一pH下曲线1（无Cu^{2+}存在时）、曲线2（有Cu^{2+}存在时）对应的NaOH体积 V_1、V_2，则 V_2-V_1 即为由于配位反应释放出的酸所消耗的NaOH体积，因此可算得 $c(L)_{配位}$。

$$c(L)_{配位} = \frac{c(NaOH)(V_2-V_1)}{V_{总}}$$

式中，$c(NaOH)$为NaOH标准溶液的浓度（mol·L^{-1}），$V_{总}$为溶液的总体积(mL)。

2. 按平均配位体数的定义计算不同pH下的 $\bar{n}$ 值

$$\bar{n} = \frac{c(L)_{配位}}{c'(Cu^{2+})}$$

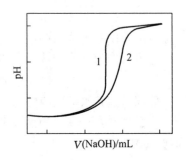

图8-2 用NaOH标准溶液滴定 Cu^{2+}-磺基水杨酸 配合物溶液的滴定曲线
曲线1为无Cu^{2+}存在时的滴定曲线
曲线2为有Cu^{2+}存在时的滴定曲线

式中，$c'(Cu^{2+})$ 为此时溶液中 Cu^{2+} 的总浓度，它可由下式算得：
$$c'(Cu^{2+}) = \frac{c(Cu^{2+})V(Cu^{2+})}{V_{总}}$$
式中，$c(Cu^{2+})$ 为 Cu^{2+} 标准溶液的浓度（$mol \cdot L^{-1}$），$V(Cu^{2+})$ 为加入的 Cu^{2+} 标准溶液的体积（mL）。

3. 计算不同 pH 下磺基水杨酸根的浓度 $c(L^{3-})$

$$c(L^{3-}) = \frac{c'(L) - c(L)_{配位}}{\alpha_{L(H)}}$$

式中，$c'(L)$ 为磺基水杨酸的总浓度，它可通过所取磺基水杨酸的起始浓度 $c(L)$、体积 $V(L)$ 计算得到：

$$c'(L) = \frac{c(L)V(L)}{V_{总}}$$

$\alpha_{L(H)}$ 是磺基水杨酸的酸效应系数：

$$\alpha_{L(H)} = 1 + c(H^+)K_1^H + c(H^+)^2 K_1^H K_2^H$$

式中，$K_1^H = \frac{1}{K_{a_3}}$，$K_2^H = \frac{1}{K_{a_2}}$。

8.8.6 问题与思考

(1) 为什么只有当 $K_1/K_2 \geqslant 10^{2.8}$ 时，才可以用本法测定 K_1 和 K_2？

(2) 本实验方法为什么只适用于配位体是弱酸根（或弱碱）的情况？为什么配位体质子化倾向太强或生成的配合物太稳定就不能采用本实验方法测定稳定常数？

(3) 本实验测得的稳定常数 K_1 和 K_2 是活度常数、浓度常数或是混合常数？这些常数之间如何互相换算？

(4) 为什么用 $NaClO_4$ 调节溶液的离子强度？

第9章

分离分析实验

9.1 微量锑的共沉淀分离和萃取光度测定

9.1.1 目的要求

(1) 掌握共沉淀富集微量金属离子的方法。
(2) 学习萃取光度分析的原理和操作技术。

9.1.2 实验原理

微量锑(含量为 $\mu g \cdot L^{-1}$)常常可从酸性溶液中以 $MnO(OH)_2$ 为载体进行共沉淀分离和富集。载体 $MnO(OH)_2$ 是在 $MnSO_4$ 的热溶液中加入 $KMnO_4$ 溶液,加热煮沸后生成。共沉淀时溶液的酸度为 $1\sim1.5\ mol \cdot L^{-1}$ 时,Fe^{3+}、Cu^{2+}、$As(Ⅲ)$、Pb^{2+}、Tl^{3+} 等不沉淀,只有锡和锑可以完全沉淀下来。能够和 $Sb(V)$ 形成配合物的组分(例如 F^-)干扰锑的富集。所得沉淀用 H_2O_2 和 HCl 混合溶剂溶解。

微量锑的测定常采用萃取光度法。常用的显色剂有罗丹明类碱性染料如罗丹明B,三苯甲烷类碱性染料如孔雀绿、亮绿、甲基紫等。这时 $SbCl_6^-$ 配阴离子与这些染料的阳离子缔合生成有色的难溶于水的三元配合物,用苯、三异丙基醚等溶剂萃取后,可用光度法测定。这里采用孔雀绿作为显色剂,在 $3\sim4\ mol \cdot L^{-1}$ 的 HCl 溶液中用苯为溶剂进行萃取。苯中三元配合物的吸收峰在 635 nm,多余的显色剂孔雀绿仍留在水中。

9.1.3 主要仪器和试剂

仪器:125 mL 分液漏斗,722S 型分光光度计或 721 型分光光度计。

试剂:金属锑,浓硝酸,浓盐酸,5∶1 盐酸,1∶5 磷酸,(30%)H_2O_2,4%高锰酸钾水溶液,5%硫酸锰或硝酸锰水溶液,50%尿素水溶液,15%亚硝酸钠水溶液,0.2%孔雀绿水溶液,10%氯化亚锡(取 2 g$SnCl_2$,加 4 mL 浓 HCl,温热使之全部溶解,再加水 16 mL,此试剂每次要新配制),苯,无水硫酸钠。

9.1.4 实验步骤

1. 锑标准溶液的配制 称取纯金属锑 0.200 0 g,溶于逆王水($HCl∶HNO_3=1∶3$)中,加热除去 NO_2,然后用 5∶1 盐酸稀释至 1 L,配成锑标准溶液,含锑 200 mg$\cdot L^{-1}$。

取上述贮备液 5 mL,用 5∶1 盐酸稀释至 1 L,配成锑标准溶液,含锑 1 μg·L^{-1}。

2. 标准曲线的绘制 取锑标准溶液 0、2、4、6、8、10 mL,分别置于 7 支 125 mL 分液漏斗中,加入 5∶1 盐酸使溶液总体积各为 10 mL。加 10% SnCl$_2$ 2~3 滴,静置 1 min。各加 NaNO$_2$ 溶液 2 mL,摇匀,静置 2 min,用洗耳球吹气以除去 NO$_2$。然后加入尿素溶液 2 mL,摇动至大气泡消失。由于产生气体太多,易使分液漏斗塞冲出,故开始时稍摇几下即应转动活塞放出气体。再加 1∶5 磷酸 15 mL,摇匀后加入苯 15 mL,孔雀绿溶液 10 滴,盖上塞子,立即振摇 1~2 min 以萃取之。静置分层后,弃去水相,将有机相转入 25 mL 容量瓶中,瓶中预先放置好 0.4 g 无水硫酸钠,盖上塞子,摇动至溶液完全变成澄清。转移至 2 cm 的比色皿中,以试剂空白作参比,在 635 nm 处进行光度测定,此溶液在 1 h 内吸光度稳定。把测得数据列入下表:

编　号	标　准　溶　液						试　液
	0	1	2	3	4	5	6
试液量/mL	0.00	2.00	4.00	6.00	8.00	10.00	5.00
含 Sb 量/(μg·L^{-1})							
吸光度 A							

以浓度为横坐标,吸光度为纵坐标,作浓度-吸光度曲线(即工作曲线)。

3. 微量锑的共沉淀富集 移取试液 5.00 mL,置于 400 mL 烧杯中,加入 5∶1 盐酸 5 mL、热水 150 mL 和硫酸锰溶液 10 mL。加热微沸后加入高锰酸钾溶液 8 mL,煮沸 1 min。再加高锰酸钾溶液 8 mL,再煮沸 1 min。静置 3~5 min,用直径为 11 cm 的滤纸过滤。用热水洗涤沉淀和烧杯,热水总体积约为 150 mL,弃去滤液和洗液。

4. 试液中锑的测定 用 8 mL 浓盐酸和 2 mL H$_2$O$_2$ 配成的混合溶液(随用随配)溶解沉淀,溶解后滤液仍流入原进行沉淀的烧杯中。再用 5∶1 盐酸 10 mL 洗涤滤纸。收集滤液和洗液,缓缓加热至出现大气泡后再煮沸 1 min。冷却至室温,移入 25 mL 容量瓶中,用 5∶1 盐酸洗涤烧杯,稀释至刻度,摇匀。

吸取上述溶液 5.00 mL,置于 125 mL 分液漏斗中,按绘制标准曲线步骤进行萃取、测定吸光度,再从标准曲线上查得锑含量,计算原试液中的锑含量。

9.1.5 注意事项

(1)加入 SnCl$_2$ 使可能存在的 Sb(Ⅴ)还原为 Sb(Ⅲ),然后再以 NaNO$_2$ 使之全部氧化后应立即显色萃取,否则 SbCl$_6^-$ 慢慢水解形成 Sb(OH)Cl$_5^-$ 后就不显色了。

(2)加入 NaNO$_2$ 可氧化除去多余的 SnCl$_2$。NaNO$_2$ 还原后生成 NO,易被氧化成 NO$_2$;NaNO$_2$ 遇酸生成不稳定的 HNO$_2$,会分解释放出 NO$_2$。NO$_2$ 应吹气除去,否则要破坏有机显色剂而影响显色反应。

(3)加入尿素以除去剩余的 HNO$_2$。

(4)加入磷酸使可能存在的杂质 Fe^{3+} 生成无色的 Fe(HPO$_4$)$_2^-$,以消除对显色反应的干扰。

9.2 合金钢中微量铜的萃取光度测定

9.2.1 目的要求

掌握萃取光度分析的原理和操作技术。

9.2.2 实验原理

在氨性缓冲液中，Cu^{2+} 与铜试剂（二乙氨基二硫代甲酸钠，即 DDTC）生成黄棕色配合物，用 CCl_4 或 $CHCl_3$ 萃取后进行光度测定。其反应式如下：

$$2 \begin{array}{c} H_5C_2 \\ \\ H_5C_2 \end{array}\!\!N\!-\!\!C\!\!\begin{array}{c} S^- \\ \\ S \end{array} + Cu^{2+} \Longleftrightarrow \begin{array}{c} H_5C_2 \\ \\ H_5C_2 \end{array}\!\!N\!-\!\!C\!\!\begin{array}{c} S \\ \\ S \end{array}\!\!Cu\!\!\begin{array}{c} S \\ \\ S \end{array}\!\!C\!-\!\!N\!\!\begin{array}{c} C_2H_5 \\ \\ C_2H_5 \end{array}$$

Fe^{3+}、Co^{2+}、Ni^{2+} 等阳离子的干扰可以用柠檬酸盐和 EDTA 掩蔽消除。

9.2.3 主要仪器和试剂

仪器：722S 型分光光度计或 721 型分光光度计。

试剂：浓 HCl，浓 HNO_3，浓 $NH_3 \cdot H_2O$，CCl_4 或 $CHCl_3$，0.2% DDTC 水溶液，柠檬酸铵-EDTA 溶液（20 g 柠檬酸铵和 5 g EDTA 二钠盐溶于水中，稀释至 100 mL），$0.02\ g \cdot L^{-1}$ Cu^{2+} 标准溶液。

9.2.4 实验步骤

1. 铜标准溶液的配制　准确称取纯铜屑（99.9%）0.200 0 g 于 100 mL 烧杯中，加浓 HNO_3 5 mL，加热溶解后浓缩至 10 mL 以下。冷却后加入柠檬酸铵-EDTA 混合液 30 mL，用浓 $NH_3 \cdot H_2O$ 中和至 pH=8～9，定量地转移至 1 000 mL 容量瓶中，以蒸馏水定容，摇匀。此为 $0.2\ g \cdot L^{-1}$ 标准铜贮备液。

临用前，吸取该贮备液 10.00 mL 于 100 mL 容量瓶中，以蒸馏水定容，摇匀。此为 $20\ mg \cdot L^{-1}$ 的铜标准溶液。

2. 试样的分解　准确称取试样 0.3 g 左右置于 150 mL 烧杯中，按铜标准贮备液的制备方法，溶解、浓缩、加入掩蔽剂和调节 pH，最后定量地转移至 100 mL 容量瓶中，定容、摇匀。

以同样方法制备试剂空白液。

3. 萃取测定　吸取 $20\ mg \cdot L^{-1}$ 的铜标准溶液 0.00、1.00、2.00、3.00、4.00、5.00 mL 分别置于 125 mL 分液漏斗中，在"0"号分液漏斗中加入 2.00 mL 试剂空白液。然后在各分液漏斗中分别加入 10.0 mL 铜试剂和 15 mL CCl_4 或 $CHCl_3$（用干燥、清洁的移液管移取），用力振荡 3～5 min。待静置分层后，在分液漏斗的流出管底部填充一小团干净的脱脂棉，然后将有机相转移至干燥清洁的比色皿中，以试剂空白作参比，于 435 nm 波长处分别测定吸光度。把测得的数据列入下表。

以浓度为横坐标，吸光度为纵坐标，作浓度-吸光度曲线（即工作曲线）。

4. 未知试样中 Cu 含量的萃取测定　用移液管吸取 10.00 mL 待测试液于 125 mL 分液漏

斗中，加入 10.0 mL 铜试剂和 15.00 mL CCl_4 或 $CHCl_3$，用力振荡 3~5 min，待静置分层后，通过脱脂棉把有机相转移至干燥洁净的比色皿中，以试剂空白作参比，在 435 nm 波长处测定吸光度值。把测得的数据列入下表：

编号	标准溶液						未知
	0	1	2	3	4	5	6
含铜试液	0.00	1.00	2.00	3.00	4.00	5.00	10.00
试剂空白	2.00	0.00	0.00	0.00	0.00	0.00	0.00
Cu^{2+} 浓度/mg·L^{-1}							
吸光度 A							

9.2.5 计算公式

根据未知液的吸光度，在标准曲线上查出该显色试液中 Cu^{2+} 的浓度(mg·L^{-1})。然后按下式计算试样中铜的含量：

$$w(Cu) = c(Cu^{2+}) \times V_1 \times \frac{100}{m} \times \frac{V_2}{V_3} \times 100\%$$

式中，$c(Cu)$ 为从标准曲线上查得的显色试液中 Cu^{2+} 的浓度(mg·L^{-1})，m 为试样质量，V_1 为试样处理成试液后的体积，V_2 为试液显色后的体积，V_3 为用于显色的试液体积。

9.2.6 注意事项

(1) 本法适用于测定含量为 0.001%~0.5% 的铜。

(2) Fe^{3+}、Co^{2+}、Ni^{2+} 等金属离子对测定有干扰，为消除其干扰，在加 DDTC 之前，加入柠檬酸铵和 EDTA 混合液进行联合掩蔽。应注意掩蔽剂的用量，每称取 0.1 g 试样，加入该掩蔽剂 10 mL 即可。为了消除试剂误差，在标准铜溶液中也加此掩蔽剂。空白液中也加掩蔽剂，目的也在于此。

(3) 调节 pH 时，加入的 $NH_3·H_2O$ 勿过量，否则，若 pH>9，在大量 EDTA 存在下，萃取效率会降低。

(4) 若振荡时间不够，则萃取效率低，测定结果也会偏低。

9.2.7 问题与思考

(1) 溶剂萃取分析的基本原理是什么？

(2) 在本实验中，显色液中 Cu^{2+} 的浓度应如何计算？

9.3 铜、铁、钴、镍的纸色谱分离

9.3.1 目的要求

(1) 掌握纸色谱分离法的原理和操作技术。

(2) 学习如何根据组分不同的比移值分离鉴别未知试样的组分。

9.3.2 实验原理

试液在滤纸上点样后，以有机溶剂展开时，靠滤纸的毛细管作用，试液中的各组分便随着展开剂(流动相)从滤纸一端向另一端移动，并在固定相和移动相间进行反复多次的重新分配。由于各组分在两相间的分配系数不同，即可以达到彼此分离的目的。

各组分在滤纸上移动的位置通常以比移值 R_f 表示，比移值 R_f 的定义为

$$R_f = \frac{原点至斑点中心的距离}{原点至溶剂前沿的距离}$$

R_f 值最大等于1，即该组分随展开剂上升至展开剂(溶剂)的前沿；最小等于零，即该组分不随溶剂移动而留在原点。

在一定条件下，各组分的 R_f 值都有其相应的定值。因此，可根据实验所测得的比移值进行定性分析。各组分彼此分离后，即可采用适当的方法进行定量分析(如：可把斑点剪下灰化、溶解后，用分光光度法进行定量测定)。

本实验用丙酮：盐酸：水＝90：5：5 为展开剂，用上升法展开，以分离 Cu^{2+}、Fe^{3+}、Co^{2+}、Ni^{2+} 的混合溶液。其中 Fe^{3+} 移动最快，R_f 值接近于1；其次是 Cu^{2+} 和 Co^{2+}；Ni^{2+} 移动最慢，R_f 值接近于零。展开后，以氨气熏之，以中和其酸性，然后用二硫代乙二酰胺显色。从上至下各斑点的颜色为：棕黄色(Fe^{3+})、灰绿色(Cu^{2+})、黄色(Co^{2+})和深蓝色(Ni^{2+})。以 Cu^{2+} 为例，其显色反应为

$$Cu^{2+} + (CSNH_2)_2 =\!=\!= HN=\!\!C — C=\!\!NH + 2H^+$$
$$\phantom{Cu^{2+} + (CSNH_2)_2 =\!=\!= HN=\!\!C} || $$
$$\phantom{Cu^{2+} + (CSNH_2)_2 =\!=\!= HN=\!\!C} SS$$
$$\phantom{Cu^{2+} + (CSNH_2)_2 =\!=\!= HN=\!\!C—} Cu$$

9.3.3 主要仪器和试剂

仪器：层析筒(可用 100 mL 量筒代替)，微量移液管(以校准过的血球管代替，若只作定性分析，可用毛细管)，喷雾器，滤纸(新华中速色层纸，裁成 25 cm×1.5 cm 的条状)。

试剂：展开剂(丙酮：浓盐酸：水＝90：5：5)，显色剂(二硫代乙二酰胺，0.5%乙醇溶液)，Cu^{2+}、Fe^{3+}、Co^{2+}、Ni^{2+} 混合溶液(各为 $5 g \cdot L^{-1}$，以氯化物配制)，浓氨水。

9.3.4 实验步骤

1. 点样 取已裁好的滤纸一条，于纸条一端 2 cm 处用铅笔画一条线，并在横线中间记一个"×"号，用毛细管或微量移液管移取试液 5 μL，小心点在横线上的"×"号处(称为原点)，斑点直径为 0.5 cm 左右，在空气中风干后，挂在橡皮塞下面的丝钩上。

2. 展开 在干燥的层析筒中加入 10 mL 展开剂，放入滤纸条，塞紧橡皮塞，使滤纸一端的空白部分浸入展开剂中约 0.5 cm，开始进行展开。

3. 显色 待溶剂前沿上升至离顶端 2 cm 左右时，取出滤纸条，立即用铅笔记下溶剂的前沿位置。在空气中风干后，在氨气瓶口熏 5 min，然后用显色剂喷洒显色。从上到下 4 个清晰的斑点依次为铁(棕黄)、铜(灰绿)、钴(黄)和镍(深蓝)。

9.3.5 计算公式

用铅笔将各斑点的范围标出,找出各斑点的中心点到原点的距离 a,再量出原点到溶剂前沿的距离 b,则

$$R_f = \frac{a}{b}$$

Fe^{3+}、Cu^{2+}、Co^{2+}、Ni^{3+} 的 R_f 值分别为 0.97、0.63、0.49、0.01。

9.3.6 注意事项

(1) 当需要进行定量测定时,可配制各组分的标准溶液,用宽一些的滤纸条,将标准溶液和试样溶液在同一滤纸条上点样,两原点水平距离约 3 cm,其他步骤相同。

显色后,分别剪下标准和试样斑点,放在瓷坩埚中灰化,然后在马福炉中灼烧(800 ℃)15 min,取出冷却后,加 10 滴浓 HNO_3 加热溶解,用分光光度法分别测定各组分含量。铁可用磺基水杨酸分光光度法,铜用铜试剂分光光度法,钴用亚硝基-R 盐分光光度法,镍用丁二酮肟分光光度法测定。

(2) 层析纸应先在展开剂饱和的空气中放置 24 h 以上。方法:取少量展开剂置于一小烧杯中,然后放入干燥器内,并把层析纸放在干燥器中,盖严之后放置即可。

(3) 各组分的比例必须严格控制,否则影响分离效果,因此,量取丙酮的量器和储存展开剂的容器必须干燥。盐酸和水应当用移液管量取。

(4) 配制 Cu^{2+}、Fe^{3+}、Co^{2+}、Ni^{2+} 试液时,必须采用氯化物,如果采用硝酸盐类,展开效果不好,各组分的斑点不集中。

(5) 如果斑点直径太大,可分次点样,若不做定量测定,只需控制斑点大小,不必准确量取体积。

(6) 喷洒显色剂不宜过多,以免底色过深,影响斑点的观察。

9.3.7 问题与思考

(1) 怎样测定 R_f 值?它在分析化学中有何实际意义?
(2) 影响 R_f 值的因素有哪些?
(3) 展开剂中加入的盐酸有什么作用?
(4) R_f 值与分配系数有何关系?

9.4 偶氮苯和对硝基苯胺的薄层分离

9.4.1 目的要求

(1) 学习薄层色谱法进行定性分析的原理。
(2) 掌握薄层色谱法的操作技术。

9.4.2 实验原理

薄层色谱法是将吸附剂(或固定相)涂铺在玻璃板或金属板上使之成为一均匀薄层,将要

分析的试液滴在薄层板的一端，待干后将其放到盛有适当展开剂的层析缸中。用流动相(展开剂)进行展开。层析后，各组分彼此分离，通过比移值 R_f 的测定，可以进行定性鉴别。

本实验用硅胶 G 薄层板分离有色的偶氮苯和对硝基苯胺混合物，斑点移动直观，无需使用显色剂显色。

9.4.3 主要仪器和试剂

仪器：玻璃层析缸，玻璃层析板(100 mm×240 mm)，量筒，毛细管。

试剂：偶氮苯($5\ g\cdot L^{-1}$ 的苯溶液)，对硝基苯胺($5\ g\cdot L^{-1}$ 的苯溶液)，偶氮苯和对硝基苯胺混合试液(取偶氮苯和对硝基苯胺溶液等量混合)，展开剂(环己烷：乙酸乙酯＝72：8)，硅胶 G，$5\ g\cdot L^{-1}$ 羧甲基纤维素(CMC)水溶液(称取 0.5 g CMC，在搅拌下加入 100 mL 热水中，搅拌溶解)。

9.4.4 实验步骤

1. 薄层板的制备　称取 4 g 硅胶 G 于 100 mL 烧杯中，加入 14 mL CMC，用玻棒仔细搅拌 5 min，调成均匀糊状。然后铺在洁净的层析玻璃板上，用玻棒涂布均匀并借助振动使糊状物平整均匀，水平放置一天晾干。

将晾干后的薄板放入烘箱中，慢慢升温至 110 ℃ 后活化 1 h。取出，放在干燥器中冷却备用。

2. 点样　在薄层板下端约 2 cm 处，用铅笔轻轻画一直线，在横线上做三个记号为原点，原点间距离为 2 cm。用毛细管分别蘸取偶氮苯、对硝基苯胺、混合试液依次在三个原点处点样，使斑点的直径为 2 mm 左右，若一次点样不够，可待溶剂挥发后，再在原点处二次点样，晾干。

3. 展开　移取 72 mL 环己烷和 8 mL 乙酸乙酯于洁净的层析缸中，将点好样的薄层板放入层析缸，使点有试样的一端浸入展开剂中，但原点一定要在液面上方，另一端斜靠在层析缸壁上，盖上缸盖，观察点样过程，直至溶剂前沿达到薄层板全程的 2/3 左右时，取出薄层板，立即画出展开剂前沿的位置，晾干。

4. 画出斑点移动位置　量出各组分相应的 a、b 值，计算 R_f 值并进行比较。

9.4.5 注意事项

最好提前一周制板晾干备用。

9.4.6 问题与思考

(1) 若将斑点浸入展开剂中，结果如何？
(2) 如果制板不均匀，对测定结果有何影响？
(3) 样品斑点的大小对分离效果有何影响？

9.5　植物鲜叶中 β-胡萝卜素的柱层析分离和检测

9.5.1 目的要求

(1) 学习柱层析分离的基本原理。

(2)学习从新鲜蔬菜中提取、分离β-胡萝卜素的方法。
(3)掌握柱层析和紫外可见分光光度计的操作技术。

9.5.2 实验原理

胡萝卜素广泛存在于植物的茎、叶、花或果实中,如胡萝卜、甘薯、菠菜等中都含有丰富的胡萝卜素。由于它首先是在胡萝卜中被发现的,因此得名胡萝卜素。胡萝卜素是四萜类化合物中最重要的代表物,有α、β、γ三种异构体,其中以β-胡萝卜素含量最高,生理活性最强,也最重要。β-胡萝卜素的结构式如下:

β-胡萝卜素(R=H)   叶黄素(R=OH)

β-胡萝卜素是维生素 A 的前体,具有类似维生素 A 的活性,它的整个分子是对称的,分子中间的双键容易氧化断裂,如在动物体内即可断裂,形成两分子维生素 A,因此β-胡萝卜素又称为维生素 A 原。从结构上看,β-胡萝卜素是含有 11 个共轭双键的长链多烯化合物,它的 $\pi \rightarrow \pi^*$ 跃迁吸收带处于可见光区,因此纯的β-胡萝卜素是橘红色晶体。

胡萝卜素不溶于水,可溶于有机溶剂中,因此植物中胡萝卜素可以用有机溶剂提取。但有机溶剂也能同时提取植物中的叶黄素、叶绿素等成分,对测定产生干扰,需要用适当方法加以分离。本实验采用柱层析法将提取液中β-胡萝卜素分离出来,经分离提纯的β-胡萝卜素可以直接用紫外可见分光光度法测定。

9.5.3 主要仪器和试剂

仪器:UV-120(或其他型号)紫外可见分光光度计,层析柱(10 mm×20 mm),玻璃漏斗,分液漏斗,容量瓶(100 mL、50 mL、10 mL)、研钵、水泵、吸量管。

试剂:活性 MgO,正己烷,丙酮,硅藻土助滤剂,CH_3COCH_3,无水 Na_2SO_4。

9.5.4 实验步骤

1. 样品处理 将新鲜胡萝卜洗净后粉碎混匀,称取 2 g 于研钵中,加 10 mL 1:1 丙酮-正己烷混合溶剂,研磨 5 min,将浸提液滤入预先盛有 50 mL 蒸馏水的分液漏斗中,残渣加 10 mL 1:1 丙酮-正己烷混合溶剂研磨,过滤,重复此项操作直到浸提液无色为止,合并浸提液,每次用 20 mL 蒸馏水洗涤两次,将洗涤后的水溶液合并,用 10 mL 正己烷萃取水溶液,与前浸提液合并供柱层析分离。

2. 柱层析分离 将 2 g 活性 MgO 与 2 g 硅藻土助滤剂混合均匀,作为吸附剂,疏松地装入层析柱中,然后用水泵抽气使吸附剂逐渐密实,再在吸附剂顶面盖上一层约 5 mm 厚的无水 Na_2SO_4。将样品浸提液逐渐倾入层析柱中,在连续抽气条件下(或用洗耳球吹)使浸提液流过层析柱。用正己烷冲洗层析柱,使胡萝卜素谱带与其他色素谱带分开。当胡萝卜素谱带移过柱中部后,用 1:9 丙酮-正己烷混合溶剂洗脱并收集流出液,β-胡萝卜素将首先从层析柱流出，而其他色素仍保留在层析柱中，将洗脱的β-胡萝卜素流出液收集在50 mL容量瓶中，用1∶9丙酮-正己烷混合溶剂定容。

3. 制作标准曲线 用逐级稀释法准确配制25 μg·L^{-1} β-胡萝卜素正己烷标准溶液。分别吸取该溶液0.40、0.80、1.20、1.60、2.00 mL于5个10 mL容量瓶中，用正己烷定容。

用1 cm石英比色皿，以正己烷为参比，测定其中一个标准溶液的紫外可见吸收光谱，分别测定5个β-胡萝卜素标准溶液的最大吸光度(测定的波长范围为350～550 nm)。

4. 测定样品浸提液中β-胡萝卜素的含量 将经过柱层析分离后的β-胡萝卜素溶液以1∶9丙酮-正己烷溶剂为参比，在紫外可见分光光度计上测定其吸收光谱(350～550 nm)及最大吸光度。

9.5.5 数据处理

(1) 绘制β-胡萝卜素标准曲线。

(2) 确定样品溶液λ_{max}处的吸光度，计算β-胡萝卜素的含量：

$$w(\beta\text{-胡萝卜素}) = \frac{\rho \times 50}{m} \times 10^6$$

式中，ρ为从标准曲线上查得的β-胡萝卜素质量浓度(单位为μg·L^{-1})，m为胡萝卜样品的质量。

9.5.6 问题与思考

(1) 如果层析柱装填不均匀，对测定结果有何影响？

(2) 天然植物色素的常用分离方法有哪些？

9.6 钴、镍的离子交换分离和配位测定

9.6.1 目的要求

(1) 学习离子交换分离的原理和操作技术(树脂的预处理、装柱、交换和淋洗)。

(2) 了解离子交换分离在定量分析中的应用。

9.6.2 实验原理

某些金属离子如Mn^{2+}、Cu^{2+}、Co^{2+}、Fe^{3+}、Zn^{2+}在浓盐酸溶液中能形成氯配阴离子，Ni^{2+}则不形成氯配阴离子。由于各种金属配阴离子稳定性不同，生成配阴离子所需的Cl^-浓度也就不同，因而把它们放入阴离子交换柱后，可通过控制不同盐酸浓度的洗脱液淋洗而进行分离。本实验只进行钴、镍分离。当试液为9 mol·L^{-1}盐酸时，Ni^{2+}仍带正电荷，不被交换吸附，而Co^{2+}形成$CoCl_4^{2-}$被交换吸附：

$$2R_4N^+Cl^- + CoCl_4^{2-} \rightleftharpoons (R_4N^+)_2CoCl_4 + 2Cl^-$$

柱上显蓝色带。用9 mol·L^{-1} HCl溶液洗脱，Ni^{2+}首先流出柱，流出液呈淡黄色。接着用3 mol·L^{-1} HCl溶液洗脱，$CoCl_4^{2-}$成为Co^{2+}被洗出(因试液中只有钴和镍，故用0.01 mol·L^{-1} HCl溶液更易洗脱钴)，然后分别用配位滴定法测定。

9.6.3 主要仪器和试剂

仪器：离子交换柱（可用 25 mL 酸式滴定管代替）。

试剂：强碱性阴离子交换树脂，0.02 mol·L^{-1} 锌标准溶液，0.025 mol·L^{-1} EDTA 标准溶液，0.2 g·L^{-1} 二甲酚橙溶液，0.2 g·mL^{-1} 六次甲基四胺水溶液（用 2 mol·L^{-1} HCl 调节 pH=5.8），0.1% 的酚酞乙醇溶液，定性鉴定用试剂（1% 丁二酮肟乙醇溶液，KSCN 晶体，丙酮，浓氨水），NaOH 溶液（6 mol·L^{-1}，2 mol·L^{-1}），HCl 溶液（12 mol·L^{-1}，9 mol·L^{-1}，6 mol·L^{-1}，2 mol·L^{-1}，0.01 mol·L^{-1}）。

10 mg·mL^{-1} 镍标准溶液（准确称取 4.048 g 分析纯 NiCl$_2$·6H$_2$O 试剂，用 30 mL 2 mol·L^{-1} HCl 溶液溶解，转移入 100 mL 容量瓶中，并用 2 mol·L^{-1} HCl 溶液稀释至刻度），必要时按实验步骤（Ni^{2+} 的测定方法）标定。

10 mg·mL^{-1} 钴标准溶液（准确称取 4.036 g 分析纯 CoCl$_2$·6H$_2$O 试剂，用 30 mL 2 mol·L^{-1} HCl 溶液溶解，转移入 100 mL 容量瓶中，用 2 mol·L^{-1} HCl 溶液稀释至刻度），必要时按实验步骤（Co^{2+} 的测定方法）标定。

钴镍混合试液（取钴、镍标准溶液等体积混合）。

9.6.4 实验步骤

1. 交换柱的准备　强碱性阴离子交换树脂先用 2 mol·L^{-1} HCl 溶液浸泡 24 h，取出树脂用水洗净。继续用 2 mol·L^{-1} NaOH 溶液浸泡 2 h，然后用去离子水洗至中性，再用 2 mol·L^{-1} HCl 溶液浸泡 24 h，备用。

取一支 1 cm×20 cm 的玻璃交换柱或 25 mL 酸式滴定管，底部塞以少许玻璃棉，将树脂和水缓慢倒入柱中，树脂柱高约 15 cm，上面再铺一层玻璃棉。调节流量约为 1 mL·min^{-1}，待水面下降近树脂层的上端时（切勿使树脂干涸），分次加入 9 mol·L^{-1} HCl 溶液 20 mL，并以相同流量进入交换柱，使树脂与 9 mol·L^{-1} HCl 溶液达到平衡。

2. 制备试液　取钴镍混合试液 2.00 mL 于 50 mL 小烧杯中，加入 6 mL 浓盐酸，使试液中 HCl 溶液浓度为 9 mol·L^{-1}。

3. 分离　将试液小心移入交换柱中进行交换，用 250 mL 锥形瓶收集流出液，流量为 0.5 mL·min^{-1}。当液面达到树脂相时（注意色带的颜色），用 9 mol·L^{-1} HCl 溶液 20 mL 洗脱 Ni^{2+}，开始时用少量 9 mol·L^{-1} HCl 溶液洗涤烧杯，每次 2~3 mL，洗涤 3~4 次，洗涤液均倒入交换柱中，以保证试液全部转移入交换柱。然后将其余 9 mol·L^{-1} HCl 溶液分次倒入交换柱。收集流出液以测定 Ni^{2+}。待洗脱近结束时，取 2 滴流出液，用浓氨水碱化，再加 2 滴 1% 丁二酮肟乙醇溶液，以检验 Ni^{2+} 是否洗脱完全。

继续用 0.01 mol·L^{-1} HCl 溶液 25 mL 分 5 次洗脱 Co^{2+}，流量为 1 mL·min^{-1}，收集流出液于另一锥形瓶中以备测定 Co^{2+}（洗脱近结束时，检验 Co^{2+} 是否洗脱完全：取一滴流出液于点滴板上加入数粒 KSCN 晶体，加丙酮，搅拌，若出现蓝色则表示有 Co^{2+}）。

4. Ni^{2+}、Co^{2+} 的测定　将洗脱 Ni^{2+} 的洗脱液用 6 mol·L^{-1} NaOH 溶液中和至酚酞变红，继续用 6 mol·L^{-1} HCl 溶液调至红色退去，再过量两滴，此时由于中和发热使溶液温度升高，可将锥形瓶置于流水中冷却。用移液管加入 10.00 mL EDTA 标准溶液，加 5 mL 六次甲基四胺溶液，控制溶液的 pH 在 5.5 左右。加两滴二甲酚橙指示剂，溶液应为黄色（若呈紫红或橙红，说明 pH 过高，用 2 mol·L^{-1} HCl 溶液调至刚变黄色），用锌标准溶液回滴过量的 EDTA，终点由黄绿变为紫红色。

Co^{2+} 的测定同 Ni^{2+}。

根据滴定结果计算钴镍混合试液中各组分的浓度，以 mg·mL^{-1} 为单位表示。

用 2 mol·L^{-1} HCl 溶液 20～30 mL 处理交换柱使之再生，或将使用过的树脂回收在一烧杯中，统一进行再生处理。

9.6.5 问题与思考

(1)在离子交换分离中，为什么要控制流出液的流量？淋洗液为什么要分次加入？
(2)本实验若是微量 Co^{2+} 与大量 Ni^{2+} 的分离，其测定方法有何不同？
(3)对于常量的 Co^{2+} 和 Ni^{2+}，若不采用预分离，应如何测定？

9.7　海水中微量维生素 B_{12} 的固相萃取与测定

9.7.1　目的要求

(1)关注海洋，增强环保意识，了解赤潮的产生和对海洋环境的危害。
(2)通过海水样品中维生素的富集，掌握固相萃取的原理和操作技术。

9.7.2　实验原理

赤潮是一类严重的海洋污染现象。通常认为它与海水中的氮、磷等元素的富营养化有重要关系，但也有人认为海水中水溶性微量维生素 B_1(硫胺素)和 B_{12}(钴维生素)的存在对赤潮的生物生长与繁殖具有一定的促进作用。高效液相色谱法是分析水溶性维生素混合物的有效方法。但通常情况下海水中维生素含量很低(如维生素 B_{12} 仅为每升纳克级)，必须加以适当的浓缩后，才能采用高效液相色谱法测定。

固相萃取(SPE)是目前实验室常用的一种微量样品分离富集技术，其原理是利用选择性吸附与选择性洗脱的液相色谱分离原理，使液体样品通过一吸附小柱，保留其中某些组分，再用适当的溶剂冲洗杂质，然后用少量溶剂迅速洗脱，从而达到快速分离净化与浓缩的目的。

本实验采用 C_{18} 固相萃取柱富集海水中微量维生素 B_{12}，用反相离子对高效液相色谱测定海水中微量维生素 B_{12} 的含量。

9.7.3　主要仪器和试剂

仪器：TSP 高压梯度 HPLC 仪，3500-3200 型高压梯度泵，UV-2000 型双波长吸收检测器，Rheodyne7725i 六通进样阀，PC1000 色谱工作站，微量进样器(100 μL)，CQ-50 超声波除气装置，SGE Exsil ODS(4.6 mm×250 mm，5 μm)色谱柱，针头式 C_{18} 固相萃取柱。

试剂：维生素 B_1，维生素 B_{12}，甲醇，二次去离子水。

9.7.4　实验步骤

1. 海水样品中维生素的富集　取一支 C_{18} 固相萃取柱，用 5 mL 甲醇冲洗进行活化，再用 5 mL 蒸馏水冲洗后，才能进行富集。准确量取 100～200 mL 洁净海水样品（如果浑浊，先用 0.45 μm 滤膜过滤）于烧杯中，分次用注射针筒吸取并注入 C_{18} 预处理小柱，富集海水中的维生素。然后用 5 mL 蒸馏水冲洗，再用空气挤掉色谱柱水分。最后用 1.00 mL 甲醇洗脱吸附在小柱上的维生素，并用蒸馏水定容 2.00 mL，摇匀后用于色谱分析。

用同样方法分别富集其他含有维生素 B_{12} 人工污染的海水样品。

2. 流动相的配制　实验前，配制甲醇-水（30∶70，体积比）400 mL，含 0.05 mol·L^{-1} KH_2PO_4 的流动相。流动相需用 0.45 μm 滤膜过滤，并经超声波除气 15 min 后使用。

3. 色谱条件试验　色谱柱为 SGE Exsil ODS（4.6 mm×250 mm，5 μm），流动相为甲醇-水（30∶70，体积比），含 0.05 mol·L^{-1} KH_2PO_4，流速为 0.70 mL·min^{-1}，检测波长为 254 nm 和 360 nm，进样体积为 20 μL。

如仪器正常，可进标准混合物试液分析得到正确的色谱图，样品组分的出峰顺序：维生素 B_1 在前，维生素 B_{12} 在后。如分离不理想，可适当调节试验条件，直到得到良好的分离度和重现性的色谱图为止。观察两个波长的色谱图的差异。为了提高测定的灵敏度，可设定一检测波长-时间程序同时测定维生素 B_1 和维生素 B_{12}。

4. 工作曲线的绘制　于 6 个 10 mL 容量瓶中，分别移入 0.00、0.20、0.40、0.60、0.80、1.00 mL 0.2 mg·mL^{-1} 维生素 B_{12} 和维生素 B_1 标准混合物试液，用二次蒸馏水定容，然后分别进样分析。在确定的实验条件范围内，维生素的浓度均与峰面积呈现良好关系。计算相应的回归方程和相关系数。

5. 海水样品的测定　将富集后的海水样品试液直接进样分析，根据保留值定性；根据工作曲线计算实际海水的维生素 B_{12} 含量。由于维生素 B_1 保留时间较靠前，容易受溶剂峰等干扰，定量误差较大。

9.7.5　注意事项

(1) 维生素 B_{12} 见光容易分解，标准溶液应放在棕色的瓶子里并低温保存。

(2) 开启仪器应按操作规程，观察仪器参数是否在设定范围内。待仪器稳定时，方可进行测定。

(3) 每完成一种试液测定，应用甲醇等溶剂将注射针彻底清洗干净。否则会引起样品残留，影响下一个样品的分析。

(4) 实验结束后，应按规定清洗仪器后再关机。

9.7.6　问题与思考

(1) 固相萃取的基本原理是什么？为什么 C_{18} 预处理小柱富集样品前要进行活化？

(2) 有人认为维生素 B_{12} 在 212 nm 有更大的吸收系数，为什么本实验不能采用这一波长检测？为什么 360 nm 的色谱图不出现维生素 B_1 的色谱峰？

(3) 流动相中 KH_2PO_4 的作用是什么？试述反相离子对色谱的分离机制。

第10章 设计实验与技能考核

10.1 设计实验的目的和要求

10.1.1 设计实验的目的

为了激发学生学习积极性,启发探索与创新精神,培养他们理论联系实际与独立分析问题和解决问题的能力,在做完一部分基本实验之后,安排若干个设计方案实验(简称设计实验)。即由学生针对选定的实验题目,运用本课程的理论知识和实验知识,适当查阅有关的参考资料,独立地设计实验方案并进行实验。实验结束后,由教师组织学生进行交流和讨论。

设计实验与前面已做过的基本实验有截然不同的目的和要求。做基本实验时,要求学生按照给定的实验方法和步骤进行操作,对实验结果要求很高。而设计实验的主要目的是放手给学生一个自由发挥的机会,希望他们充分运用所学的理论知识和实验技术,自己选择分析方法,设计实验步骤,并在实验过程中进行试验、改进和完善。在实验过程中,提倡对不同的实验条件(例如:不同的指示剂、酸度、温度、试剂用量、样品的用量及处理方法等)进行试验、对比,以便确定最佳方案。在能达到一定的准确度要求的前提下,以简便、经济、可行为最佳方案。设计实验对结果的要求并不是最主要的。

10.1.2 设计实验的要求

在设计方案和实验过程中要注意以下几点要求:

(1)首先要选定分析方法及滴定方式。

(2)液体试样待测组分的大致浓度及溶液的酸度都是未知的,要设法进行粗测后再决定如何取样和处理。固体试样一般由教师提供来源及大致含量。对测定结果有效数字的要求,除在"实验题目注释"中另有说明外,均应保留4位有效数字。

(3)要考虑如何消除样品中的干扰因素。

(4)在能满足测定准确度要求的情况下,要尽量节约使用试剂及样品。对所用标准溶液的浓度,一般不要高于下列限制:HCl、NaOH,$0.2\ mol\cdot L^{-1}$;EDTA、Zn^{2+},$0.02\ mol\cdot L^{-1}$;$AgNO_3$、$Na_2S_2O_3$,$0.05\ mol\cdot L^{-1}$。

(5)初步方案包括下列内容:

① 分析方法的选择。

② 测定原理。定量测定的理论依据、选择的标准溶液、指示剂选择的依据、选择的指

示剂、测定的条件和干扰的消除等。

③ 主要仪器和试剂。

④ 实验步骤。标准溶液的配制与标定,试样的测定。

⑤ 计算公式。

⑥ 注意事项。

⑦ 误差分析。

⑧ 主要参考文献。

(6)实验结束后要整理实验报告,其中除预习报告中的基本内容外,还应写明以下内容:

① 实验原始数据。

② 实验数据处理及实验结果。

③ 如果实际做法与预习报告中的设计方案不一致,应重新写明操作步骤,改动不多的可加以说明。

④ 对所设计的实验方案和实验结果的评价,以及对问题的讨论(包括对分析方法或实验条件可进一步改进的设想)。

10.2 设计实验选题参考

1. NaOH、Na_3PO_4 混合液中,各组分含量的测定($g \cdot L^{-1}$) 可用 HCl 作标准溶液,分别用酚酞、甲基红(橙)作指示剂进行滴定。用酚酞作指示剂时,滴定了 NaOH,把 Na_3PO_4 滴定至 Na_2HPO_4。用甲基红(橙)作指示剂时,继续把 Na_2HPO_4 滴定至 NaH_2PO_4。

2. NaOH 和 Na_2CO_3 混合液中,各组分含量的测定($g \cdot L^{-1}$) 先以酚酞作指示剂,用 HCl 标准溶液滴定至溶液略带粉色,这时 NaOH 全部被滴定,而 Na_2CO_3 只被滴定到 $NaHCO_3$,然后加入甲基橙指示剂,用 HCl 继续滴定至溶液由黄色变为橙色,此时 $NaHCO_3$ 被滴定至 H_2CO_3。

3. Na_2CO_3 和 $NaHCO_3$ 混合液中,各组分含量的测定($g \cdot L^{-1}$) 先以酚酞作指示剂,用 HCl 标准溶液滴定至溶液略带粉色,这时 Na_2CO_3 被滴定到 $NaHCO_3$,$NaHCO_3$ 不被滴定。然后加入甲基橙指示剂,用 HCl 继续滴定至溶液由黄色变为橙色,此时原有的 $NaHCO_3$ 和 Na_2CO_3 被滴定到的 $NaHCO_3$ 一同被滴定至 H_2CO_3。

4. HCl、H_3PO_4 混合液中,各组分含量的测定($g \cdot L^{-1}$) 加入甲基橙指示剂,用 NaOH 标准溶液滴定至溶液由黄色变为橙色,HCl 被滴定到 NaCl,H_3PO_4 被滴定到 NaH_2PO_4,然后用酚酞作指示剂,用 NaOH 标准溶液滴定至溶液略带粉色,这时 NaH_2PO_4 被滴定到 Na_2HPO_4。

5. H_2SO_4、H_3PO_4 混合液中,各组分含量的测定($g \cdot L^{-1}$) 加入甲基橙指示剂,用 NaOH 标准溶液滴定至溶液由黄色变为橙色,H_2SO_4 被滴定到 Na_2SO_4,H_3PO_4 被滴定到 NaH_2PO_4,然后用酚酞作指示剂,用 NaOH 标准溶液滴定至溶液略带粉色,这时,NaH_2PO_4 被滴定到 Na_2HPO_4。

6. HCl、NH_4Cl 混合液中,各组分含量的测定($g \cdot L^{-1}$) 用甲基红(橙)作指示剂,用 NaOH 标准溶液滴定至溶液由黄色变为橙色,HCl 被滴定到 NaCl。用甲醛法强化 NH_4^+ 后,用酚酞作指示剂,用 NaOH 标准溶液间接滴定 NH_4^+。

7. **NH_3、NH_4Cl 混合液中，各组分含量的测定($g \cdot L^{-1}$)** 用甲基红作指示剂，用 HCl 标准溶液滴定 NH_3 至 NH_4^+，用甲醛法强化 NH_4^+ 后，用酚酞作指示剂，用 NaOH 标准溶液滴定总 NH_4^+，从总 NH_4^+ 中减去 NH_3 的量即为 NH_4^+ 的量。

8. **NaH_2PO_4、Na_2HPO_4 混合液中，各组分含量的测定($g \cdot L^{-1}$)** 用酚酞作指示剂，用 NaOH 标准溶液把 NaH_2PO_4 滴定到 Na_2HPO_4。加入甲基橙指示剂，用 HCl 标准溶液把 Na_2HPO_4 滴定到 NaH_2PO_4。可以分取两份溶液分别滴定，也可以在同一份溶液中连续滴定。

9. **KCl、NH_4Cl 混合液中，Cl、N 含量的测定($g \cdot L^{-1}$)** 用莫尔法测定总 Cl^-。用甲醛法强化 NH_4^+ 后，用酚酞作指示剂，用 NaOH 标准溶液间接滴定 NH_4^+。

10. **Zn^{2+} 和 Ca^{2+} 混合液中，各组分含量的测定($g \cdot L^{-1}$)** 采用 EDTA 为配位剂的配位滴定法。在 pH=4 时，可选二甲酚橙指示剂，用 EDTA 标准溶液滴定 Zn^{2+}，Ca^{2+} 不干扰测定。然后用氨性缓冲溶液调节 pH≈10，加入少量的铬黑 T(EBT)指示剂，用 EDTA 标准溶液再滴定 Ca^{2+}。

11. **在含有 Fe^{3+}、Ca^{2+}、Cl^- 的混合溶液中，测定 Ca^{2+}、Cl^- 的含量(Ca^{2+}、Cl^- 为大量成分，Fe^{3+} 含量少)** 测定 Ca^{2+} 的方法有多种，重量法、配位滴定法、氧化还原滴定法、比浊法、离子选择性电极法等。考虑到被测成分的含量和 Fe^{3+} 的存在，又考虑到简便快速等因素，可选择配位滴定法测定 Ca^{2+}，莫尔法测定 Cl^-（佛尔哈德法 Fe^{3+} 的含量不能大于 $0.013 \text{ mol} \cdot L^{-1}$）。

12. **Bi^{3+}、Fe^{3+} 混合液中，各组分含量的测定($g \cdot L^{-1}$)** Bi^{3+}、Fe^{3+} 均能与 EDTA 形成稳定的配合物，其稳定性又差别不大（它们的 $\lg K_f$ 值分别为 27.94 和 25.1），因此不能利用控制溶液酸度来进行分别滴定。可用盐酸羟胺或抗坏血酸将 Fe^{3+} 还原为 Fe^{2+}，由于 Fe^{2+} 的 EDTA 配合物的稳定性较差 $\lg K_f(FeY)^{2-}=14.33$，因而可消除 Fe^{3+} 的干扰。以二甲酚橙为指示剂。先调节溶液的酸度为 pH≈1，进行 Bi^{3+} 的滴定，溶液由紫红色突变为亮黄色，即为终点。然后用高锰酸钾法或重铬酸钾法测定 Fe^{2+}。

13. **石灰石或白云石中，CaO 及 MgO 含量的测定(%)** 把固体样品溶解后，在 pH≈10 的氨性缓冲溶液中，用铬黑 T(EBT)作指示剂，用 EDTA 标准溶液滴定 Ca^{2+}、Mg^{2+} 总量。另取一份试液，加入 NaOH，调节溶液 pH>12，使 Mg^{2+} 形成 $Mg(OH)_2$ 沉淀，然后加入钙指示剂，用 EDTA 标准溶液再滴定 Ca^{2+}。从总量减去 Ca^{2+} 的量即为 Mg^{2+} 的量。

14. **H_2SO_4、$H_2C_2O_4$ 混合液中，各组分含量的测定($g \cdot L^{-1}$)** 用酚酞作指示剂，用 NaOH 标准溶液滴定 H_2SO_4、$H_2C_2O_4$ 的总酸量。再用 $KMnO_4$ 法测定 $H_2C_2O_4$ 的量，从总量中减去 $H_2C_2O_4$ 的量即可求得 H_2SO_4 的量。

15. **NH_4Cl 和 $(NH_4)_2SO_4$ 混合物中，各组分含量的测定** 用莫尔法测定 Cl^-。用甲醛法强化 NH_4^+ 后，用酚酞作指示剂，用 NaOH 标准溶液间接滴定总 NH_4^+，从总 NH_4^+ 中减去 Cl^- 的量即为 $(NH_4)_2SO_4$ 的量。

16. **甲酸和乙酸混合液中，各组分含量的测定($g \cdot L^{-1}$)** 用酚酞作指示剂，用 NaOH 标准溶液滴定甲酸和乙酸的总酸量。在强碱介质中，向试样中加入过量的 $KMnO_4$ 标准溶液，此时甲酸被氧化为 CO_2，MnO_4^- 被还原为 MnO_4^{2-} 并歧化为 MnO_4^- 及 MnO_2。加酸，加过量的 KI 还原过量的 MnO_4^- 及歧化生成的 MnO_4^- 和 MnO_2，并定量析出 I_2，再用 $Na_2S_2O_3$ 标准溶液滴定，从而间接地测定甲酸的含量。从总酸量中减去甲酸的量即为乙酸的量。

17. KIO_3、KI 混合液中，各组分含量的测定($g·L^{-1}$)

(1)KIO_3 过量。取一份混合试液，先用 $NaHCO_3$ 调节使溶液呈中性，用水稀释，以淀粉为指示剂，用 $Na_2S_2O_3$ 溶液滴定到终点，此滴定为测定 KI。另取一份混合试液，加入 H_2SO_4，使 KIO_3 和 KI 反应生成 I_2，加热使 I_2 挥发完全，加过量的 KI 溶液，充分混合后，用 $NaHCO_3$ 调节溶液呈中性，用水稀释，以淀粉为指示剂，用 $Na_2S_2O_3$ 溶液滴定到终点，此滴定为测定与 KI 反应后剩余的 KIO_3。

(2)KI 过量。取一份混合试液，加入 H_2SO_4，使 KIO_3 和 KI 反应生成 I_2，用 $NaHCO_3$ 调节溶液呈中性，用水稀释，以淀粉为指示剂，用 $Na_2S_2O_3$ 溶液滴定到终点，此滴定为测定 KIO_3。另取一份混合试液，加入 H_2SO_4，使 KIO_3 和 KI 反应生成 I_2，加热使 I_2 挥发完全，加过量的 KIO_3 溶液，充分混合后，用 $NaHCO_3$ 调节溶液呈中性，用水稀释，以淀粉为指示剂，用 $Na_2S_2O_3$ 溶液滴定到终点，此滴定为测定与 KIO_3 反应后剩余的 KI。

18. 硅酸盐水泥中，Fe_2O_3、Al_2O_3 含量的测定

(1)Fe^{3+}、Al^{3+} 均能与 EDTA 形成稳定的配合物，其稳定性差别很大(它们的 lgK_f 值分别为 25.1 和 16.3)，因此可以利用控制溶液酸度来分别进行滴定。考虑滴定的适宜 pH 范围时，还应注意所选用指示剂的适宜 pH 范围。滴定 Fe^{3+} 时，用磺基水杨酸作指示剂，在 pH=1.5～1.8时，它与 Fe^{3+} 形成红色配合物。若在此 pH 范围内用 EDTA 直接滴定 Fe^{3+}，终点颜色变化明显，Al^{3+} 不干扰。滴定 Fe^{3+} 后，调节溶液 pH=3，加入过量 EDTA，煮沸，使 Al^{3+} 与 EDTA 配位完全，再调 pH 至 5～6，用 PAN 作指示剂，用 Cu^{2+} 标准溶液滴定过量的 EDTA，即可测出 Al^{3+} 的含量。

(2)用酸溶解试样后，将 Fe^{3+} 还原为 Fe^{2+}，用重铬酸钾法测定 Fe^{2+}。调节溶液 pH=3～4，加入过量 EDTA，煮沸几分钟，使 Al^{3+} 与 EDTA 配位完全，再调节 pH 至 5～6，加入二甲酚橙指示剂，用 Zn^{2+} 或 Cu^{2+} 标准溶液滴定剩余的 EDTA，即可测出 Al^{3+} 的含量。

19. H_2O_2、$H_2C_2O_4$ 混合液中，各组分含量的测定($g·L^{-1}$)

(1)用 $KMnO_4$ 法测定 H_2O_2 和 $H_2C_2O_4$ 的总量。再用酸碱滴定法，用酚酞作指示剂，用 NaOH 标准溶液滴定 $H_2C_2O_4$。两者之差即为 H_2O_2 含量。

(2)间接碘量法测定 H_2O_2。取一份混合试液，加入 H_2SO_4，加入过量的 KI 与 H_2O_2 反应，定量地析出 I_2，立即用 $Na_2S_2O_3$ 标准溶液滴定反应生成的 I_2，从而间接地测定 H_2O_2 的含量。酸碱滴定法，用 NaOH 标准溶液滴定 $H_2C_2O_4$。

(3)用 $KMnO_4$ 法测定 H_2O_2 和 $H_2C_2O_4$ 的总量。间接碘量法测定 H_2O_2，两者之差即为 $H_2C_2O_4$ 含量。

20. $CaCl_2$ 和 NH_4Cl 混合物中，Ca、NH_3 含量的测定

(1)用莫尔法测定总 Cl^-。用甲醛法强化 NH_4^+ 后，用酚酞作指示剂，用 NaOH 标准溶液间接滴定 NH_4^+，此为测定 NH_3。从总 Cl^- 中减去 NH_3 的量即为 Ca 的量。

(2)用甲醛法强化 NH_4^+ 后，用酚酞作指示剂，用 NaOH 标准溶液间接滴定 NH_4^+，此为测定 NH_3。用 $KMnO_4$ 法间接测定 Ca 的含量。

(3)用莫尔法测定总 Cl^-。用 $KMnO_4$ 法间接测定 Ca 的含量，从总 Cl^- 中减去 Ca 的量即为 NH_3 的量。

10.3 滴定分析技能考核

滴定分析中用来准确量取溶液体积的仪器有滴定管、移液管和容量瓶，这三种仪器的规范操作对获得准确的分析结果至关重要。本实验旨在通过考核学生对上述三种仪器使用情况，进一步发现和纠正其在操作上的问题和错误，使学生规范地掌握分析化学实验的基本操作技能，正确地使用实验仪器与设备，并养成良好的实验习惯。考核时可四人一组，采取抽考签、实际操作、口答和笔答相结合的方式。实验教师根据学生三方面的表现，综合给出考核成绩，作为分析化学实验成绩的一部分。

考核具体要求参见表 10-1。

表 10-1 滴定分析技能考核要求细则

考查项目	滴定分析技能考核要求细则		分数	正误判断
	正确	错误		
容量瓶、滴定管、移液管的洗涤	1. 容量瓶、滴定管查漏 2. 自来水冲洗，皂液、洗涤剂洗 3. 有油污用铬酸洗液洗 4. 自来水冲洗管壁至不挂水珠 5. 蒸馏水润洗内壁 3 次 6. 蒸馏水润洗，每次用量 8~10 mL	未查漏 用去污粉刷滴定管，滴定管刷铁丝磨损管壁 未布满全管，洗后洗液未放回原瓶 仍挂水珠 未润洗或只润洗 1 次 用量多于 10 mL		
滴定管装滴定剂	1. 滴定剂润洗 3 次 2. 每次润洗溶液用量 8~10 mL 3. 滴定剂直接由试剂瓶装入滴定管 4. 赶气泡操作正确 5. 调液面至刻度 "0" 处或略低	未润洗或只润洗 1 次 用量多于 10 mL 转入其他容器再装入滴定管 未赶气泡或气泡未赶干净 高于 "0" 或低于 "0" 超过 1 mL 或滴定前未调至刻度 "0" 处		
定容（容量瓶的使用）	1. 溶液移入容量瓶操作正确 2. 定容操作正确 3. 摇匀操作正确	倒完烧杯未沿玻棒上滑立起，漂洗烧杯时拿法不对 定容时温度未冷至室温，超过标线或视线未水平 摇匀时拿法不对，摇动次数不够		
移液管操作	1. 润洗前内吹尽外擦干 2. 润洗 3 次 3. 洗耳球吸液操作正确 4. 准确放液至刻度处 5. 半滴处理 6. 放液操作正确	润洗前未吹尽擦干 未润洗或只润洗 1 次 左手执管、空吸、反复吸放操作液、食指有水、大拇指按管口 不会慢慢放液，未与刻度处平视，半滴未处理 移液管悬空或不垂直或放完未停顿 15 s		

(续)

考查项目	滴定分析技能考核要求细则		分数	正误判断
	正　确	错　误		
滴定操作	1. 初读数正确，管尖半滴处理正确 2. 活塞操作正确 3. 摇动操作正确 4. 能根据滴定时溶液颜色变化和反应特点掌握滴定速度 5. 终读数准确并及时记录	滴定管倾斜读数或未平视刻度或半滴未处理 活塞操作不正确或漏液 直线摇动，或管尖端碰瓶口，或管尖离瓶口 2 cm 以上 不能根据具体反应掌握滴定速度 滴定过程中形成气泡，未等 30 s 读刻度，视线不水平或未及时记录		
滴定终点判断	1. 指示剂选用正确 2. 指示剂用量恰当 3. 滴定终点时能一滴一滴或半滴半滴 4. 滴定突跃明显，判断正确 5. 半滴处理正确	指示剂选用错误 用量太少或太多 滴定速度控制不好 滴定终点判断不准 半滴处理不正确		

第11章

计算机在分析化学实验中的应用

11.1 酸碱滴定模拟实验

11.1.1 目的要求

(1) 了解各种类型酸碱滴定曲线的形状。
(2) 会用酸碱滴定曲线推算未知的被滴定溶液的 pK 值及其浓度。

11.1.2 实验原理

酸碱滴定法是以酸碱反应为基础的滴定分析方法。在酸碱滴定法中,滴定剂一般都是强酸或者强碱,如 HCl、KOH 等;被滴定物质是具有酸性或者碱性的物质,如 HCl、KOH、NH_4Cl、NaOH、H_3PO_4 等。由于酸碱强弱不同,因此在进行酸碱滴定反应时,反应的原则略有区别,滴定曲线也各不相同。在选做实验时,请同学们根据所学知识具体问题具体分析,写出相应的实验原理,正确了解反应过程中溶液的 pH 变化情况。

11.1.3 主要设备

计算机,《滴定实验模拟课件》。

11.1.4 模拟滴定实验课件的操作步骤

1. 启动滴定实验课件 双击滴定实验课件的图标,进入滴定实验界面,如图 11-1 所示。

本课件菜单栏共有 4 个菜单,分别为 Titrations、Option、Results、Help。

(1) Titrations。有 New、Reactants、Quit 3 个命令。

New:开始一个新的滴定反应。

Reactants:单击此命令后,在屏幕上就会出现 1 个对话框,如图 11-2 所示。

对话框中包含 59 个可供选择的滴定反应。

Quit:结束滴定练习,退出此课件。

(2) Option。有 Show grid、Deliver more、Deliver less 3 个命令。

Show grid:给滴定曲线加上网格线。

Deliver more、Deliver less:增加或减小滴定时液滴体积的大小。当命令选项变为灰色时,说明已经增加或减小到最大或最小值。

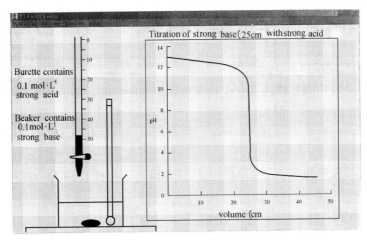

图 11-1　滴定实验界面

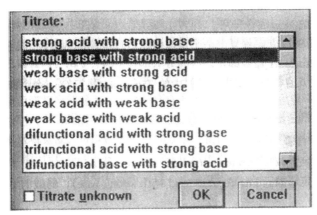

图 11-2　选择滴定反应的对话框

(3)Reactants。有 Copy data as test、Copy graph as picture 两个命令。

Copy data as test、Copy graph as picture：这两个命令可以将滴定过程中的数据（从开始到结束，滴定剂不同用量的值及所对应的当时被滴定溶液的 pH）及相应的滴定曲线复制下来，可将它们粘贴到另外任何一个文档中（可粘贴到 Excel 文档或 Word 文档中），进行后期数据处理。

2. 模拟滴定反应实验

(1)选择滴定反应。单击菜单栏中的 Titrations，打开其下拉菜单，单击 Reactants 命令，然后通过显示的对话框选择滴定反应及反应物的浓度和 pK 值（当有弱酸或弱碱参加时）。被滴定剂的量系统定为 25.00 mL。

(2)进行滴定反应。首先单击烧杯中的磁搅拌子（或用 Alt+S 快捷键），使其开始转动，用鼠标点击滴定管的活塞（或用 Alt+T 快捷键），使其开始滴定。滴定过程中可通过单击菜单栏上的 Option 命令中的 Deliver more 或 Deliver less 来调节液滴大小，以达到好的滴定效果。

(3)数据处理。打开菜单栏中的 Results 菜单，执行其 Copy data as text 命令（将数据复制为文本文件），然后打开一个 Word 文档，执行粘贴命令，即可将此滴定反应的数据复制到 Word 文档中。同样，执行 Copy graph as picture(将滴定曲线复制为图片文件)，然后打开 Word 文档执行粘贴命令，即可将滴定曲线拷贝到 Word 文档。此时即可进行后期数据处理。

(4)进行新的滴定反应：

① 重复上一个反应或只修改上一个反应中滴定剂的浓度。单击菜单栏中 Titrations，执行其下拉菜单中的 New 命令即可。

② 做一个新的反应或重复上一个反应但修改反应物的浓度及 pK 值。单击菜单栏中 Titrations，执行 Reactants 命令即可。

3. 退出滴定反应课件　单击菜单栏中的 Titrations，执行 Quit 命令即可。

4. 滴定练习

(1)滴定练习内容。

① 强酸滴定强碱(Titrate strong base with strong acid)。

② 强碱滴定弱酸(Titrate weak acid with strong base)，弱酸的 pK_a 值分别取 3.0、8.0 各做 1 次。

③ 强碱滴定二元酸(Titrate difunctional acid with strong base)，二元酸的各级 pK_a 分别取 3.0、7.0；3.0、9.0；3.0、5.0；5.0、8.0；4 种情况各做 1 次。

④ 氢氧化钾滴定磷酸(Titrate phosphoric acid with KOH)，各溶液的浓度皆为 $0.1\ mol·L^{-1}$。

(2)数据及处理。

① 对每个练习都提交 1 个滴定曲线图。

② 分析所得的各个滴定曲线，并以它们为例，谈谈你对酸碱滴定的条件对结果的影响的认识和理解。

11.1.5　问题与思考

(1)滴定过程中搅拌与否对滴定曲线形状有何影响？为什么？

(2)对于不同类型的酸碱滴定反应，其滴定曲线的 pH 突跃范围所在的 pH 区域有何特点？

(3)对某一酸碱滴定反应，反应物浓度的变化对滴定曲线的突跃大小有何影响？

(4)有弱酸或弱碱参加反应时，其 pK 值的变化对滴定曲线的突跃有何影响？

(5)近终点时，滴定曲线有何特点？实际操作时应如何选择指示剂？

11.2　沉淀滴定模拟实验

11.2.1　目的要求

(1)掌握莫尔法的测定原理。

(2)学会正确判断 K_2CrO_4 指示剂的滴定终点。

11.2.2　实验原理

沉淀滴定是将样品中的欲测成分与沉淀剂发生反应，通过精确测量该沉淀剂所消耗的体积，确定样品中欲测成分的质量分数的一种定量分析方法。

在该实验中，通过 Cl^- 与 Ag^+ 反应产生 AgCl 沉淀，可确定未知氯化物（XCl）中氯的含量。

首先，取氯化物样品并溶于水，氯化物在水中离解成 Cl^- 和 X^+。然后，加入 K_2CrO_4 指示剂，K_2CrO_4 使氯化物溶液变成黄色。将 $1\ mol \cdot L^{-1}\ AgNO_3$ 标准溶液加到氯化物溶液中，因 Ag_2CrO_4 的溶解度大于 AgCl，所以当氯化物与 K_2CrO_4 共存时，根据分步沉淀原理，首先析出 AgCl 沉淀。在 AgCl 沉淀完全后，过量 1 滴的 $AgNO_3$ 溶液立即与 CrO_4^{2-} 作用生成砖红色的 Ag_2CrO_4 沉淀，溶液的颜色由黄色转变成砖红色。其反应式如下：

化学计量点前：$Ag^+ + Cl^- \Longrightarrow AgCl \downarrow$（白色） $K_{sp} = 1.77 \times 10^{-10}$

化学计量点时：$2Ag^+ + CrO_4^{2-} \Longrightarrow Ag_2CrO_4 \downarrow$（砖红色） $K_{sp} = 1.12 \times 10^{-12}$

根据所加 $AgNO_3$ 的体积可确定氯的质量分数。

11.2.3 主要设备

计算机，Chemlab 2 课件。

11.2.4 模拟操作步骤

1. 启动 Chemlab 2 课件 选择 Volumetric Analysis of Chloride（氯化物的容量分析），点击 OK 键。如图 11-3 所示。

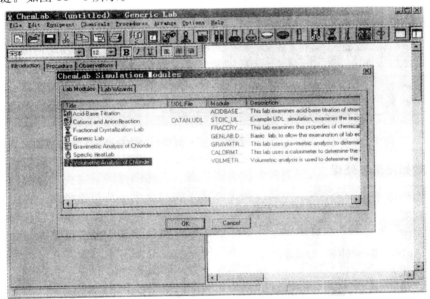

图 11-3 Volumetric Analysis of Chloride（氯化物的容量分析）目录界面

2. 进入模拟实验界面 如图 11-4 所示。

3. 模拟操作

(1) 取 2 g 未知氯化物置于 250 mL 烧杯中。

(2) 加入 100 mL 水，直到氯化物全部溶解。

(3) 向溶液中加入 4 mL K_2CrO_4 溶液，溶液变成浅黄色。

(4) 取 50 mL 滴定管，注满 $AgNO_3$ 标准溶液，向 XCl 中滴加 $AgNO_3$，产生 AgCl 沉淀，

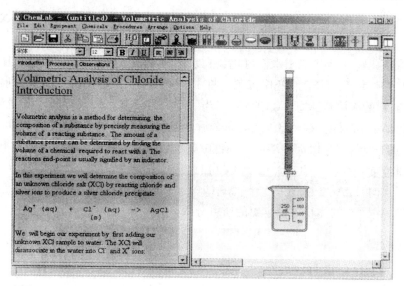

图 11-4 Volumetric Analysis of Chloride(氯化物的容量分析)实验界面

继续滴加 $AgNO_3$,直到溶液由黄色变成红色,并产生砖红色 Ag_2CrO_4 沉淀。记录滴定管中 $AgNO_3$ 溶液的体积,终止滴定。

(5)再做两次平行实验,求得平均值。

11.2.5 数据记录与处理

测　定	Ⅰ	Ⅱ	Ⅲ
氯化物样品质量/g			
$AgNO_3$ 终读数/mL			
$AgNO_3$ 初读数/mL			
消耗 $AgNO_3$ 体积/mL			

11.2.6 计算公式

$$n(AgCl) = n(AgNO_3) = c(AgNO_3) \times V(AgNO_3)$$

$$n(Cl^-) = n(AgCl)$$

$$w(Cl) = \frac{c(AgNO_3) \times V(AgNO_3) \times M(Cl^-) \times 10^{-3}}{m_{样}} \times 100\%$$

$$M(Cl) = 35.4527 \text{ g·mol}^{-1}$$

11.2.7 问题与思考

(1) K_2CrO_4 指示剂的用量如何计算?用量过多或过少对测定结果有何影响?

(2)何谓分步沉淀?如果向含有相同浓度的 Cl^-、Br^-、I^- 混合液中滴入 $AgNO_3$,沉淀顺序如何?

11.3 重量分析模拟实验

11.3.1 目的要求

掌握氯化物的重量测定方法。

11.3.2 实验原理

重量分析是称取一定质量的样品,将其中欲测组分以单质或化合物的状态分离出来,根据单质或化合物的质量,计算该组分在样品中的含量的一种定量分析方法。

在该实验中,反应式如下:

$$Ag^+ + Cl^- \Longrightarrow AgCl \downarrow$$

Cl^- 与 Ag^+ 反应生成沉淀,将沉淀分离出来,并称其质量,从而确定某一未知氯化物中氯的质量分数。

首先称取一定质量的未知氯化物(XCl)样品,溶于水,在水中该氯化物离解成 Cl^- 和 X^+。然后向溶液中加入 $1\ mol \cdot L^{-1}$ 的 $AgNO_3$ 溶液,直到不再产生沉淀为止。沉淀的量由最初溶液中的 Cl^- 决定,溶液中过量的 Ag^+ 对 AgCl 沉淀影响很小。最后过滤沉淀并称重。

11.3.3 主要设备

计算机,Chemlab 2 课件。

11.3.4 模拟操作步骤

1. 启动 Chemlab 2 课件 选择 Volumetric Analysis of Chloride(氯化物的容量分析),点击 OK 键。如图 11-5 所示。

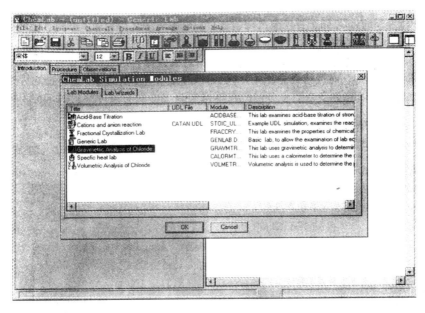

图 11-5 Volumetric Analysis of Chloride(氯化物的容量分析)目录界面

2. 进入模拟实验界面　如图 11-6 所示。

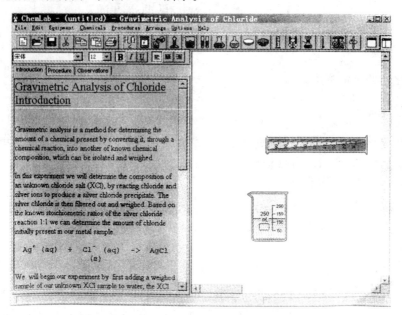

图 11-6　Volumetric Analysis of Chloride(氯化物的容量分析)实验界面

3. 模拟操作

(1)取 5 gXCl 放于 250 mL 烧杯中。

(2)加入 100 mL 水，搅拌至 XCl 完全溶解。

(3)向 XCl 溶液中加入 1 mL 浓硝酸。

(4)取 100 mL 量筒并注满 1 mol·L^{-1} AgNO$_3$ 溶液，向 XCl 溶液中加入 AgNO$_3$ 溶液，每次取 5～25 mL，直到不产生沉淀为止。为检验沉淀是否完全，可检查化合物性质(双击烧杯)并证实溶液中的 Cl$^-$ 完全被消耗。

(5)取 250 mL 吸滤瓶和布氏漏斗，将沉淀进行过滤。然后移去布氏漏斗(再次点击过滤装置图标)，将沉淀置于表面皿中，称重并记录(在实际操作中，过滤后的 AgCl 沉淀应被烘干以除去多余的水分，但在模拟实验中，认为该过滤后的沉淀不再含有水)。

11.3.5　计算公式

$$w(\text{Cl}) = \frac{m(\text{AgCl})}{m_{样}} \times \frac{M(\text{Cl})}{M(\text{AgCl})} \times 100\%$$

11.3.6　问题与思考

为什么过量的 AgNO$_3$ 溶液对 AgCl 的沉淀影响很小？

11.4　实验数据的计算机处理

随着科学技术的发展，对于复杂的实验数据处理，或者需要绘图的时候，常由计算机来完成。目前处理数据的应用软件很多，最常用、最简单的是Excel软件。

11.4.1 检验可疑值的取舍

1. 原理 在一组平行测定所得数据中，有时会出现个别值远离其他值的情况，为此，有理由怀疑它是不是出自同一总体，是否为可疑值(也称为异常值、离群值)。可疑值的保留将会影响总体参数的估计和检验的质量。如果这个可疑值是由明显过失引起的(例如，配溶液时的溅失，滴定管活塞处出现渗漏等)，则不论这个值与其他数据是近是远，都应该将其舍弃；否则，就要对可疑值进行检验。检验可疑值的方法很多，从统计学观点考虑，当测量次数不多(3~10次)时，比较严格而使用又方便的是 Q 检验法。

该法的具体步骤如下：

(1)先将测定的所有数据按照大小顺序排列，然后求出舍弃商 Q 值。

(2)在 Q 值表中查出测定次数 n 相应的 Q 值(表11-1)。如果计算出的舍弃商 $Q \geqslant$ 查出的 Q 值，则将可疑值舍去，否则应保留。

表11-1 舍弃商 Q 值表

n(测定次数)	3	4	5	6	7	8	9	10
$Q_{0.90}$	0.94	0.76	0.64	0.59	0.51	0.47	0.44	0.41
$Q_{0.95}$	0.97	0.84	0.73	0.64	0.59	0.54	0.51	0.49

启动 Excel 软件 双击 Excel 程序图标，进入 Excel 界面，用户将主要在该界面上进行操作。图11-7是一个典型的中文 Excel2000 用户界面。Excel2000 窗口主要包括以下内容：

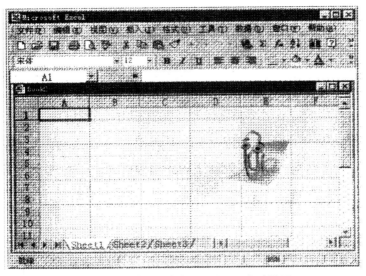

图11-7 典型的中文 Excel2000 启动界面

(1)菜单栏。显示下拉菜单名称，是 Excel2000 最为丰富的命令集合，几乎所有的操作均能从主菜单中选中执行。图11-8所示的是 Excel 的菜单栏。

图11-8 Excel 菜单栏

(2)工具栏。包含几个图标、按钮和下拉列表，提供常用命令和特定的快速访问。启动 Excel2000 之后，显示的是"常用"工具栏，它是编辑过程中最常用的工具集。工具栏中的每一个按钮对应一种操作。图 11-9 所示的是 Excel 工具栏。

图 11-9　Excel 工具栏

(3)编辑栏。显示所选定单元格的数据和公式，单击该栏并进行输入便可编辑它，图 11-10 所示是 Excel 编辑栏。

图 11-10　Excel 编辑栏

(4)状态栏。位于底部的状态栏，显示当前活动的信息，包括帮助信息、键盘和程序模式。图 11-11 所示的是 Excel 状态栏。

图 11-11　Excel 状态栏

(5)单元格。单元格是构成工作表的基本单位，在工作表窗口中可以看到一个个长方形的格子，这就是所谓的单元格。单元格用来填写数据，还可以进行附加信息、自动计算数据、引用其他单元格数据等操作。

要对工作表中的数据进行操作，首先必须理解单元格地址的概念。在工作表中，每个单元格都有自己唯一的地址，也就是它的名称。

现在，我们来单击 B 列的第二行单元格，可以看到，这个单元格的四周有粗线框围着，这就是活动单元格，单击哪个单元格，哪个单元格就成为活动单元格。活动单元格的地址在名称框中显示，即 B2。也就是说单元格的地址由它所在的行和列来表示，B2 表示 B 列第 2 行的单元格。活动单元格是接受用户输入信息的单元格。现在输入 12，可以看到 B2 单元格中出现 12，而且，内容框中也显示 12。如图 11-12 所示。

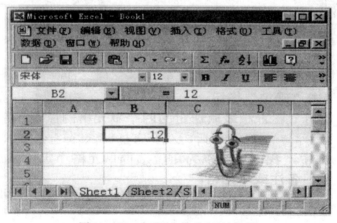

图 11-12　在 B2 中输入 12 的结果

2. 可疑值取舍的计算机操作 测定试样中氯化钠的质量分数，平行做 4 次，得以下结果：52.68，53.17，52.73，52.67(%)，用 Q 检验法检验可疑值 53.17 应否舍弃($n=4$，$Q_{0.90}=0.76$)。

(1) 数据的键入。单击单元格 A1、A2、A3、A4，分别键入 52.68、53.17、52.73、52.67。

(2) 数据的排序。选中单元格 A1、A2、A3、A4，单击菜单栏的数据按钮，选择排序（按 A 列，递增排序），可疑值为 53.17。

(3) 选中一空单元格后，将鼠标移动到编辑栏，编辑公式：

$$Q_{计} = \frac{|x_{可疑} - x_{邻近}|}{x_{最大} - x_{最小}}$$

然后回车，空单元格便出现 $Q_{计}$。

(4) 将 $Q_{计}$ 和 $Q_{表}$ 比较，若 $Q_{计} \geqslant Q_{表}$，可疑值舍弃；否则保留。

11.4.2 计算平均值的置信区间

实际分析工作中，经常是进行有限次测定($n \leqslant 20$)，可采用平均值的置信区间来估算真值所在范围。平均值的置信区间是指在系统误差消除的情况下，某一置信度时，以平均值 $\bar{x}$、标准偏差 s 和测定次数 n 来估算真值的所在范围。平均值的置信区间可表示为

$$\mu = \bar{x} \pm \frac{ts}{\sqrt{n}}$$

计算示例：为检测鱼被汞污染的情况，测定了鱼体中汞的质量分数 w(Hg)，6 次平行测定结果分别为(mg·L^{-1})2.06、1.93、2.12、2.16、1.89 和 1.95。试计算置信度 $P=90\%$ 和 95% 时平均值的置信区间。

(1) 数据的键入。单击单元格 A1、A2、A3、A4、A5、A6，分别键入 2.06、1.93、2.12、2.16、1.89、1.95。

(2) 计算 $\bar{x}$。选中 A7 空白单元格，点击函数目录，选择常用函数目录下的 AVERAGE，点击确定，会看到 Number1 栏目里显示的是 A1：A6 字样，（如果不显示，请输入：A1：A6），再点击确定，A7 单元格就显示平均值 2.02，即 $\bar{x}=2.02$。

(3) 计算 s。选中 B1 空白单元格，点击函数目录，选择统计函数目录下的 STDEV，点击确定，会看到 Number1 栏目里显示的是 A1 字样，将 A1 字样改为 A1：A6，再点击确定，B1 单元格就显示和值为 0.11，即 $s=0.11$。

(4) 查 t 值分布表。当 $P=90\%$，$f=n-1=5$ 时，$t=2.02$。

(5) 在 C1 空白单元格键入数字 6，选中 C2 空白单元格，点击函数目录，选择常用函数目录下的 SQRT，点击确定，在 Number 栏目里输入 C1，再点击确定，C2 单元格就显示和值为 2.45。

(6) 选中 C3 空白单元格，把鼠标移到编辑栏并键入：=2.02*0.11/2.45，然后回车，C3 单元格就显示 0.09。

(7) 根据公式 $\mu = \bar{x} \pm \frac{ts}{\sqrt{n}}$ 得 $\mu=2.02 \pm 0.09$。

当 $P=95\%$，$f=n-1=5$ 时，$t=2.57$。

选中 C4 空白单元格，把鼠标挪到编辑栏并键入：=2.02*0.12/2.45，然后回车，C4

单元格就显示 0.13。

根据公式 $\mu = \bar{x} \pm \dfrac{ts}{\sqrt{n}}$ 得 $\mu = 2.02 \pm 0.13$。

即在 2.02 ± 0.09 和 2.02 ± 0.13 区间内包括总体平均值 μ 的把握分别为 90% 和 95%。

由此例可知，测定次数相同时，要获得较高的置信度，置信区间势必变宽。如果保持原来的置信区间或者使其变窄，必须增加测定次数。

11.4.3 光度分析中的吸收曲线

利用 Excel 程序可以做光度分析中的吸收曲线。

示例：

某实验在不同波长下测得的吸光度如下：

波长/nm	200	205	210	220	230	250	258	270	280	290
吸光度 A	0.826	0.843	0.855	0.878	0.892	0.915	0.876	0.717	0.574	0.471
波长/nm	300	340	362	365	366	368	369	370	371	372
吸光度 A	0.421	0.355	0.373	0.380	0.381	0.380	0.378	0.376	0.369	0.210
波长/nm	375	390	400	410	420	430	440	450		
吸光度 A	0.363	0.329	0.156	0.103	0.058	0.033	0.018	0.011		

作吸收曲线。计算机操作如下：

(1) 双击 Excel 程序图标，进入 Excel 界面。

(2) 数据的键入。

① 单击单元格 A1—A28，分别键入波长。

② 单击单元格 B1—B28，分别键入吸光度。

(3) 在所有数据全选的状态下，单击工具栏里的图表导向，选择 XY 散点图中的无数据点平滑线散点图，点击下一步，再点击下一步，图表标题键入"吸收曲线"；X 轴数值位置键入：波长；Y 轴数值位置键入：吸光度 A。

(4) 点击完成。吸收曲线就完成了（图 11-13）。

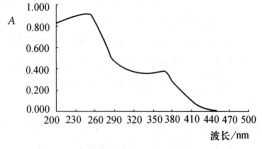

图 11-13　吸收曲线

通过吸收曲线可以求出有最大吸收的波长。

11.4.4 光度分析中的工作曲线

1. 原理

$$c = a + bA$$

式中，c 为溶液浓度，A 为吸光度，它们之间具有线性关系，根据最小二乘法原理，用一元线性回归分析就可以拟合出理想的回归曲线——工作曲线。a 为工作曲线的截距，b 为工作曲线的斜率。未知吸光度测出之后，代入上式就可算出未知液浓度。

2. 示例　磺基水杨酸光度法测 Fe^{2+}，工作曲线数据如下：

浓度 $c/[mg \cdot (50\ mL)^{-1}]$	0.20	0.40	0.60	0.80	1.00
吸光度 A	0.19	0.37	0.54	0.72	0.86

3. 计算机操作如下

(1) 双击 Excel 程序图标，进入 Excel 界面。

(2) 数据的键入。单击单元格 A1、A2、A3、A4、A5、A6，分别键入 0.00、0.20、0.40、0.60、0.80、1.00；单击单元格 B1、B2、B3、B4、B5、B6，分别键入 0.00、0.19、0.37、0.54、0.72、0.86。

(3) 在全选 A1 至 A5 和 B1 至 B5 各单元格的状态下，单击工具栏里的图表向导，选择 XY 散点图中的平滑线散点图，点击下一步，再点击下一步，图表 X 轴数值位置键入：浓度 $c/[mg \cdot (50\ mL)^{-1}]$；Y 轴数值位置键入：吸光度 A。

(4) 点击完成。工作曲线就完成了（图 11-14）。

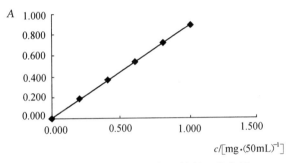

图 11-14　磺基水杨酸测定 Fe^{2+} 的工作曲线

(5) 测量未知液的吸光度，通过曲线可以求出未知液的浓度。

附　　录

附录1　弱酸在水中的离解常数(25 ℃)

弱　酸	分子式	K_a	pK_a
砷酸	H_3AsO_4	$6.3\times10^{-3}(K_{a_1})$	2.20
		$1.0\times10^{-7}(K_{a_2})$	7.00
		$3.2\times10^{-12}(K_{a_3})$	11.50
亚砷酸	$HAsO_2$	6.0×10^{-10}	9.22
硼酸	H_3BO_3	$5.8\times10^{-10}(K_{a_1})$	9.24
		$1.8\times10^{-13}(K_{a_2})$	12.74
		$1.6\times10^{-14}(K_{a_3})$	13.80
碳酸	H_2CO_3	$4.2\times10^{-7}(K_{a_1})$	6.38
		$5.6\times10^{-11}(K_{a_2})$	10.25
氢氰酸	HCN	7.2×10^{-10}	9.14
铬酸	$HCrO_4^-$	$3.2\times10^{-7}(K_{a_2})$	6.50
氢氟酸	HF	7.2×10^{-4}	3.14
亚硝酸	HNO_2	5.1×10^{-4}	3.29
磷酸	H_3PO_4	$7.6\times10^{-3}(K_{a_1})$	2.12
		$6.3\times10^{-8}(K_{a_2})$	7.20
		$4.4\times10^{-13}(K_{a_3})$	12.36
氢硫酸	H_2S	$5.7\times10^{-8}(K_{a_1})$	7.24
		$1.2\times10^{-15}(K_{a_2})$	14.92
硫酸	HSO_4^-	$1.0\times10^{-2}K_{a_2}$	1.99
硫氰酸	$HSCN$	1.4×10^{-1}	0.85
甲酸	$HCOOH$	1.8×10^{-4}	3.74
乙酸	CH_3COOH	1.8×10^{-5}	4.74
丙酸	C_2H_5COOH	1.34×10^{-5}	4.87
氯乙酸	$CH_2ClCOOH$	1.4×10^{-3}	2.86
二氯乙酸	$CHCl_2COOH$	5.0×10^{-2}	1.30
氨基乙酸	$^+NH_3CH_2COOH$	$4.5\times10^{-3}(K_{a_1})$	2.35
	$^+NH_3CH_2COO^-$	$2.5\times10^{-10}(K_{a_2})$	9.60
乳酸	$CH_3CHOHCOOH$	1.4×10^{-4}	3.86
苯甲酸	C_6H_5COOH	6.2×10^{-5}	4.21
草酸	$H_2C_2O_4$	$5.9\times10^{-2}(K_{a_1})$	1.22
		$6.4\times10^{-5}(K_{a_2})$	4.19

(续)

弱 酸	分子式	K_a	pK_a
α-酒石酸	CH(OH)COOH | CH(OH)COOH	$9.1\times10^{-4}(K_{a_1})$ $4.3\times10^{-5}(K_{a_2})$	3.04 4.37
邻苯二甲酸	$C_6H_4(COOH)_2$	$1.1\times10^{-3}(K_{a_1})$ $3.9\times10^{-6}(K_{a_2})$	2.95 5.41
柠檬酸	CH_2COOH | $C(OH)COOH$ | CH_2COOH	$7.4\times10^{-4}(K_{a_1})$ $1.7\times10^{-5}(K_{a_2})$ $4.0\times10^{-7}(K_{a_3})$	3.13 4.67 6.40
苯 酚	C_6H_5OH	1.1×10^{-10}	9.95
乙二胺四乙酸 (EDTA)	H_6Y^{2+} H_5Y^+ H_4Y H_3Y^- H_2Y^{2-} HY^{3-}	$0.1(K_{a_1})$ $3\times10^{-2}(K_{a_2})$ $1\times10^{-2}(K_{a_3})$ $2.1\times10^{-3}(K_{a_4})$ $6.9\times10^{-7}(K_{a_5})$ $5.5\times10^{-11}(K_{a_6})$	0.9 1.6 2.0 2.67 6.16 10.26
水杨酸	$C_6H_4OHCOOH$	$1.0\times10^{-3}(K_{a_1})$ $4.2\times10^{-13}(K_{a_2})$	3.00 12.38
磺基水杨酸	$C_6H_3SO_3HOHCOOH$	$4.7\times10^{-3}(K_{a_1})$ $3\times10^{-12}(K_{a_2})$	2.33 11.6
硫代硫酸	$H_2S_2O_3$	$5\times10^{-1}(K_{a_1})$ $1\times10^{-2}(K_{a_2})$	0.3 2.0
邻二氮菲	$C_{12}H_8N_2$	1.1×10^{-5}	4.96
8-羟基喹啉	C_8H_6NOH	$9.6\times10^{-6}(K_{a_1})$ $1.55\times10^{-10}(K_{a_2})$	5.02 9.81

附录 2 弱碱在水中的离解常数 (25 ℃)

弱 碱	分子式	K_b	pK_b
氨 水	NH_3	1.8×10^{-5}	4.74
联 氨	H_2NNH_2	$3.0\times10^{-6}(K_{b_1})$ $7.6\times10^{-15}(K_{b_2})$	5.52 14.12
羟 氨	NH_2OH	9.1×10^{-9} (1.07×10^{-8})	8.04 (7.79)
甲 胺	CH_3NH_2	4.2×10^{-4}	3.38
乙 胺	$C_2H_5NH_2$	5.6×10^{-4}	3.25
二甲胺	$(CH_3)_2NH$	1.2×10^{-4}	3.93
二乙胺	$(C_2H_5)_2NH$	1.3×10^{-3}	2.89
乙醇胺	$HOCH_2CH_2NH_2$	3.2×10^{-5}	4.50
三乙醇胺	$(HOCH_2CH_2)_3N$	5.8×10^{-7}	6.24

(续)

弱　碱	分子式	K_b	pK_b
六次甲基四胺	$(CH_2)_6N_4$	1.4×10^{-9}	8.85
乙二胺	$H_2NCH_2CH_2NH_2$	$8.5\times10^{-5}(K_{b_1})$	4.07
		$7.1\times10^{-8}(K_{b_2})$	7.15
吡啶	C_6H_5N	1.7×10^{-9}	8.77
		(2.04×10^{-9})	(8.69)
喹啉	C_9H_7N	6.3×10^{-10}	9.2

附录3　难溶化合物的溶度积(25 ℃)

化合物	$I=0$		$I=0.1$	
	K_{sp}	pK_{sp}	K_{sp}	pK_{sp}
AgCl	1.77×10^{-10}	9.75	3.2×10^{-10}	9.50
AgBr	4.95×10^{-13}	12.31	8.7×10^{-13}	12.06
AgI	8.3×10^{-17}	16.08	1.48×10^{-16}	15.83
Ag_2CrO_4	1.12×10^{-12}	11.95	5×10^{-12}	11.7
AgSCN	1.07×10^{-12}	11.97	2×10^{-12}	11.7
Ag_2S	6×10^{-50}	49.2	6×10^{-49}	48.2
Ag_2SO_4	1.58×10^{-5}	4.80	8×10^{-5}	4.1
$Ag_2C_2O_4$	1×10^{-11}	11.0	4×10^{-11}	10.4
Ag_3AsO_4	1.12×10^{-20}	19.95	1.3×10^{-19}	18.9
Ag_3PO_4	1.45×10^{-16}	15.84	2×10^{-15}	14.7
$Ag[Ag(CN)_2]$			5×10^{-12}	11.3
$Ag(OH)$	1.9×10^{-8}	7.71	3×10^{-8}	7.5
$Al(OH)_3$(无定形)	4.6×10^{-33}	32.34	3×10^{-32}	31.5
$Al(8-$羟基喹啉$)_3$	5×10^{-33}	32.3		
$BaCrO_4$	1.17×10^{-10}	9.93	8×10^{-10}	9.1
$BaCO_3$	4.9×10^{-9}	8.31	3×10^{-8}	7.5
$BaSO_4$	1.07×10^{-10}	9.97	6×10^{-10}	9.2
BaC_2O_4	1.6×10^{-7}	6.79	1×10^{-6}	6.0
$Bi(OH)_2Cl$	1.8×10^{-31}	30.75		
$Ca(OH)_2$	5.5×10^{-6}	5.26	1.3×10^{-5}	4.9
$CaCO_3$	3.8×10^{-9}	8.42	3×10^{-8}	7.5
CaC_2O_4	2.3×10^{-9}	8.64	1.6×10^{-8}	7.8
CaF_2	3.4×10^{-11}	10.47	1.6×10^{-10}	9.8
$Ca_3(PO_4)_2$	1×10^{-26}	26.0	1×10^{-23}	23.0
CuI	1.10×10^{-12}	11.96	2×10^{-12}	11.7

附　录

(续)

化　合　物	$I=0$		$I=0.1$	
	K_{sp}	pK_{sp}	K_{sp}	pK_{sp}
CuSCN			2×10^{-13}	12.7
$Cu(OH)_2$	2.6×10^{-19}	18.59	6×10^{-19}	18.2
$Fe(OH)_3$	3×10^{-39}	38.5	1.3×10^{-38}	37.9
$Fe(OH)_2$	8×10^{-16}	15.1	2×10^{-15}	14.7
Fe(8-羟基喹啉)$_3$			3×10^{-44}	43.5
Hg_2Cl_2	1.32×10^{-18}	17.88	6×10^{-18}	17.2
$Hg(OH)_2$	4×10^{-26}	25.4	1×10^{-25}	25.0
$KHC_4H_4O_6$(酒石酸氢钾)	3×10^{-4}	3.5		
$MgCO_3$	1×10^{-5}	5.0	6×10^{-5}	4.2
MgC_2O_4	8.5×10^{-5}	4.07	5×10^{-4}	3.3
$Mg(OH)_2$	1.8×10^{-11}	10.74	4×10^{-11}	10.4
$MgNH_4PO_4$	3×10^{-13}	12.6		
Mg(8-羟基喹啉)$_2$	4×10^{-16}	15.4	1.6×10^{-15}	14.8
$Mn(OH)_2$	1.9×10^{-13}	12.72	5×10^{-13}	12.3
$MnCO_3$	5×10^{-10}	9.30	3×10^{-9}	8.5
$Ni(OH)_2$	2×10^{-15}	14.7	5×10^{-15}	14.3
Ni(8-羟基喹啉)$_2$	8×10^{-27}	26.1	3×10^{-26}	25.5
Ni(丁二酮肟)$_2$			4×10^{-24}	23.4
				($I=0.05$)
$PbCO_3$	8×10^{-14}	13.1	5×10^{-13}	12.3
$PbCl_2$	1.6×10^{-5}	4.79	8×10^{-5}	4.1
$PbCrO_4$	1.8×10^{-14}	13.75	1.3×10^{-13}	12.9
$Pb(OH)_2$	8.1×10^{-17}	16.09	2×10^{-16}	15.7
$PbSO_4$	1.7×10^{-8}	7.78	1×10^{-7}	7.0
$Sn(OH)_2$	8×10^{-29}	28.1	2×10^{-28}	27.7
$Sn(OH)_4$	1×10^{-56}	56.0		
$Th(C_2O_4)_2$	1×10^{-22}	22.0		
ThF_4			5×10^{-26}	25.3
$Th(OH)_4$	1.3×10^{-45}	44.9	1×10^{-44}	44.0
$TiO(OH)_2$	1×10^{-29}	29.0	3×10^{-29}	28.6
$Zn(OH)_2$	2.1×10^{-16}	15.68	5×10^{-16}	15.3
$ZnCO_3$	1.7×10^{-11}	10.78	1×10^{-10}	10.0
Zn(8-羟基喹啉)$_2$	5×10^{-25}	24.3	2×10^{-24}	23.7
$ZnO(OH)_2$	6×10^{-49}	48.2	1×10^{-47}	47.0

附录 4 酸性溶液中的标准电极电势(18~25 ℃)

	电 极 反 应	$\varphi^{\ominus}/V$
Ag	$AgBr+e^-\rightleftharpoons Ag+Br^-$	+0.071 33
	$AgCl+e^-\rightleftharpoons Ag+Cl^-$	+0.222 3
	$AgI+e^-\rightleftharpoons Ag+I^-$	−0.152
	$Ag^++e^-\rightleftharpoons Ag$	+0.799 6
Al	$Al^{3+}+3e^-\rightleftharpoons Al$	−1.662
As	$HAsO_2+3H^++3e^-\rightleftharpoons As+2H_2O$	+0.248
	$H_3AsO_4+2H^++2e^-\rightleftharpoons HAsO_2+2H_2O$	+0.560
Br	$Br_2+2e^-\rightleftharpoons 2Br^-$	+1.066
	$2BrO_3^-+12H^++10e^-\rightleftharpoons Br_2+6H_2O$	+1.482
Ca	$Ca^{2+}+2e^-\rightleftharpoons Ca$	−2.868
Cl	$ClO_4^-+2H^++2e^-\rightleftharpoons ClO_3^-+H_2O$	+1.189
	$Cl_2+2e^-\rightleftharpoons 2Cl^-$	+1.358 3
	$ClO_3^-+6H^++6e^-\rightleftharpoons Cl^-+3H_2O$	+1.451
	$2ClO_3^-+12H^++10e^-\rightleftharpoons Cl_2+6H_2O$	+1.47
	$2HClO+2H^++2e^-\rightleftharpoons Cl_2+2H_2O$	+1.611
Co	$Co^{3+}+e^-\rightleftharpoons Co^{2+}$	+1.83
Cr	$Cr_2O_7^{2-}+14H^++6e^-\rightleftharpoons 2Cr^{3+}+7H_2O$	+1.232
Cu	$Cu^{2+}+e^-\rightleftharpoons Cu^+$	+0.153
	$Cu^{2+}+2e^-\rightleftharpoons Cu$	+0.341 9
Fe	$Fe^{2+}+2e^-\rightleftharpoons Fe$	−0.447
	$Fe^{3+}+e^-\rightleftharpoons Fe^{2+}$	+0.771
H	$2H^++2e^-\rightleftharpoons H_2$	0.000 0
Hg	$Hg_2^{2+}+2e^-\rightleftharpoons 2Hg$	+0.797 3
	$Hg^{2+}+2e^-\rightleftharpoons Hg$	+0.851
I	$I_2+2e^-\rightleftharpoons 2I^-$	+0.535 5
	$I_3^-+2e^-\rightleftharpoons 3I^-$	+0.536
	$2IO_3^-+12H^++10e^-\rightleftharpoons I_2+6H_2O$	+1.195
	$2HIO+2H^++2e^-\rightleftharpoons I_2+2H_2O$	+1.439
K	$K^++e^-\rightleftharpoons K$	−2.931
Mg	$Mg^{2+}+2e^-\rightleftharpoons Mg$	−2.372
Mn	$Mn^{2+}+2e^-\rightleftharpoons Mn$	−1.185
	$MnO_4^-+e^-\rightleftharpoons MnO_4^{2-}$	+0.558
	$MnO_4^-+8H^++5e^-\rightleftharpoons Mn^{2+}+4H_2O$	+1.507
	$MnO_4^-+4H^++3e^-\rightleftharpoons MnO_2+2H_2O$	+1.679

(续)

	电 极 反 应	$\varphi^{\ominus}/V$
Na	$Na^+ + e^- \rightleftharpoons Na$	-2.71
N	$NO_3^- + 4H^+ + 3e^- \rightleftharpoons NO + 2H_2O$	$+0.957$
	$HNO_2 + H^+ + e^- \rightleftharpoons NO + H_2O$	$+0.983$
O	$O_2 + 2H^+ + 2e^- \rightleftharpoons H_2O_2$	$+0.695$
	$O_2 + 4H^+ + 4e^- \rightleftharpoons 2H_2O$	$+1.229$
P	$H_3PO_4 + 2H^+ + 2e^- \rightleftharpoons H_3PO_3 + H_2O$	-0.276
Pb	$Pb^{2+} + 2e^- \rightleftharpoons Pb$	-0.1262
S	$S + 2H^+ + 2e^- \rightleftharpoons H_2S$	$+0.142$
	$H_2SO_3 + 4H^+ + 4e^- \rightleftharpoons S + 3H_2O$	$+0.449$
	$SO_4^{2-} + 4H^+ + 2e^- \rightleftharpoons H_2SO_3 + H_2O$	$+0.172$
	$S_4O_6^{2-} + 2e^- \rightleftharpoons 2S_2O_3^{2-}$	$+0.08$
Sn	$Sn^{4+} + 2e^- \rightleftharpoons Sn^{2+}$	$+0.151$
Zn	$Zn^{2+} + 2e^- \rightleftharpoons Zn$	-0.7618

附录5 碱性溶液中的标准电极电势（18～25 ℃）

	电 极 反 应	$\varphi^{\ominus}/V$
Ag	$Ag_2O + H_2O + 2e^- \rightleftharpoons 2Ag + 2OH^-$	$+0.342$
Al	$H_2AlO_3^- + H_2O + 3e^- \rightleftharpoons Al + 4OH^-$	-2.33
As	$AsO_2^- + 2H_2O + 3e^- \rightleftharpoons As + 4OH^-$	-0.68
	$AsO_4^{3-} + 2H_2O + 2e^- \rightleftharpoons AsO_2^- + 4OH^-$	-0.71
Br	$BrO_3^- + 3H_2O + 6e^- \rightleftharpoons Br^- + 6OH^-$	$+0.61$
	$BrO^- + H_2O + 2e^- \rightleftharpoons Br^- + 2OH^-$	$+0.761$
Cl	$ClO^- + H_2O + 2e^- \rightleftharpoons Cl^- + 2OH^-$	$+0.81$
Co	$Co(OH)_2 + 2e^- \rightleftharpoons Co + 2OH^-$	-0.73
	$Co(OH)_3 + e^- \rightleftharpoons Co(OH)_2 + OH^-$	$+0.17$
Cr	$Cr(OH)_3 + 3e^- \rightleftharpoons Cr + 3OH^-$	-1.48
Cu	$Cu_2O + H_2O + 2e^- \rightleftharpoons 2Cu + 2OH^-$	-0.360
Fe	$Fe(OH)_3 + e^- \rightleftharpoons Fe(OH)_2 + OH^-$	-0.56
H	$2H_2O + 2e^- \rightleftharpoons H_2 + 2OH^-$	-0.8277
Hg	$HgO + H_2O + 2e^- \rightleftharpoons Hg + 2OH^-$	$+0.0977$
I	$IO_3^- + 3H_2O + 6e^- \rightleftharpoons I^- + 6OH^-$	$+0.26$
	$IO^- + H_2O + 2e^- \rightleftharpoons I^- + 2OH^-$	$+0.485$
Mg	$Mg(OH)_2 + 2e^- \rightleftharpoons Mg + 2OH^-$	-2.69
Mn	$MnO_4^- + 2H_2O + 3e^- \rightleftharpoons MnO_2 + 4OH^-$	$+0.595$
N	$NO_3^- + H_2O + 2e^- \rightleftharpoons NO_2^- + 2OH^-$	$+0.01$
O	$O_2 + 2H_2O + 4e^- \rightleftharpoons 4OH^-$	$+0.401$
S	$S + 2e^- \rightleftharpoons S^{2-}$	-0.4763
	$2SO_3^{2-} + 3H_2O + 4e^- \rightleftharpoons S_2O_3^{2-} + 6OH^-$	-0.571

附录6 条件电极电势

电 极 反 应	φ'/V	介 质
$Ag^+ + e^- = Ag$	+0.792	$c(HClO_4) = 1\ mol \cdot L^{-1}$
	+0.228	$c(HCl) = 1\ mol \cdot L^{-1}$
	+0.59	$c(NaOH) = 1\ mol \cdot L^{-1}$
$Ce^{4+} + e^- = Ce^{3+}$	+1.70	$c(HClO_4) = 1\ mol \cdot L^{-1}$
	+1.61	$c(HNO_3) = 1\ mol \cdot L^{-1}$
	+1.44	$c(H_2SO_4) = 0.5\ mol \cdot L^{-1}$
	+1.28	$c(HCl) = 1\ mol \cdot L^{-1}$
$Co^{3+} + e^- = Co^{2+}$	+1.84	$c(HNO_3) = 3\ mol \cdot L^{-1}$
$Cr_2O_7^{2-} + 14H^+ + 6e^- = 2Cr^{3+} + 7H_2O$	+0.93	$c(HCl) = 0.1\ mol \cdot L^{-1}$
	+0.97	$c(HCl) = 0.5\ mol \cdot L^{-1}$
	+1.00	$c(HCl) = 1\ mol \cdot L^{-1}$
	+1.05	$c(HCl) = 2\ mol \cdot L^{-1}$
	+1.08	$c(HCl) = 3\ mol \cdot L^{-1}$
	+1.11	$c(H_2SO_4) = 2\ mol \cdot L^{-1}$
	+1.15	$c(H_2SO_4) = 4\ mol \cdot L^{-1}$
	+1.30	$c(H_2SO_4) = 6\ mol \cdot L^{-1}$
	+1.34	$c(H_2SO_4) = 8\ mol \cdot L^{-1}$
	+0.84	$c(HClO_4) = 0.1\ mol \cdot L^{-1}$
	+1.025	$c(HClO_4) = 1\ mol \cdot L^{-1}$
	+1.27	$c(HNO_3) = 1\ mol \cdot L^{-1}$
$Cu^{2+} + e^- = Cu^+$	−0.09	pH=14
$Fe^{3+} + e^- = Fe^{2+}$	+0.75	$c(HClO_4) = 1\ mol \cdot L^{-1}$
	+0.68	$c(H_2SO_4) = 1\ mol \cdot L^{-1}$
	+0.70	$c(HCl) = 1\ mol \cdot L^{-1}$
	+0.46	$c(H_3PO_4) = 2\ mol \cdot L^{-1}$
	+0.51	$c(HCl) = 1\ mol \cdot L^{-1} + c(H_3PO_4) = 0.25\ mol \cdot L^{-1}$
$I_3^- + 2e^- = 3I^-$	+0.545	$c(H_2SO_4) = 0.5\ mol \cdot L^{-1}$
$MnO_4^- + 8H^+ + 5e^- = Mn^{2+} + 4H_2O$	+1.45	$c(HClO_4) = 1\ mol \cdot L^{-1}$
	+1.27	$c(H_3PO_4) = 8\ mol \cdot L^{-1}$
$Sn^{2+} + 2e^- = Sn$	−0.16	$c(HClO_4) = 1\ mol \cdot L^{-1}$
$Pb^{2+} + 2e^- = Pb$	−0.32	$c(NaAc) = 1\ mol \cdot L^{-1}$
	−0.14	$c(HClO_4) = 1\ mol \cdot L^{-1}$

附录7 常用参比电极在水溶液中的电极电势 $\varphi(\mathrm{V})$

温度 ℃	甘汞电极			$Hg\|Hg_2SO_4, H_2SO_4$ $[a(SO_4^{2-})=1\ mol\cdot L^{-1}]$	$Ag\|AgCl, Cl^-$		氢醌电极
	$0.1\ mol\cdot L^{-1}$ KCl	$1\ mol\cdot L^{-1}$ KCl	饱和 KCl		$3.5\ mol\cdot L^{-1}$ KCl	饱和 KCl	
0	0.388 0	0.288 8	0.260 1	0.634 95			0.680 7
5	0.337 7	0.287 6	0.256 8	0.630 97			0.684 4
10	0.337 4	0.286 4	0.253 6	0.627 04	0.215 2	0.213 8	0.688 1
15	0.337 1	0.285 2	0.250 3	0.623 07	0.211 7	0.208 9	0.691 8
20	0.336 8	0.284 0	0.247 1	0.619 30	0.208 2	0.204 0	0.695 5
25	0.336 5	0.282 8	0.243 8	0.615 15	0.204 6	0.198 9	0.699 2
30	0.336 2	0.281 6	0.240 5	0.611 07	0.200 9	0.193 9	0.702 9
35	0.335 9	0.280 4	0.237 3	0.607 01	0.197 1	0.188 7	0.706 6
40	0.335 6	0.279 2	0.234 0	0.603 05	0.193 3	0.183 5	0.710 3
45	0.335 3	0.278 0	0.230 8	0.599 00			0.714 0
50	0.335 0	0.276 8	0.227 5	0.594 87			0.717 7

附录8 6种pH标准溶液在0～90 ℃下的pH

温度 ℃	$0.05\ mol\cdot L^{-1}$ 四草酸氢钾	25 ℃饱和 酒石酸氢钾	$0.05\ mol\cdot L^{-1}$ 邻苯二甲酸氢钾	$0.025\ mol\cdot L^{-1}$ 混合磷酸盐	$0.01\ mol\cdot L^{-1}$ 硼砂	25 ℃饱和 氢氧化钙
0	1.67	—	4.01	6.98	9.46	13.42
5	1.67	—	4.00	6.95	9.39	13.21
10	1.67	—	4.00	6.92	9.33	13.01
15	1.67	—	4.00	6.90	9.28	12.82
20	1.68	—	4.00	6.88	9.23	12.64
25	1.68	3.56	4.00	6.86	9.18	12.40
30	1.68	3.55	4.01	6.85	9.14	12.29
35	1.69	3.55	4.02	6.84	9.10	12.13
40	1.69	3.55	4.03	6.84	9.07	11.98
45	1.70	3.55	4.04	6.83	9.04	11.83
50	1.71	3.56	4.06	6.83	9.02	11.70
55	1.71	3.56	4.07	6.83	8.99	11.55
60	1.72	3.57	4.09	6.84	8.97	11.43
70	1.74	3.60	4.12	6.85	8.93	—
80	1.76	3.62	4.16	6.86	8.89	—
90	1.78	3.65	4.20	4.88	8.86	—

附录9 常用酸碱的密度和浓度

试 剂	相对密度	含 量/%	浓度/(mol·L^{-1})
盐 酸	1.18~1.19	36~38	11.6~12.4
硝 酸	1.39~1.40	65.0~68.0	14.4~15.2
硫 酸	1.83~1.84	95~98	35.6~36.8[$c(\frac{1}{2}H_2SO_4)$]
磷 酸	1.69	85	14.6[$c(H_3PO_4)$]
高氯酸	1.68	70.0~72.0	11.7~12.0
冰醋酸	1.05	99.8(优级纯)	17.4
		99.0(分析纯、化学纯)	
氢氟酸	1.13	40	22.5
氢溴酸	1.49	47.0	8.6
氨 水	0.88~28.0	25.0~28.0	13.3~14.8

附录10 常用缓冲溶液的配制

pH	配 制 方 法
0	1 mol·L^{-1} HCl 溶液(没有 Cl$^-$ 存在时,可用硝酸)
1	0.1 mol·L^{-1} HCl 溶液
2	0.01 mol·L^{-1} HCl 溶液
3.6	NaAc·3H$_2$O 8 g,溶于适量水中,加 6 mol·L^{-1} HAc 溶液 134 mL,稀释至 500 mL
4.0	将 60 mL 冰醋酸和 16 g 无水醋酸钠溶于 100 mL 水中,稀释至 500 mL
4.5	将 30 mL 冰醋酸和 30 g 无水醋酸钠溶于 100 mL 水中,稀释至 500 mL
5.0	将 30 mL 冰醋酸和 60 g 无水醋酸钠溶于 100 mL 水中,稀释至 500 mL
5.4	将 40 g 六次甲基四胺溶于 90 mL 水中,加入 20 mL 6 mol·L^{-1} HCl 溶液
5.7	100 g NaAc·3H$_2$O 溶于适量水中,加 6 mol·L^{-1} HAc 溶液 13 mL,稀释至 500 mL
7.0	NH$_4$Ac 77 g 溶于适量水中,稀释至 500 mL
7.5	66 g NH$_4$Cl 溶于适量水中,加浓氨水 1.4 mL,稀释至 500 mL
8.0	50 g NH$_4$Cl 溶于适量水中,加浓氨水 3.5 mL,稀释至 500 mL
8.5	40 g NH$_4$Cl 溶于适量水中,加浓氨水 8.8 mL,稀释至 500 mL
9.0	35 g NH$_4$Cl 溶于适量水中,加浓氨水 24 mL,稀释至 500 mL
9.5	30 g NH$_4$Cl 溶于适量水中,加浓氨水 65 mL,稀释至 500 mL
10.0	27 g NH$_4$Cl 溶于适量水中,加浓氨水 175 mL,稀释至 500 mL
11.0	3 g NH$_4$Cl 溶于适量水中,加浓氨水 207 mL,稀释至 500 mL
12.0	0.01 mol·L^{-1} NaOH 溶液(没有 Na$^+$ 存在时,可用 KOH 溶液)
13.0	0.1 mol·L^{-1} NaOH 溶液

附录11 常用基准物质的干燥条件和应用

基准物质 名称	分子式	干燥后组成	干燥条件	标定对象
碳酸氢钠	$NaHCO_3$	Na_2CO_3	270~300 ℃	酸
碳酸钠	$Na_2CO_3 \cdot 10H_2O$	Na_2CO_3	270~300 ℃	酸
硼砂	$Na_2B_4O_7 \cdot 10H_2O$	$Na_2B_4O_7 \cdot 10H_2O$	放在含 NaCl 和蔗糖饱和液的干燥器中	酸
碳酸氢钾	$KHCO_3$	K_2CO_3	270~300 ℃	酸
草酸	$H_2C_2O_4 \cdot 2H_2O$	$H_2C_2O_4 \cdot 2H_2O$	室温空气干燥	碱或 $KMnO_4$
邻苯二甲酸氢钾	$KHC_8H_4O_4$	$KHC_8H_4O_4$	110~120 ℃	碱
重铬酸钾	$K_2Cr_2O_7$	$K_2Cr_2O_7$	140~150 ℃	还原剂
溴酸钾	$KBrO_3$	$KBrO_3$	130 ℃	还原剂
碘酸钾	KIO_3	KIO_3	130 ℃	还原剂
铜	Cu	Cu	室温干燥器中保存	还原剂
三氧化二砷	As_2O_3	As_2O_3	室温干燥器中保存	氧化剂
草酸钠	$Na_2C_2O_4$	$Na_2C_2O_4$	130 ℃	氧化剂
碳酸钙	$CaCO_3$	$CaCO_3$	110 ℃	EDTA
锌	Zn	Zn	室温干燥器中保存	EDTA
氧化锌	ZnO	ZnO	900~1 000 ℃	EDTA
氯化钠	NaCl	NaCl	500~600 ℃	$AgNO_3$
氯化钾	KCl	KCl	500~600 ℃	$AgNO_3$
硝酸银	$AgNO_3$	$AgNO_3$	280~290 ℃	氯化物
氨基磺酸	$HOSO_2NH_2$	$HOSO_2NH_2$	在真空 H_2SO_4 干燥器中 48 h	碱
氟化钠	NaF	NaF	铂坩埚中 500~550 ℃下 40~50 min 后,硫酸干燥器中冷却	

附录12 常用酸碱指示剂

名称	pH 变色范围	颜色变化	配制方法
百里酚蓝,0.1%	1.2~2.8	红—黄	0.1 g 指示剂与 4.3 mL 0.05 mol·L^{-1} NaOH 溶液一起研匀,加水稀释成 100 mL
甲基橙,0.1%	3.1~4.4	红—黄	0.1 g 甲基橙溶于 100 mL 热水
溴酚蓝,0.1%	3.0~4.6	黄—紫蓝	0.1 g 溴酚蓝与 3 mL 0.05 mol·L^{-1} NaOH 溶液一起研匀,加水稀释成 100 mL
溴甲酚绿,0.1%	3.8~5.4	黄—蓝	0.1 g 指示剂与 21 mL 0.05 mol·L^{-1} NaOH 溶液一起研匀,加水稀释成 100 mL
甲基红,0.1%	4.4~6.2	红—黄	0.1 g 甲基红溶于 60 mL 乙醇中,加水至 100 mL
中性红,0.1%	6.8~8.0	红—黄橙	0.1 g 中性红溶于 60 mL 乙醇中,加水至 100 mL
酚酞,1%	8.2~10.0	无色—淡红	1 g 酚酞溶于 90 mL 乙醇中,加水至 100 mL

(续)

名称	pH变色范围	颜色变化	配制方法
百里酚酞，0.1%	9.4~10.6	无色—蓝色	0.1 g指示剂溶于90 mL乙醇中，加水至100 mL
茜素黄R，0.1%	10.1~12.1	黄—紫	0.1 g茜素黄溶于100 mL水中
混合指示剂：			
甲基红—溴甲酚绿	5.1(灰)	红—绿	3份0.1%溴甲酚绿乙醇溶液与1份0.2%甲基红乙醇溶液混合
百里酚酞—茜素黄R	10.2	黄—紫	0.1 g茜素黄和0.2 g百里酚酞溶于100 mL乙醇中
甲酚红—百里酚蓝	8.3	黄—紫	1份0.1%甲酚红钠盐水溶液与3份0.1%百里酚蓝钠盐水溶液

附录13　常用氧化还原指示剂

名称	变色点电势 $\varphi^{\ominus}/V$	颜色 氧化态	颜色 还原态	配制方法
二苯胺，1%	0.76	紫	无色	1 g二苯胺在搅拌下溶于100 mL浓硫酸和100 mL浓磷酸，贮于棕色瓶中
二苯胺磺酸钠，0.5%	0.85	紫	无色	0.5 g二苯胺磺酸钠溶于100 mL水中，必要时过滤
邻菲罗啉硫酸亚铁，0.5%	1.06	红	淡蓝	0.5 g $FeSO_4 \cdot 7H_2O$ 溶于100 mL水中，加2滴硫酸，加0.5 g邻菲罗啉
邻苯氨基苯甲酸，0.2%	1.08	红	无色	0.2 g邻苯氨基苯甲酸加热溶解在100 mL 0.2% Na_2CO_3 溶液中，必要时过滤
淀粉，1%				1 g可溶性淀粉，加少许水调成浆状，在搅拌下注入100 mL沸水中，微沸2 min，放置，取上层溶液使用(若要保持稳定，可在研磨淀粉时加入1 mg HgI_2)

附录14　常用沉淀及金属指示剂

名称	颜色 游离态	颜色 化合物	配制方法
铬酸钾	黄	砖红	5%水溶液
硫酸铁铵，40%	无色	血红	$NH_4Fe(SO_4)_2 \cdot 12H_2O$ 饱和水溶液，加数滴浓 H_2SO_4
荧光黄，0.5%	绿色荧光	玫瑰红	0.50 g荧光黄溶于乙醇，并用乙醇稀释至100 mL
铬黑T	蓝	酒红	(1) 0.2 g铬黑T溶于15 mL三乙醇胺及5 mL甲醇中 (2) 1 g铬黑T与100 g NaCl研细、混匀(1:100)
钙指示剂	蓝	红	0.5 g钙指示剂与100 g NaCl研细、混匀
二甲酚橙，0.1%	黄	红	0.1 g二甲酚橙溶于100 mL离子交换水中
K-B指示剂	蓝	红	0.5 g酸性铬蓝K加1.25 g萘酚绿B，再加25 g K_2SO_4 研细、混匀
磺基水杨酸	无	红	10%水溶液
PAN指示剂，0.2%	黄	红	0.2 g PAN溶于100 mL乙醇中
邻苯二酚紫，0.1%	紫	蓝	0.1 g邻苯二酚紫溶于100 mL离子交换水中

附录 15 常用洗涤剂

名　称	配　制　方　法	备　注
合成洗涤剂*	合成洗涤剂粉用热水搅拌成浓溶液	用于一般的洗涤
皂角水	将皂荚捣碎，用水熬成溶液	用于一般的洗涤
铬酸洗液	将 $20gK_2Cr_2O_7$(L.R)置于 500 mL 烧杯中，加水 40 mL，加热溶解，冷却后，缓缓加入 320 mL 粗浓硫酸(注意边加边搅)即成。贮于磨口细口瓶中	用于洗涤油污及有机物，使用时防止被水稀释，用后倒回原瓶，可反复使用，直至溶液变为绿色**
$KMnO_4$ 碱性洗液	将 $4gKMnO_4$(L.R)溶于少量水中，缓缓加入 100 mL 10% NaOH 溶液	用于洗涤油污及有机物，洗后玻璃壁上附着的 MnO_2 沉淀可用粗亚铁盐或 Na_2SO_3 溶液洗去
碱性酒精溶液	30%～40% NaOH 酒精溶液	用于洗涤油污
酒精-浓硝酸洗液		用于沾有有机物或油污的结构较复杂的仪器。洗涤时先加少量酒精于脏仪器中，再加入少量浓硝酸，即产生大量棕色 NO_2，将有机物氧化破坏

* 也可用肥皂水。

** 已还原为绿色的铬酸洗液，可加入固体 $KMnO_4$ 使其再生，这样，实际消耗的是 $KMnO_4$，可减少铬对环境的污染。

附录 16 推荐的一些离子强度调节剂

测定离子	电　极	可应用的离子强度调节剂
硝酸根	硝酸根电极	$0.1\ mol \cdot L^{-1}$ 硫酸钾或 $0.025\ mol \cdot L^{-1}$ 硫酸铅
氨	氨气敏电极	$1\ mol \cdot L^{-1}$ 氢氧化钠
铵	氨气敏电极	$1\ mol \cdot L^{-1}$ 氯化钾
钾	钾离子电极	$0.1\ mol \cdot L^{-1}$ 醋酸锂或氯化锂或 $1\ mol \cdot L^{-1}$ 氯化钠或醋酸镁
氯	氯离子电极	① $0.1\ mol \cdot L^{-1}$ 硝酸钾(一般样品)
		② $0.3\ mol \cdot L^{-1}$ 硝酸钾或 $1\ mol \cdot L^{-1}$ 醋酸镁(土样)
溴	溴离子电极	$5\ mol \cdot L^{-1}$ 硝酸钠
碘	碘离子电极	$5\ mol \cdot L^{-1}$ 硝酸钠
氟	氟离子电极	TISAB(总离子强度调节缓冲剂)：57 mL 冰醋酸、58 g 氯化钠、4 g 柠檬酸钠加入水 500 mL，用 $5\ mol \cdot L^{-1}$ 氢氧化钠调节至 pH5～5.5，定容到 1 000 mL
钠	钠玻璃电极	① $1\ mol \cdot L^{-1}$ 氨水与 $1\ mol \cdot L^{-1}$ 氯化铵的混合液
		② 二异丙胺、三乙醇胺或饱和氢氧化钡
氰根	氰离子电极	$2\ mol \cdot L^{-1}$ 氢氧化钠
银	Ag_2S 电极	$1\ mol \cdot L^{-1}$ 硝酸钾
硫	Ag_2S 电极	① $2\ mol \cdot L^{-1}$ 氢氧化钠(通氮气)
		② SAOB(抗氧化调节缓冲剂，由抗坏血酸、氢氧化钠配制)
钙	钙离子电极	$1\ mol \cdot L^{-1}$ 三乙醇胺
铅	铅离子电极	$1\ mol \cdot L^{-1}$ 硝酸钠
铜	铜离子电极	① LIPB(消除配位体干扰缓冲液)：$0.4\ mol \cdot L^{-1}$ 三亚乙撑四胺、$0.2\ mol \cdot L^{-1}$ 硝酸、$2\ mol \cdot L^{-1}$ 硝酸钾的混合液，按 1∶1 加入试液；② $1\ mol \cdot L^{-1}$ 硝酸钠
镉	镉离子电极	$1\ mol \cdot L^{-1}$ 硝酸钠或硝酸钾
硬度	硬度电极	$1\ mol \cdot L^{-1}$ 三乙醇胺
氟硼酸根	氟硼酸根电极	$1\ mol \cdot L^{-1}$ 硝酸钠
二氧化硫	二氧化硫气敏电极	$1\ mol \cdot L^{-1}$ 亚硫酸氢钠与 $1\ mol \cdot L^{-1}$ 硝酸混合液

附录17 化合物的摩尔质量

化 学 式	$M/(\text{g}\cdot\text{mol}^{-1})$	化 学 式	$M/(\text{g}\cdot\text{mol}^{-1})$
AgBr	187.77	$Cu(NO_3)_2\cdot3H_2O$	241.60
AgCl	143.32	CuI	190.45
Ag_2CrO_4	331.73	CuO	79.55
AgI	234.77	CuSCN	121.62
$AgNO_3$	169.87	$CuSO_4\cdot5H_2O$	249.63
AgSCN	165.95	$FeCl_3\cdot6H_2O$	270.30
$Al(C_9H_6ON)_3$(8-羟基喹啉铝)	459.44	$Fe(NO_3)_3\cdot9H_2O$	404.00
Al_2O_3	101.96	FeO	71.85
$AlK(SO_4)_2\cdot12H_2O$	474.38	Fe_2O_3	159.69
As_2O_3	197.84	Fe_3O_4	231.54
As_2O_5	229.84	$FeSO_4\cdot7H_2O$	278.01
$BaCO_3$	197.34	$H_2C_4H_4O_6$(酒石酸)	150.09
$BaCrO_4$	253.32	$H_3C_6H_5O_7\cdot H_2O$(柠檬酸)	210.14
$BaCl_2\cdot2H_2O$	244.27	$H_2C_4H_4O_5$(DL-苹果酸)	134.09
$BaSO_4$	233.39	$HC_3H_6NO_2$(DL-α-丙氨酸)	89.10
Bi_2O_3	465.96	HCl	36.16
$Bi(NO_3)_3\cdot5H_2O$	485.07	$HClO_4$	100.46
CH_3COOH	60.05	HCOOH	46.03
CH_3O(甲醛)	30.03	$H_2C_4H_4O_4$(丁二酸、琥珀酸)	118.09
$C_4H_8N_2O_2$(丁二酮肟)	116.12	$H_2C_2O_4\cdot2H_2O$(草酸)	126.07
$(CH_2)_6N_4$(六次甲基四胺)	140.19	Hg_2Cl_2	472.09
$C_7H_6O_6S\cdot2H_2O$(磺基水杨酸)	254.22	$HgCl_2$	271.50
C_9H_7NO(8-羟基喹啉)	145.16	HNO_3	63.01
$C_{12}H_8N_2\cdot H_2O$(邻二氮菲)	198.22	H_2O	18.02
$C_2H_5NO_2$(氨基乙酸、甘氨酸)	75.07	H_2O_2	34.01
$C_6H_{12}N_2O_4S_2$(L-胱氨酸)	240.30	H_3PO_4	98.00
$CaC_2O_4\cdot H_2O$	146.11	H_2S	34.08
$CaCl_2$	110.99	H_2SO_3	82.07
$CaCO_3$	100.09	H_2SO_4	98.08
CaO	56.08	KBr	119.00
$CaSO_4$	136.14	$KBrO_3$	167.00
$CaSO_4\cdot2H_2O$	172.17	KCl	74.55
$Cd(NO_3)_2\cdot4H_2O$	308.48	$KClO_3$	122.55
CdO	128.41	$KClO_4$	138.55
$CdSO_4$	208.47	KCN	65.12
$CoCl_2\cdot6H_2O$	237.93	K_2CO_3	138.21

附 录

(续)

化 学 式	$M/(\text{g}\cdot\text{mol}^{-1})$	化 学 式	$M/(\text{g}\cdot\text{mol}^{-1})$
$K_2Cr_2O_7$	294.18	$Na_2HPO_4\cdot 12H_2O$	358.14
K_2CrO_4	194.19	Na_2HPO_4	141.96
$K_3Fe(CN)_6$	329.25	$NaNO_2$	69.00
$K_4Fe(CN)_6$	368.35	$NaOH$	40.00
KH_2PO_4	136.09	Na_2O	61.98
$KHC_4H_4O_6$(酒石酸氢钾)	188.18	$Na_2S_2O_3\cdot 5H_2O$	248.17
$KHC_8H_4O_4$(苯二甲酸氢钾)	204.22	Na_2SO_3	126.04
KI	166.00	Na_2SO_4	142.04
KIO_3	214.00	$NaC_2H_3O_2$(无水乙酸钠)	82.03
$KMnO_4$	158.03	$NaC_5H_8NO_4\cdot H_2O$	187.13
KNO_3	101.10	(L-谷氨酸钠)	
KOH	56.11	$NH_2OH\cdot HCl$(盐酸羟胺)	69.49
K_2PtCl_6	485.99	NH_3	17.03
$KSCN$	97.18	$NH_4C_2H_3O_2$(乙酸铵)	77.08
$K_2S_2O_7$	254.31	NH_4Cl	53.49
K_2SO_4	174.25	$(NH_4)_2C_2O_4\cdot H_2O$	142.11
$Mg(C_9H_6ON)_2$	312.61	NH_4F	37.04
(8-羟基喹啉镁)		$NH_4Fe(SO_4)_2\cdot 12H_2O$	482.18
$MgNH_4PO_4\cdot 6H_2O$	245.41	$(NH_4)_2Fe(SO_4)_2\cdot 6H_2O$	392.13
MgO	40.30	NH_4HF_2	57.04
$MgSO_4\cdot 7H_2O$	246.47	NH_4NO_3	80.04
MnO_2	86.94	$(NH_4)_3PO_4\cdot 12MoO_3$	1 876.34
$MnSO_4$	151.00	NH_4SCN	76.12
$Mg_2P_2O_7$	222.55	$Ni(C_4H_7N_2O_2)_2$(丁二酮肟镍)	288.91
$NaCl$	58.44	$NiCl_2\cdot 6H_2O$	237.96
$NaClO_4$	122.44	$NiSO_4\cdot 7H_2O$	280.85
$Na_2B_4O_7\cdot 10H_2O$(硼砂)	381.37	PbO	223.2
Na_2BiO_3	279.97	$PbCrO_4$	323.2
$Na_2C_2O_4$(草酸钠)	134.00	$Pb(NO_3)_2$	331.2
$Na_2C_6H_5O_7$(柠檬酸钠)	258.07	PbS	239.3
Na_2CO_3	105.99	$PbSO_4$	303.3
NaF	41.99	SO_2	64.06
$NaHSO_4$	120.06	SO_3	80.06
$NaHCO_3$	84.01	SiF_4	104.08
$Na_2H_2C_{10}H_{12}O_8N_2\cdot 2H_2O$	372.24	SiO_2	60.08
(乙二胺四乙酸二钠)		$SnCl_2\cdot 2H_2O$	225.63

(续)

化学式	$M/(g \cdot mol^{-1})$	化学式	$M/(g \cdot mol^{-1})$
$SnCl_4$	260.50	$Sr(NO_3)_2$	211.63
PbO_2	239.2	$SrSO_4$	183.68
$Pb(C_2H_3O_2)_2 \cdot 3H_2O$	379.8	$TiCl_3$	154.24
$PbCl_2$	278.1	TiO_2	79.88
SnO	134.69	$Zn(NO_3)_2 \cdot 4H_2O$	261.46
SnO_2	150.69	$Zn(NO_3)_2 \cdot 6H_2O$	297.49
$SrCO_3$	147.63		

附录18　相对原子质量

元素符号	名称	相对原子质量	元素符号	名称	相对原子质量	元素符号	名称	相对原子质量	元素符号	名称	相对原子质量
Ac	锕	[227]	Er	铒	167.26	Mn	锰	54.938 05	Ru	钌	101.07
Ag	银	107.868 2	Es	锿	[254]	Mo	钼	95.94	S	硫	32.066
Al	铝	26.981 54	Eu	铕	151.965	N	氮	14.006 74	Sb	锑	121.75
Am	镅	[243]	F	氟	18.998 40	Na	钠	22.989 77	Sc	钪	44.095 591
Ar	氩	39.948	Fe	铁	55.847	Nb	铌	92.906 38	Se	硒	78.96
As	砷	74.921 59	Fm	镄	[257]	Nd	钕	144.24	Si	硅	28.085 5
At	砹	[210]	Fr	钫	[223]	Ne	氖	20.179 7	Sm	钐	150.36
Au	金	196.966 54	Ga	镓	69.723	Ni	镍	58.69	Sn	锡	118.710
B	硼	10.811	Gd	钆	157.25	No	锘	[254]	Sr	锶	87.62
Ba	钡	137.327	Ge	锗	72.61	Np	镎	237.048 2	Ta	钽	180.947 9
Be	铍	9.012 18	H	氢	1.007 94	O	氧	15.999 4	Tb	铽	158.925 34
Bi	铋	208.980 37	He	氦	4.002 60	Os	锇	190.2	Tc	锝	98.906 2
Bk	锫	[247]	Hf	铪	178.49	P	磷	30.973 76	Te	碲	127.60
Br	溴	79.904	Hg	汞	200.59	Pa	镤	231.035 88	Th	钍	232.038 1
C	碳	12.011	Ho	钬	164.930 32	Pb	铅	207.2	Ti	钛	47.88
Ca	钙	40.078	I	碘	126.904 47	Pd	钯	106.42	Tl	铊	204.383 3
Cd	镉	112.411	In	铟	114.82	Pm	钷	[145]	Tm	铥	168.934 21
Ce	铈	140.115	Ir	铱	192.22	Po	钋	[~210]	U	铀	238.028 9
Cf	锎	[251]	K	钾	39.098 3	Pr	镨	140.907 65	V	钒	50.941 5
Cl	氯	35.452 7	Kr	氪	83.80	Pt	铂	195.08	W	钨	183.85
Cm	锔	[247]	La	镧	138.905 5	Pu	钚	[244]	Xe	氙	131.29
Co	钴	58.933 20	Li	锂	6.941	Ra	镭	226.025 4	Y	钇	88.905 85
Cr	铬	51.996 1	Lr	铹	[257]	Rb	铷	85.467 8	Yb	镱	173.04
Cs	铯	132.905 43	Lu	镥	174.967	Re	铼	186.207	Zn	锌	65.39
Cu	铜	63.546	Md	钔	[256]	Rh	铑	102.905 50	Zr	锆	91.224
Dy	镝	162.50	Mg	镁	24.305 0	Rn	氡	[222]			

主要参考文献

大连轻工业学院，等.2004.食品分析.北京：中国轻工业出版社.
古凤才，等.2005.基础化学实验教程.北京：科学出版社.
华东理工大学.1999.分析化学.4版.北京：高等教育出版社.
华中师范大学，等.1987.分析化学实验.2版.北京：高等教育出版社.
邵令娴.1984.分离及复杂物质分析.北京：高等教育出版社.
王芬.1997.分析化学实验技术.长春：吉林科学技术出版社.
王芬.2003.半微量分析化学实验.北京：中国农业出版社.
王尊本.2005.综合化学实验.北京：科学出版社.
武汉大学，等.2001.分析化学实验.4版.北京：高等教育出版社.
张金桐，叶非.2004.实验化学.北京：中国农业出版社.
张金艳，王德利.2004.大学化学实验.北京：中国农业大学出版社.
赵士铎，等.2001.定量分析简明教程.北京：中国农业大学出版社.
周艳明，等.2004.现代农业仪器分析.北京：中国农业出版社.